住房和城乡建设部“十四五”规划教材
高等学校土木工程专业应用型人才培养系列教材
“十三五”江苏省高等学校重点教材（编号：2019-1-103）

流体力学
（第二版）

延克军　甄树聪　主　编
郝　勇　副主编

中国建筑工业出版社

图书在版编目（CIP）数据

流体力学/延克军，甄树聪主编；郝勇副主编. —2版. —北京：中国建筑工业出版社，2021.11

住房和城乡建设部“十四五”规划教材 高等学校土木工程专业应用型人才培养系列教材 “十三五”江苏省高等学校重点教材

ISBN 978-7-112-26706-4

Ⅰ.①流… Ⅱ.①延… ②甄… ③郝… Ⅲ.①流体力学-高等学校-教材 Ⅳ.①O35

中国版本图书馆CIP数据核字（2021）第208968号

本书是在第一版的基础上修订而成，是根据《高等学校土木工程本科指导性专业规范》及《高等学校给排水科学与工程本科指导性专业规范》中对流体力学的要求，立足于高等学校土木工程及给排水科学与工程本科应用型人才培养需要而编写的教材，被评为住房和城乡建设部“十四五”规划教材，“十三五”江苏省高等学校重点教材。全书共8章：绪论，流体静力学，流体动力学基础，流动形态与水头损失，有压流动，渠道及桥涵，渗流、渗渠和井，波浪理论基础。各章编写有本章要点及学习目标、正文、本章小结、思考与练习题；本书配套有教学课件及习题详解（扫描书中二维码），便于教学。

为了更好地支持教学，我社向采用本书作为教材的教师提供课件，有需要者可与出版社联系，索取方式如下：建工书院 http://edu.cabplink.com，邮箱 jckj@cabp.com.cn，电话（010）58337285。

* * *

责任编辑：仕 帅 吉万旺 王 跃
责任校对：赵 菲

住房和城乡建设部“十四五”规划教材
高等学校土木工程专业应用型人才培养系列教材
“十三五”江苏省高等学校重点教材（编号：2019-1-103）

流体力学
（第二版）
延克军 甄树聪 主 编
郝 勇 副主编

*

中国建筑工业出版社出版、发行（北京海淀三里河路9号）
各地新华书店、建筑书店经销
霸州市顺浩图文科技发展有限公司制版
廊坊市海涛印刷有限公司印刷

*

开本：787毫米×1092毫米 1/16 印张：12½ 字数：307千字
2021年12月第二版 2021年12月第一次印刷
定价：**38.00**元（赠教师课件及习题详解）
ISBN 978-7-112-26706-4
（38569）

出版说明

党和国家高度重视教材建设。2016 年，中办国办印发了《关于加强和改进新形势下大中小学教材建设的意见》，提出要健全国家教材制度。2019 年 12 月，教育部牵头制定了《普通高等学校教材管理办法》和《职业院校教材管理办法》，旨在全面加强党的领导，切实提高教材建设的科学化水平，打造精品教材。住房和城乡建设部历来重视土建类学科专业教材建设，从“九五”开始组织部级规划教材立项工作，经过近 30 年的不断建设，规划教材提升了住房和城乡建设行业教材质量和认可度，出版了一系列精品教材，有效促进了行业部门引导专业教育，推动了行业高质量发展。

为进一步加强高等教育、职业教育住房和城乡建设领域学科专业教材建设工作，提高住房和城乡建设行业人才培养质量，2020 年 12 月，住房和城乡建设部办公厅印发《关于申报高等教育职业教育住房和城乡建设领域学科专业“十四五”规划教材的通知》（建办人函〔2020〕656 号），开展了住房和城乡建设部“十四五”规划教材选题的申报工作。经过专家评审和部人事司审核，512 项选题列入住房和城乡建设领域学科专业“十四五”规划教材（简称规划教材）。2021 年 9 月，住房和城乡建设部印发了《高等教育职业教育住房和城乡建设领域学科专业“十四五”规划教材选题的通知》（建人函〔2021〕36 号）。为做好“十四五”规划教材的编写、审核、出版等工作，《通知》要求：（1）规划教材的编著者应依据《住房和城乡建设领域学科专业“十四五”规划教材申请书》（简称《申请书》）中的立项目标、申报依据、工作安排及进度，按时编写出高质量的教材；（2）规划教材编著者所在单位应履行《申请书》中的学校保证计划实施的主要条件，支持编著者按计划完成书稿编写工作；（3）高等学校土建类专业课程教材与教学资源专家委员会、全国住房和城乡建设职业教育教学指导委员会、住房和城乡建设部中等职业教育专业指导委员会应做好规划教材的指导、协调和审稿等工作，保证编写质量；（4）规划教材出版单位应积极配合，做好编辑、出版、发行等工作；（5）规划教材封面和书脊应标注“住房和城乡建设部‘十四五’规划教材”字样和统一标识；（6）规划教材应在“十四五”期间完成出版，逾期不能完成的，不再作为《住房和城乡建设领域学科专业“十四五”规划教材》。

住房和城乡建设领域学科专业“十四五”规划教材的特点：一是重点以修订教育部、住房和城乡建设部“十二五”“十三五”规划教材为主；二是严格按照专业标准规范要求编写，体现新发展理念；三是系列教材具有明显特点，满足不同层次和类型的学校专业教学要求；四是配备了数字资源，适应现代化教学的要求。规划教材的出版凝聚了作者、主审及编辑的心血，得到了有关院校、出版单位的大力支持，教材建设管理过程有严格保障。希望广大院校及各专业师生在选用、使用过程中，对规划教材的编写、出版质量进行反馈，以促进规划教材建设质量不断提高。

住房和城乡建设部“十四五”规划教材办公室

2021 年 11 月

第二版前言

本书第一版是住房城乡建设部土建类学科专业“十三五”规划教材，是高等学校土木工程专业应用型人才培养规划教材，是根据《高等学校土木工程本科指导性专业规范》及《高等学校给排水科学与工程本科指导性专业规范》对流体力学的基本要求，专门为土建类学科应用型人才培养编写的教材，也可作为道路桥梁工程、交通工程、城市地下空间工程、地质工程及机械类设计等相关专业与技术人员的教材和学习参考用书，以及相关注册类考试复习参考书。

借本书入选住房和城乡建设部“十四五”规划教材以及“十三五”江苏省高等学校重点教材（修订）之际，根据出版以来各使用院校的反馈意见、江苏省立项重点教材审定专家组意见及出版社的要求，对第一版教材进行相应修订再版。

本次修订保持教材原有的内容体系，由盐城工学院延克军教授、甄树聪副教授担任主编，内蒙古工业大学郝勇高级工程师担任副主编。具体编写分工为：盐城工学院延克军（第1章、第8章）；江苏海洋大学肖淑杰（第2章）；泰州职业技术学院左滨（第3章）；盐城工学院周友新（第4章）；徐州工程学院张林军（第5章）；内蒙古工业大学郝勇（第6章）；盐城工学院甄树聪（第7章）。

由于编者水平有限，不足或不妥之处在所难免，恳请读者批评指正。

编　者

2021年7月

第一版前言

本书是根据《高等学校土木工程本科指导性专业规范》及《高等学校给排水科学与工程本科指导性专业规范》中对流体力学的要求，立足于高等学校土木工程及给排水科学与工程本科应用型人才培养需要而编写的教材，也可作为道路桥梁、交通工程、机械设计等相关专业与技术人员学习参考用书，以及相关注册类考试复习参考书。

在编写过程中，广泛汲取了优秀流体力学及水力学等相关教材的精华，结合编者教学实践的体会，力求在内容衔接、内容结构及基本概念、基本理论、基本应用的阐述等方面有所发展和提高。本书具有以下几个方面的特点：按照《高等学校土木工程本科指导性专业规范》对流体力学的要求，增加了风荷载和波浪理论基础；将量纲分析和模型设计作为流体力学研究的基本方法编排在绪论之中；将速度的分解编排在速度场之后；明渠改为更通用的渠道，并与堰流编排在同一章；渗流与渗渠和井编排在了同一章；本章小结对知识点及应用的掌握与理解更简洁明了；思考与练习题从工程现象及生活常识入手，以求达到对本章内容的理解与应用融会贯通；简化了部分公式的推导，注重工程应用的理解与方法；更贴近于工程应用。

本书由盐城工学院延克军教授、甄树聪副教授担任主编并统稿，南京工程学院王伟副教授担任副主编，扬州大学何成达教授担任主审。具体编写分工为：盐城工学院延克军（第1章、第8章）；淮海工学院肖淑杰（第2章）；扬州大学左滨（第3章）；南京工程学院王伟（第4章）；徐州工程学院张林军（第5章）；盐城工学院张静红（第6章）；盐城工学院甄树聪（第7章）。

本书为方便各位读者使用提供了课件及习题解答集。课件可发送邮件至 jiangongkejian@163. com 索取。习题解答集获得：登陆中国建筑工业出版社官网 http://www. cabp. com. cn，输入书名或征订号，点选图书，点击配套资源即可下载。提示：下载配套资源需注册网站用户。

由于编者水平所限，在内容的编排、选取及论述等方面如有不妥和不足之处，恳请读者批评指正。

编　者

2017 年 7 月

目 录

第 1 章　绪　　论

本章要点及学习目标

本章要点：主要介绍流体的基本概念、流体的基本物理属性、流体的受力分析、流体力学中的模型假设以及模型设计与量纲分析等。

学习目标：通过本章的学习，学生应理解流体的基本表征（易流动性）和流体的重要属性（黏性）以及它们在工程应用中的作用与意义，理解隔离体概念；掌握牛顿内摩擦定律以及作用在流体上的力的分解和三个假设模型的提出与目的，理解模型设计的准则和基本的量纲分析法。

流体力学是力学的一个分支学科，是用实验和理论及数值分析的方法来研究流体的平衡与机械运动的规律及其在工程中应用的一门学科。流体力学在土木工程、冶金机械、航空航海、水利水电、环境工程等领域得到了空前广泛的应用。例如，土木工程，市政工程的设计与施工及运行管理过程中地表水与地下水的排除、输送、受力分析，隧道中的通风，建筑物风振与风荷载的计算等都离不开流体力学。

本书主要介绍流体力学的基本概念、基本理论及在土木工程中的基本应用。

1.1　流体的基本定义

1.1.1　流体的定义与表观特征

自然界的物质通常以固态、液态和气态三种聚集状态的形式存在，处在这三种状态下的物质分别称为固体、液体和气体。

固体中分子间的距离小，分子间引力大，分子热运动的无序倾向弱，能够承受一定范围内的各种外力，而保持其原有形状和体积。液体和气体中分子间的空隙大，分子间的相互作用力小，分子运动强烈，没有固定的形状，几乎不能承受拉力，静止状态下难以抵抗剪切力，易于变形，具有一定的流动性。

1. 流体的定义

在任何微小剪切力的持续作用下能够连续不断变形的物质，称为流体。因此，液体和气体统称为流体。

气体与液体相比较，气体在受到压强或温度及空间容积发生变化时，体积会有较大的变化，总是充满它能达到的全部空间；液体体积的变化则相对较小或保持不变，能够形成自由表面。

2. 流体的表观特征

易流动性是流体的主要表观特征，压力可各向同性地进行传递，可用各种方法、途径和容器很方便地进行流体的输送与储存。

1.1.2 流体的连续介质模型

由于流体是由大量做热运动的分子所组成，分子间有间隙，因而从微观角度看，流体是不连续的，是不能用数学中的连续函数来分析与描述的。流体力学研究的是宏观流体的机械运动，分子之间的间隙和宏观流体的尺寸相比是无限小，不考虑流体分子间的间隙对绝大多数流体宏观运动的分析所产生的误差完全可以忽略不计，但高空稀薄气体以及高真空中的分子距离与设备尺寸可以比拟，不能忽略不计。

为了研究的方便，引入流体微团或流体质点的概念：包含有无数不可计量的流体分子，并能体现流体宏观特性的无限小的流体体积称为流体微团或流体质点。这样就可把流体视为由无数流体微团或流体质点所组成的没有任何空隙的连续介质，从而可以引用连续函数的解析方法等数学工具来研究和描述流体的平衡和运动规律。

1.2 流体的基本物理属性

任何事物的发展都是内因和外因共同作用的结果，外因只能通过内因起作用。因此，必须首先从宏观角度来了解和认识体现内在因素的流体物理属性。

1.2.1 惯性

维持原有运动状态的能力称为惯性。质量是度量惯性大小的物理量，表征某一流体惯性的大小可用该流体的质量或密度。单位体积的质量称为密度，即：

$$\rho=\frac{m}{V} \quad \left(\rho=\lim_{\Delta V\to 0}\frac{\Delta m}{\Delta V}=\frac{\mathrm{d}m}{\mathrm{d}V}\right) \tag{1-1}$$

式中 ρ——流体的密度（kg/m^3）；

V——流体的体积（m^3）；

m——流体的质量（kg）。

各点密度相同的流体称为均质流体，各点密度不同的流体称为非均质流体。

1.2.2 重力

重力是流体受地球引力作用的特征，一般用重度表示，即单位体积的重量：

$$\gamma=\frac{G}{V}=\frac{mg}{V}=\rho g \tag{1-2}$$

式中 γ——重度（N/m^3）；

G——重力（N）；

g——重力加速度（m/s^2）。

显然，流体的重力和重度与重力加速度有关，随位置变化而变化，而流体的质量与密度则与地理位置无关。在本书中重力加速度取 $9.81m/s^2$。

流体的密度和重度是随压强和温度的变化而变化的，液体的变化很小，而气体的变化较大，所以一般工程计算中液体的密度和重度可视为常数。

在土建工程实际应用中，一般取一个标准大气压下、某温度时的值为计算值。如水的密度和重度通常为温度为4℃时蒸馏水的密度和重度值：$\rho=1000\text{kg/m}^3$，$\gamma=9810\text{N/m}^3$；温度为0℃时水银的密度和重度值：$\rho_{\text{Hg}}=13600\text{kg/m}^3$，$\gamma_{\text{Hg}}=133416\text{N/m}^3$；温度为20℃时空气的密度和重度值：$\rho_a=1.21\text{kg/m}^3$，$\gamma_a=11.77\text{N/m}^3$。不同温度时水的重度及密度见表1-1。

一个标准大气压下不同温度时水的重度及密度　表1-1

温度(℃)	重度(kN/m^3)	密度(kg/m^3)	温度(℃)	重度(kN/m^3)	密度(kg/m^3)	温度(℃)	重度(kN/m^3)	密度(kg/m^3)
0	9.806	999.9	30	9.755	995.7	70	9.590	977.8
5	9.807	1000.0	40	9.731	992.2	80	9.529	971.8
10	9.805	999.7	50	9.690	988.1	90	9.467	965.3
20	9.790	998.2	60	9.645	983.2	100	9.399	958.4

1.2.3　流体的热胀性和压缩性

随着温度的升高，流体体积膨胀，密度减小；随着压强的增加，流体体积缩小，密度增大；这是所有流体的共同属性，即流体的热胀性和压缩性。

1. 液体的热胀性和压缩性

1）液体的热胀性

一定压强下，液体的体积随温度的升高而增大（密度减小）的性质称为液体的热胀性。液体热胀性的大小用体积热胀系数α_v来表示，它表示当压强不变时，升高一个单位温度所引起液体体积的相对增加量，即：

$$\alpha_v=\frac{dV/V}{dT}\left(=-\frac{d\rho/\rho}{dT}\right)\tag{1-3}$$

式中　α_v——液体的膨胀系数（1/℃）；

dT——液体的温度增量（℃）；

dV——液体的体积增量（m^3）；

$d\rho$——液体的密度增量（kg/m^3）；

其他符号同前。

液体的体积膨胀系数很小，随温度和压强而变化，在常温下，温度每升高1℃，水的体积相对增量仅为万分之一点五，水的体积膨胀系数见表1-2；对于大多数液体，随压强的增加，体积膨胀系数稍为减小。尽管水的体积膨胀系数很小，但当体积很大时，其热胀性不可忽视，必须加以考虑。如温度变化较大的冷热水输送管网及热水采暖系统中必须设置膨胀罐或膨胀水箱。

水的体积膨胀系数（$\times10^{-6}$/℃）　表1-2

p(kPa) \ t(℃)	1～10	10～20	40～50	60～70	90～100
98	14	150	422	556	719
196	43	165	422	548	704

2）液体的压缩性

在一定的温度下，液体的体积随压强升高而缩小的性质称为液体的压缩性。液体压缩性的大小用体积压缩系数 χ 来表示，它表示当温度保持不变时，单位压强增量引起液体体积的相对缩小量，即：

$$\chi = -\frac{dV/V}{dp}\left(=\frac{d\rho/\rho}{dp}\right) \tag{1-4}$$

式中 χ——液体的压缩系数（m^2/N）；

dp——液体的压强增量（N/m^2）；

其他符号同前。

由于压强增加时，液体的体积减小，压强的变化 dp 和体积的变化 dV 符号始终是相反的，故在上式中加个负号，以使体积压缩系数恒为正值。

χ 值越大，液体的压缩性越大。压缩系数 χ 的倒数为 $1/\chi$，称为液体的弹性模量，以 E 表示，即：

$$E = \frac{1}{\chi} = -\frac{dp}{dV/V} \tag{1-5}$$

式中 E——液体的弹性模量（N/m^2）。

E 值愈大，表示液体愈不易被压缩。液体种类不同，χ 或 E 值亦不同。同一液体的 χ 值随温度和压强的增大而变小，但变化甚微。表 1-3 为水在不同温度、不同压强下的压缩系数。

水的压缩系数（$\times 10^{-9}$ / kPa） **表 1-3**

p(kPa) / t(℃)	490	980	1960	3920	7840
0	540	537	531	523	515
10	523	518	507	497	492
20	515	505	495	480	460

2. 气体的热胀性和压缩性

气体与液体相比较，具有显著的热胀性和压缩性。这是由于气体的密度随着温度和压强的改变将发生显著的变化。对于完全气体（如工程中常见的空气、氧气、氮气及二氧化碳等），其密度与温度和压强的关系可用热力学中的状态方程表示，即：

$$\frac{p}{\rho} = RT \tag{1-6}$$

式中 p——气体的绝对压强（N/m^2）；

ρ——气体的密度（kg/m^3）；

T——气体的热力学温度（K），对应 0℃时的 $T_0 = 273K$；

R——气体常数 [J/(kg · K)]；标准状态下，$R = 8314/n$，其中 n 为气体的分子量；对于空气，$n = 28.97$，$R = 287$。

1）气体的压缩性

在等温情况下，$RT = C_1$（常数），故有：

$$\frac{p_1}{\rho_1}=\frac{p_2}{\rho_2} \tag{1-7}$$

气体的压缩性都很大。从式（1-7）中可知，当温度不变时，完全气体的密度与压强成正比，压强增大，体积缩小，密度增大。由于气体有一个极限密度，故压力增大到极限密度时的压力称为极限压强，此时无论压力再如何增大，气体的密度将保持不变。

2）气体的热胀性

在等压情况下，$p/R=C_2$，故有：

$$\rho T=\rho_0 T_0 \tag{1-8}$$

气体的热胀性亦比较大。当压强不变时，温度升高1℃，体积就比0℃时的体积膨胀1/273。

在实际工程中，不同压强和温度下气体的密度可按下式计算：

$$\rho=\rho_0\cdot\frac{273}{273+t}\cdot\frac{p}{101.325} \tag{1-9}$$

式中 ρ_0——标准状态（0℃，101.325kN/m^2）下某种气体的密度（kg/m^3）；

ρ——在温度为 t（℃）、压强为 p（kN/m^2）下某种气体的密度（kg/m^3）。

3. 流体的不可压缩模型

压缩性是流体的基本属性，当温度和压强发生变化时，流体的密度亦随之变化，是一个变量，给数学分析过程带来许多不便。由前述分析知，液体的压缩性和热胀性都非常的小，虽然气体具有较大的压缩性和热胀性，但在大多数情况下速度远小于音速，其影响也可以忽略，流体的密度可认为是一个常数。

把 $\mathrm{d}\rho/\mathrm{d}t=0$（$\rho$=常数）的流体称为不可压缩流体。把密度可近似认为是一个常数的简化分析流体的这种方法称为不可压缩流体模型。

工程实际中的水和空气以及土建隧道中的气流、供热、供燃气及通风管道中的气体流速远小于68m/s时均可按不可压缩流体来考虑。但在水泵及大型输水工程中的水击压强的计算与防治、供热系统中水的热胀性以及速度接近或超过音速时，必须考虑其压缩性和热胀性。

1.2.4 液体的表面张力和毛细现象

当液体与其他流体或固体接触时，在分界面上会出现一些特殊现象。例如，水滴悬在水龙头出口而不滴落，细管中的液体自动上升或下降一个高度，铁针浮在液面上而不下沉，空气中固体平面上的水银滴粒几乎为球状，而水滴却呈扁平状，液体的自由表面好像一个被拉紧了的弹性薄膜。这是由于液体分子间以及与边界分子间的吸引力不同所致，称为液体的表面张力特性。

1. 表面张力

液体内部分子间的内聚吸引力各向同性，处于平衡状态，而表面上的分子却缺失了与表面正交方向的吸引力，为了平衡，只能寻求相邻分子间与表面平行方向的相互吸引，从而产生了沿表面方向的拉力，单位长度上的这种拉力称为表面张力，用表面张力系数 σ 表示其大小，其单位为“N/m”。表面张力系数随液体种类和温度而异，表面张力越大，液滴就越接近球形。

2. 毛细现象

液体在细管中能上升或下降的现象称为毛细现象，如图 1-1 所示。液体分子与边界分子之间的吸引力称为液体的附着力。当液体分子间的内聚力小于附着力时，细管内的液面呈凹状，液面高于管外的液面，如图 1-1（a）所示；当液体分子间的内聚力大于附着力时，细管内的液面呈凸状，液面低于管外的液面，如图 1-1（b）所示。

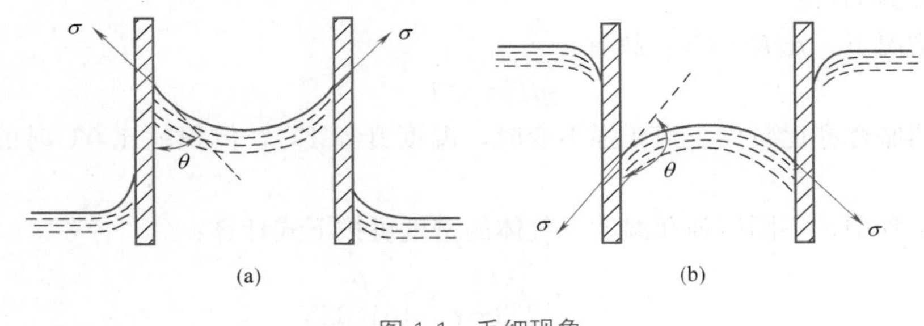

图 1-1 毛细现象

（a）水；（b）汞

液体的表面张力和毛细现象对实际工程的影响，一般不予考虑；在实验室用玻璃管测量压强时，要注意毛细现象引起的误差，且玻璃管管径不小于 10mm。

1.2.5 汽化

液态分子转化为气态分子的过程称为汽化，气态分子转化为液态分子的过程称为凝结。在液态中，汽化与凝结同时存在，两者达到平衡时的液体压强称为饱和蒸气压强，或汽化压强。液体的汽化压强随温度的升高而增大，水的汽化压强见表 1-4。

水在不同温度下的汽化压强 p_e（kN/m^2） 表 1-4

t(℃)	0	5	10	20	30	40
p_e	0.61	0.87	1.23	2.34	4.24	7.38
t(℃)	50	60	70	80	90	100
p_e	12.33	19.92	31.16	47.34	70.10	101.33

当水流某处（如水泵入口处、管道弯曲部分的顶部等）的实际压强低于汽化压强时，在该处就会发生汽化，形成空化现象。如产生气塞，则影响水流的正常输送；如汽化产生的气泡随水流进入高压区，会对固体边界产生汽蚀现象，即在接触的固体壁边界上溃破，使固体表面造成疲劳并剥落，缩短寿命，影响运行。

1.3 流体的黏性和牛顿内摩擦定律

在实际工程中，输送流体的能量远远大于其提升的高度所需的势能和动能，绝大部分是流体间以及流体与固体边界之间动量交换以及摩擦发热将机械能损失所致。

1.3.1 流体的黏性

流体与固体的最明显的表征区别就是易于流动，即在任何微小剪切力的持续作用下，流体要发生连续不断地变形。不同的流体在相同的剪切力作用下其变形速度是不同的，它反映了抵抗剪切变形能力的差别。这种抵抗剪切变形的能力属性就是流体的黏性。

流体的黏性是流体固有的最重要的物理属性，由于其要抵抗剪切变形运动，所以是流体运动过程中产生机械能损失的根本的内在因素。

1. 黏性的具体表现

流体内部各微团之间发生相对运动时，流层间会产生一对大小相等、方向相反的内摩擦力，将对变形起到阻碍作用，被称为黏滞力，是流体黏性在流体内部的具体体现。而实际流体运动中的机械能损失则是流体黏性的宏观显现。

2. 影响黏性的因素

运动流体中的黏滞力是流体分子间的动量交换和内聚力相互作用的结果。

1）温度是影响流体黏滞力的主要因素。液体之所以具有相对固定的体积和自由表面，是因为分子内聚力在起主要作用。因此当液体温度升高时，体积膨胀，密度减小，分子间距增大，分子间的吸引力或内聚力降低，黏滞力或内摩擦力减小，从而黏度下降。也就是说液体的黏性随其温度的升高而变小。

气体之所以具有不确定的体积和自由表面，是因为分子热运动在起主要作用。因此当气体温度升高时，分子热运动加剧，分子间的碰撞频率加快，动量交换增加，黏滞力或内摩擦力增大，从而黏度上升。也就是说，气体的黏性随其温度的升高而变大。

2）压力对流体黏性的影响不大，一般忽略不计。

1.3.2　牛顿内摩擦定律

流体的黏性可通过牛顿平板实验来加以说明。

1. 牛顿平板实验

将相距 h、面积 A 足够大（与 h 相比较）的两块水平放置平板内充满某种液体，使下板固定不动，上板在拉力 F 作用下以匀速 u_0 向右平行移动，如图 1-2（a）所示。由于流体与平板间有附着力，紧贴上板的一薄层液体将以速度 u_0 跟随上板一起向右运动，而紧贴下板的一薄层液体质点的速度为零，将和下板一样静止不动。两板之间的各液体薄层在上板的带动下，都作平行于平板的运动，其运动速度自上而下逐层递减，由上板的 u_0 减小到下板的零。

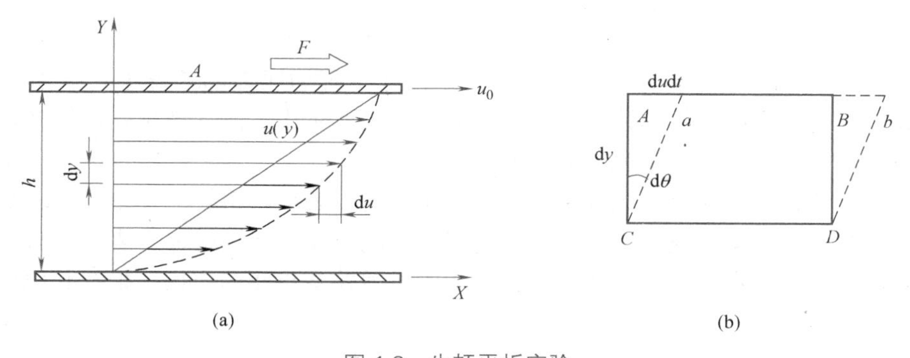

图 1-2　牛顿平板实验
（a）速度分布；（b）剪切变形

显然，由于各流层速度不同，流层间就有相对运动，速度较大的上层液层带动速度较小的下层液层向前运动，速度较小的下层液体则阻碍上层液层运动，从而产生切向作用力，称其为内摩擦力。按照牛顿第三定律，作用在两个液体层接触面上的内摩擦力总是成对出现的，即大小相等、方向相反。

当 h 或 u_0 不是很大时，实验表明板间液体流动的速度 u 沿 y 方向呈线性分布（$u=kh=ky$）。通常情况下，液体流动的速度并不按直线变化，而是按曲线变化，如图 1-2（a）虚线所示。速度沿流层法线方向的变化率称为速度梯度。

2. 牛顿内摩擦定律

实验表明，在纯剪切流动（层状流动）中大多数液体存在如下关系：

$$T \propto A\frac{\mathrm{d}u}{\mathrm{d}y} \tag{1-10}$$

引入实验系数 μ，写成等式为：

$$T=\mu A\frac{\mathrm{d}u}{\mathrm{d}y} \quad \text{或}\ \tau=\frac{T}{A}=\mu\frac{\mathrm{d}u}{\mathrm{d}y} \tag{1-11a}$$

h 或 u_0 很小时，即切向应力 τ 沿 h 方向等值分布，式（1-11a）也可表示为：

$$\tau=\frac{T}{A}=\mu\frac{\mathrm{d}u}{\mathrm{d}y}\approx\mu\frac{u}{y}\text{，或}\ \tau=\mu k=c \tag{1-11b}$$

式中 T——流层接触面上的内摩擦力（N）；

A——流层间的接触面积（m^2）；

$\mathrm{d}u/\mathrm{d}y$——垂直于流动方向上的速度梯度（1/s）；

μ——动力黏性系数（$\mathrm{N\cdot s/m^2}$ 或 $\mathrm{Pa\cdot s}$）；

τ——切向应力（$\mathrm{N/m^2}$ 或 Pa）。

为了更好地理解流体抵抗剪切变形的能力属性，即黏性的意义，由图 1-2（b）可得：

$$\mathrm{d}\theta\approx\tan\mathrm{d}\theta=\frac{\mathrm{d}u\,\mathrm{d}t}{\mathrm{d}y} \quad \text{或} \quad \frac{\mathrm{d}u}{\mathrm{d}y}=\frac{\mathrm{d}\theta}{\mathrm{d}t}$$

故：

$$\tau=\mu\frac{\mathrm{d}u}{\mathrm{d}y}=\mu\frac{\mathrm{d}\theta}{\mathrm{d}t} \tag{1-12}$$

式（1-11a）、式（1-11b）或式（1-12）称为牛顿内摩擦定律，它反映了流体的黏性与速度梯度及液体微团的剪切变形速度间的关系。在给定切应力的条件下，液体的黏性越大，抵抗剪切变形的能力就越强，液体微团的变形也就越小，流动性越差；反之，液体微团的变形也就越大，表观现象就是液体越易流动。

流体的黏性是固有属性，黏性系数是其大小的度量表征，不管流体是静止还是处于运动状态，其黏性始终是存在的，但只有在流体质点间有相对运动时才会表现出来。

牛顿内摩擦定律在流体力学研究分析过程中有着非常重要的应用，根据其原理还可以制作测定流体黏性的仪器。

3. 运动黏性系数

在流体的研究与工程应用中，除了使用动力黏性系数（μ）外，还常用到运动黏性系数（ν）：

$$\nu=\frac{\mu}{\rho} \tag{1-13}$$

式中 ν——运动黏性系数（m^2/s）；

其他同前。

一个标准大气压下不同温度时水和空气的黏性系数分别见表 1-5、表 1-6。

标准大气压下不同温度时水的黏性系数 表 1-5

t(℃)	$\mu(10^{-3}Pa\cdot s)$	$\nu(10^{-6}m^2/s)$	t(℃)	$\mu(10^{-3}Pa\cdot s)$	$\nu(10^{-6}m^2/s)$
0	1.792	1.792	40	0.654	0.659
5	1.519	1.519	50	0.549	0.556
10	1.310	1.310	60	0.469	0.478
15	1.145	1.146	70	0.406	0.415
20	1.011	1.009	80	0.357	0.367
25	0.895	0.897	90	0.317	0.328
30	0.800	0.803	100	0.284	0.296

标准大气压下不同温度时空气的黏性系数 表 1-6

t(℃)	$\mu(10^{-6}Pa\cdot s)$	$\nu(10^{-6}m^2/s)$	t(℃)	$\mu(10^{-6}Pa\cdot s)$	$\nu(10^{-6}m^2/s)$
−40	14.9	9.8	40	19.0	16.8
−20	16.1	11.5	60	20.0	18.7
0	17.1	13.2	80	20.9	20.9
10	17.6	14.1	100	21.8	23.1
20	18.1	15.0	200	25.8	34.5
30	18.6	16.0	300	29.8	49.9

4. 理想流体模型

实际流体都具有黏性（$\mu\neq0$），所产生的切应力使得流体运动的分析变得非常复杂。为了简化理论分析过程，在流体力学中引入不考虑黏性作用的理想流体（$\mu=0$），即理想流体模型，此时黏性切应力 $\tau=0$。通过理想流体模型分析得出的结论，必须对黏性的影响加以修正后才能应用到实际流体中。

5. 牛顿流体

并非所有的流体都符合牛顿内摩擦定律。实际流体的内摩擦定律可表示为：

$$\tau=\tau_0+\mu\left(\frac{du}{dy}\right)^m \tag{1-14}$$

流变曲线如图 1-3 所示。

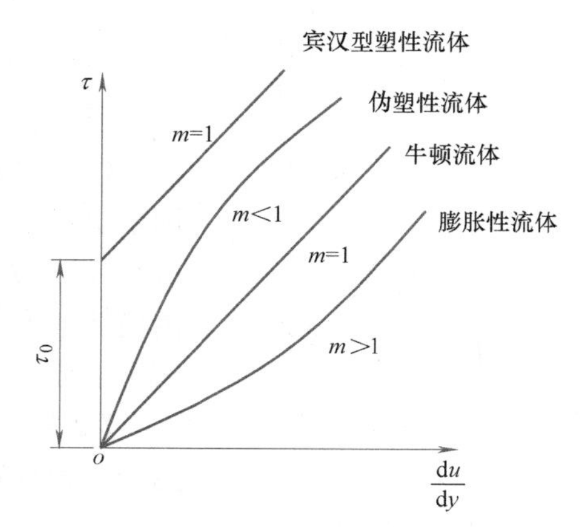

图 1-3 各种流体的流变曲线

1）牛顿流体。式（1-14）中 $\tau_0=0$，$m=1$

时，即得式（1-12）牛顿内摩擦定律。凡是符合牛顿内摩擦定律的流体称为牛顿流体，如气体、水、汽油、煤油、乙醇等。

2）宾汉型塑性流体。符合式（1-14）中 $\tau_0>0$、$m=1$ 时的流体，如新拌水泥砂浆、新拌混凝土、泥浆、牙膏、油漆等。对这类流体施加的切应力大于其屈服应力（τ_0）时，才能流动起来，且流动过程中切应力与剪切变形呈线性关系。

3）伪塑性流体。符合式（1-14）中 $\tau_0=0$、$m<1$ 时的流体，如高分子聚合物溶液、血浆等。特征是随着剪切变形速度的增大，流体变稀，黏度降低，流动性增大。

4）膨胀性流体。符合式（1-14）中 $\tau_0=0$、$m>1$ 时的流体，如高含沙水流、淀粉糊、树胶溶液等。特征是随着剪切变形速度的增大，流体变稠，黏度增大，流动性降低。

【例 1-1】 如图 1-4 所示，气缸内壁的直径 $D=12\text{cm}$，活塞的直径 $d=11.96\text{cm}$，活塞的长度 $l=14\text{cm}$，活塞往复运动的速度为 $v=1\text{m/s}$，润滑油液的 $\mu=0.1\text{Pa}\cdot\text{s}$，试问作用在活塞上的黏滞力为多少？

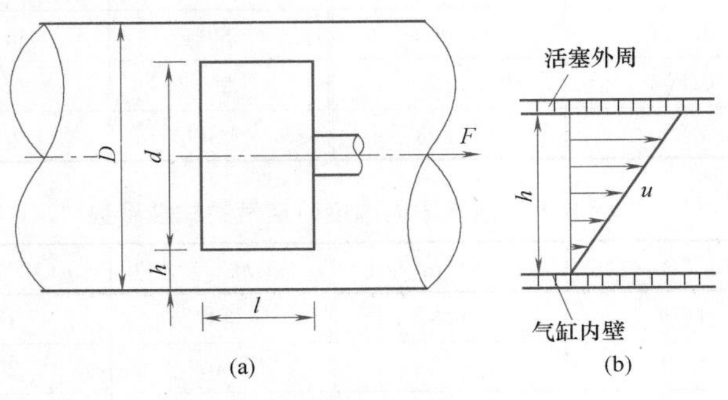

图 1-4　活塞运动的黏性

（a）活塞运动；（b）润滑层内速度分布

【解】 由于活塞与气缸的间隙 h 很小，速度分布图近似为放大后图 1-4 中（b）直线分布，故：

$$\frac{\mathrm{d}u}{\mathrm{d}y}=\frac{v}{h}=\frac{100}{\frac{1}{2}\times(12-11.96)}=5\times10^3$$

则：　$\tau=\mu\dfrac{\mathrm{d}u}{\mathrm{d}y}=0.1\times5\times10^3=5\times10^2\text{N/m}^2$

所以：　$T=A\tau=\pi dl\tau=\pi\times0.1196\times0.14\times5\times10^2=26.5\text{N}$

【例 1-2】 图 1-5 为旋转圆筒黏度计，外筒固定，内筒由同步电机带动旋转。内外筒间隙充入实验液体。已知内筒半径 $r_1=1.93\text{cm}$，外筒半径 $r_2=2\text{cm}$，内筒高 $h=7\text{cm}$。实验测得内筒转速 $n=10\text{r/min}$，转轴上扭矩 $M=0.0045\text{N}\cdot\text{m}$。试求该实验液体的黏度。

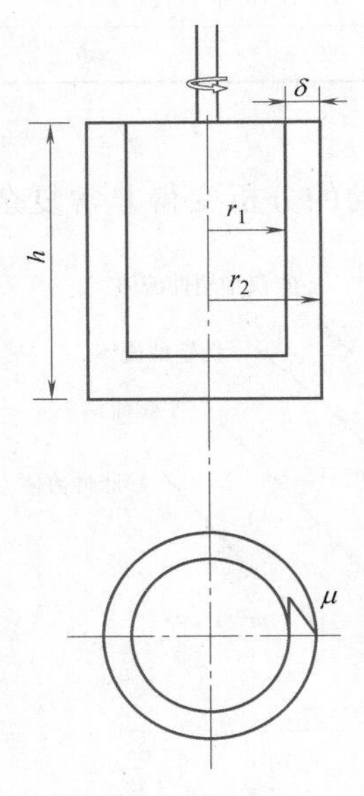

图 1-5　旋转黏度计

【解】 充入内外筒间隙的实验液体，在内筒带动下作圆周运动，速度近似直线分布。内筒壁的切应力为：

$$\tau=\mu\frac{\mathrm{d}u}{\mathrm{d}y}=\mu\frac{\omega r_1}{\delta}$$

$$\omega=\frac{2\pi n}{60},\delta=r_2-r_1$$

扭矩：
$$M=\tau A r_1=\tau\times 2\pi r_1 h\times r_1$$

则有：$\mu=\frac{\tau\delta}{\omega r_1}=\frac{15M\delta}{\pi^2 r_1^3 hn}=\frac{15\times 0.0045\times(2-1.93)}{\pi^2\times(1.93\times 10^2)^3\times 7\times 10}=0.952\text{Pa}\cdot\text{s}$

1.4　作用在流体上的力

流体处于静止或相对运动是由作用在其上的合力所决定，要研究流体的机械运动，就必须分析合力的构成，流体力学中一般用隔离体的受力来进行分析。所谓隔离体，就是在流体中假想的分离出由一封闭曲面所包围的具有一定体积的流体，这个隔离体具有质量和表面，所以它的受力就分为质量力和表面力两大类。

1.4.1　质量力

质量力是指作用在隔离体内每个流体质点上的力，其大小与流体的质量成正比，由于质量与体积成正比，所以质量力也称为体积力。重力和惯性力是最常见的质量力。

由于流体处于地球的重力场中，受到地心的引力作用，因此流体的全部质点都有重力（$G=mg$）这个质量力。

当用达朗伯（D′Alembert）原理使动力学问题变为静力学问题时，虚加在流体质点上的惯性力也属于质量力。惯性力的大小等于质量与加速度的乘积，其方向与加速度方向相反。另外，带电流体所受的静电力以及有电流通过的流体所受的电磁力也是质量力，一般忽略不计。

为了方便应用，常用作用在单位质量流体上的质量力来度量。设均质流体中隔离体的总质量为 m，总质量力为 $\boldsymbol{W}$，则单位质量力 $\boldsymbol{f}$ 为：

$$\boldsymbol{f}=\frac{\boldsymbol{W}}{m}\tag{1-15}$$

在直角坐标系中，若质量力在各坐标轴上的投影分别为 W_x、W_y、W_z，则单位质量力在各坐标轴的分量分别为：

$$f_x=\frac{W_x}{m};f_y=\frac{W_y}{m};f_z=\frac{W_z}{m}\tag{1-16}$$

或

$$\boldsymbol{f}=f_x\boldsymbol{i}+f_y\boldsymbol{j}+f_z\boldsymbol{k}\tag{1-17}$$

单位质量力具有与加速度相同的单位（m/s^2）。只有重力质量力时，单位质量力的数值就等于重力加速度 $\boldsymbol{g}$。

1.4.2　表面力

表面力是指作用在隔离体表面上的力，也就是隔离体表面周围的流体或固体作用在其上的力。表面力可分解成与隔离体表面正交的法向力 $\boldsymbol{P}$ 和与隔离体表面平行的切向力 $\boldsymbol{T}$ 两个分力。在流体力学中用单位表面积上所作用的表面力（称为应力）来表示，对应为法向应力（压应力）$\boldsymbol{p}$ 和切向应力（切应力）$\boldsymbol{\tau}$ 两种。

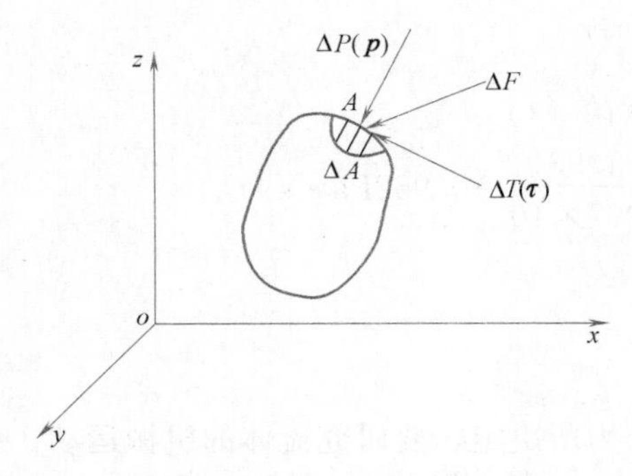

图 1-6　作用在流体上的表面力

如图 1-6 所示，在隔离体表面积上围绕点 A 取一微元面积 ΔA，设作用在其上的表面力 $\Delta \boldsymbol{F}$ 为任意方向，则 $\Delta \boldsymbol{F}$ 可以分解为法向力 $\Delta \boldsymbol{P}$ 和切向力 $\Delta \boldsymbol{T}$，对应于 A 点压应力 $\boldsymbol{p}$ 和切应力 $\boldsymbol{\tau}$ 分别为：

$$\boldsymbol{p}=\lim_{\Delta A \to 0} \frac{\Delta \boldsymbol{P}}{\Delta A}=\frac{\mathrm{d}\boldsymbol{P}}{\mathrm{d}A} \tag{1-18}$$

$$\boldsymbol{\tau}=\lim_{\Delta A \to 0} \frac{\Delta \boldsymbol{T}}{\Delta A}=\frac{\mathrm{d}\boldsymbol{T}}{\mathrm{d}A} \tag{1-19}$$

应力的单位为$\mathrm{N/m^2}$ 或 Pa。

1.5　模型设计与量纲分析

模型实验和量纲分析是流体力学研究中最基本的常用方法。

1.5.1　模型设计

自然界及大多数实际流体工程的尺寸都非常大，不便于观察研究。如将拟建工程或实体工程依据一定的准则，按比例进行模型设计，然后在实验室进行研究就方便节约得多了。为了能使模型中观测到的流动现象和数据换算到原型中去，就必须保证模型与原型相似——实现流动相似。

流动相似：即模型与原型两个流动中，对应点上同名物理量具有各自一定的比例。流动相似包含三类表征流动过程的物理量的相似：流场的几何形状（包括边界层）、流体微团的运动状态、流体微团的动力性质。

1. 相似的基本概念

1）几何相似（原型：Prototype，模型：Model），是指原型与模型的任何一个相应线性长度保持一定的比例关系。

长度比尺：
$$\lambda_l=\frac{L_\mathrm{p}}{L_\mathrm{m}} \tag{1-20}$$

面积比尺：
$$\lambda_\mathrm{A}=\frac{A_\mathrm{p}}{A_\mathrm{M}}=\frac{L_\mathrm{p}^2}{L_\mathrm{m}^2}=\lambda_l^2 \tag{1-21}$$

体积比尺：
$$\lambda_\mathrm{V}=\frac{V_\mathrm{p}}{V_\mathrm{M}}=\frac{L_\mathrm{p}^3}{L_\mathrm{m}^3}=\lambda_l^3 \tag{1-22}$$

2）运动相似，即两个流动的速度场（或加速度场）是几何相似的。

设时间比尺：
$$\lambda_\mathrm{t}=\frac{t_\mathrm{p}}{t_\mathrm{m}} \tag{1-23}$$

则速度比尺：
$$\lambda_\mathrm{v}=\frac{v_\mathrm{p}}{v_\mathrm{M}}=\frac{L_\mathrm{p}/t_\mathrm{P}}{L_\mathrm{M}/t_\mathrm{M}}=\frac{\lambda_l}{\lambda_\mathrm{t}} \tag{1-24}$$

加速度比尺：
$$\lambda_\mathrm{a}=\frac{a_\mathrm{p}}{a_\mathrm{M}}=\frac{L_\mathrm{p}/t_\mathrm{P}^2}{L_\mathrm{M}/t_\mathrm{M}^2}=\frac{\lambda_l}{\lambda_\mathrm{t}^2} \tag{1-25}$$

3）动力相似，是指原型和模型流动中任何对应点上作用着的同名力的方向相同、大小比例相等，即力的封闭多边形相似。在工程流体力学中，影响流动的力主要有黏滞力 $\boldsymbol{T}$、重力 $\boldsymbol{G}$、压力 $\boldsymbol{P}$ 和惯性力 $\boldsymbol{I}$ 等。

$$\boldsymbol{T}+\boldsymbol{G}+\boldsymbol{P}+\cdots+\boldsymbol{I}=0 \tag{1-26}$$

$$\frac{T_{\mathrm{P}}}{T_{\mathrm{M}}}=\frac{G_{\mathrm{P}}}{G_{\mathrm{M}}}=\frac{P_{\mathrm{P}}}{P_{\mathrm{M}}}=\cdots=\frac{I_{\mathrm{P}}}{I_{\mathrm{M}}} \tag{1-27}$$

$$\lambda_{\mathrm{G}}=\lambda_{\mathrm{T}}=\lambda_{\mathrm{S}}=\lambda_{\mathrm{P}}=\lambda_{\mathrm{I}} \tag{1-28}$$

如能保证上述三个相似，则说明流动相似。从分析可看出，几何相似是流动力学相似的前提条件，动力相似是决定运动相似的主导因素，运动相似是几何相似和动力相似的表现或是必然结果。

2. 相似准则

只要有外力存在，必有惯性力，惯性力比尺：

$$\lambda_{\mathrm{I}}=\frac{(Ma)_{\mathrm{p}}}{(Ma)_{\mathrm{m}}}=\frac{(\rho Va)_{\mathrm{p}}}{(\rho Va)_{\mathrm{m}}}=\lambda_{\rho}\lambda_{l}^{3}\lambda_{\mathrm{a}}=\lambda_{\rho}\lambda_{l}^{2}\lambda_{\mathrm{v}}^{2} \tag{1-29}$$

1）雷诺准则——黏滞力相似

$$\lambda_{\mathrm{T}}=\frac{T_{\mathrm{p}}}{T_{\mathrm{m}}}=\frac{\left(\mu\frac{\mathrm{d}u}{\mathrm{d}y}A\right)_{\mathrm{p}}}{\left(\mu\frac{\mathrm{d}u}{\mathrm{d}y}A\right)_{\mathrm{m}}}=\lambda_{\rho}\lambda_{\nu}\lambda_{l}\lambda_{\mathrm{v}}=\lambda_{\mathrm{I}}\text{或}\ \lambda_{\rho}\lambda_{\nu}\lambda_{l}\lambda_{\mathrm{v}}=\lambda_{\rho}\lambda_{l}^{2}\lambda_{\mathrm{v}}^{2}$$

$$\frac{\lambda_{l}\lambda_{\mathrm{v}}}{\lambda_{\nu}}=1\ \text{或}\left(\frac{vl}{\nu}\right)_{\mathrm{p}}=\left(\frac{vl}{\nu}\right)_{\mathrm{m}} \tag{1-30}$$

$$(Re)_{\mathrm{p}}=(Re)_{\mathrm{m}}$$

无量纲数 $Re=\frac{vl}{\nu}$ 称为雷诺数。雷诺数反映了惯性力与黏滞力的比值，说明两流动相似，雷诺数必相等。

2）弗汝德准则——重力相似

$$\lambda_{\mathrm{G}}=\frac{G_{\mathrm{p}}}{G_{\mathrm{m}}}=\frac{(mg)_{\mathrm{p}}}{(mg)_{\mathrm{m}}}=\lambda_{\rho}\lambda_{\mathrm{g}}\lambda_{l}^{3}=\lambda_{\mathrm{I}}\text{或}\ \lambda_{\rho}\lambda_{\mathrm{g}}\lambda_{l}^{3}=\lambda_{\rho}\lambda_{l}^{2}\lambda_{\mathrm{v}}^{2}$$

$$\frac{\lambda_{\mathrm{v}}^{2}}{\lambda_{\mathrm{g}}\lambda_{l}}=1\ \text{或}\left(\frac{v^{2}}{gl}\right)_{\mathrm{p}}=\left(\frac{v^{2}}{gl}\right)_{\mathrm{m}} \tag{1-31}$$

$$(Fr)_{\mathrm{p}}=(Fr)_{\mathrm{m}}$$

无量纲数 $Fr=\frac{v}{\sqrt{gl}}$ 称为弗汝德数。弗汝德数反映了惯性力与重力的比值，说明两流动相似，弗汝德数必相等。

3）欧拉准则——压力相似

$$\lambda_{\mathrm{P}}=\frac{P_{\mathrm{p}}}{P_{\mathrm{m}}}=\frac{(pA)_{\mathrm{p}}}{(pA)_{\mathrm{m}}}=\lambda_{\mathrm{p}}\lambda_{l}^{2}=\lambda_{\mathrm{I}}\text{或}\ \lambda_{\mathrm{p}}\lambda_{l}{}^{2}=\lambda_{\rho}\lambda_{l}{}^{2}\lambda_{\mathrm{v}}^{2}$$

$$\frac{\lambda_{\mathrm{p}}}{\lambda_{\rho}\lambda_{\mathrm{v}}^{2}}=1\ \text{即}\left(\frac{p}{\rho v^{2}}\right)_{\mathrm{p}}=\left(\frac{p}{\rho v^{2}}\right)_{\mathrm{m}}\ \text{或}\left(\frac{\Delta p}{\rho v^{2}}\right)_{\mathrm{p}}=\left(\frac{\Delta p}{\rho v^{2}}\right)_{\mathrm{m}} \tag{1-32}$$

$$(Eu)_{\mathrm{p}}=(Eu)_{\mathrm{m}}$$

无量纲数 $Eu=\frac{p}{\rho v^2}$ 称为欧拉数。欧拉数反映了惯性力与压强力的比值，说明两流动相似，欧拉数必相等。

在考虑不可压缩流体运动的动力相似时，决定流体平衡的主要为黏滞力、压力、重力和惯性力，其他力的影响可忽略。如此，构成力的封闭多边形为四个边，只要黏滞力、重力和惯性力三个边相似，第四个边压力必相似。即只要雷诺准则和弗汝得准则相似，欧拉准则就自动相似。一般：雷诺准则、弗汝得准则称为独立准则，欧拉准则称为导出准则。

3. 模型设计

1）模型律的选择

为了实现模型与原型完全相似，上述两个独立准则应同时满足，但实际是很困难的。如模型取与原型相同的流体，由雷诺准则可得 $\lambda_\nu=1$、$\lambda_v=\lambda_l^{-1}$，弗汝德准则得 $\lambda_g=1$、$\lambda_v=\lambda_l^{\frac{1}{2}}$，即得 $\lambda_l=1$，模型与原型尺寸相同，失去了模型实验的意义。因此，在模型设计中，只能满足起主要作用的力的相似，如压力流满足雷诺准则（雷诺数相等），重力流满足弗汝德准则（弗汝德数相等）。

模型律的选择就是相似准则的选择。

2）模型设计

制作模型，确定流体介质与流量。

(1) 确定长度比尺 λ_l：根据制作费用和实验场地确定；

(2) 根据 λ_l 设计制作模型；

(3) 确定模型流介质，一般取 $\lambda_\nu=\lambda_\rho=1$；

(4) 选定模型律，确定 λ_v；

(5) 计算模型流量：$\frac{Q_p}{Q_m}=\frac{(vA)_p}{(vA)_m}=\lambda_l^2\lambda_v$，$Q_m=\frac{Q_p}{\lambda_l^2\lambda_v}$。

3）模型的类型

按几何比尺及介质性质划分。

(1) 正太模型：各向几何比尺相同；

(2) 变态模型：各向几何比尺不同；

(3) 同类相似：模型取与原型相同的介质；

(4) 异类相似：模型取与原型异类的介质。

【例 1-3】 一水平管道，流速 $v_p=3\text{m/s}$，水温 $t=0℃$，管径 $d_p=7.5\text{cm}$。在长 $l_p=12\text{m}$ 上，压强差 $\Delta p_p=1.4\text{N/cm}^2$。现用几何相似的直径 $d_m=2.5\text{cm}$ 的水平管作模型，管中流动的是汽油。已知 $\nu_p=0.0178\text{cm}^2/\text{s}$，$\nu_m=0.006\text{cm}^2/\text{s}$，$\rho_m=670\text{kg/m}^3$。求：(1) v_m；(2) $l_m=4\text{m}$ 长模型管道上的压强差。

【解】 (1) 流动为压力流，应满足雷诺准则

$$\left(\frac{vd}{\nu}\right)_p=\left(\frac{vd}{\nu}\right)_m$$

故：

$$v_m=\frac{3\times7.5\times0.006}{2.5\times0.0178}=3.04\text{m/s}$$

（2）$l_m=4\text{m}$ 长模型管道上的压强差

由欧拉准则有：
$$(Eu)_p=(Eu)_m$$
即：
$$\left(\frac{\Delta p}{\rho v^2}\right)_p=\left(\frac{\Delta p}{\rho v^2}\right)_m$$
所以：
$$\Delta p_m=\frac{1.4\times3.04^2\times670}{3^2\times1000}=0.96\text{N/cm}^2$$

1.5.2 量纲分析

在多数实验过程中可以观察发现影响因素，而不能明确数学函数关系，或后续实验影响因素过多而使得实验过于繁琐。量纲分析为函数的建立或简化实验过程提供了行之有效的科学方法，为流体力学理论和实验之间的联系搭建了桥梁。

1. 量纲的基本概念

1）基本量

彼此互为独立的物理量称为基本量，其量度单位称为基本单位。可用基本量表示的称为导出量，相应的单位称为导出单位。

在物理研究中，通常取长度 l、流速 v、密度 ρ 为基本量，则任意物理量 A 可表示为：
$$A=kl^a v^b \rho^c \tag{1-33}$$

2）量纲、基本量纲

物理量单位的种类称为量纲，具有独立性的量纲称为基本量纲，其他由基本量纲导出的称为导出量纲。

对于不可压缩流体力学，常采用的基本量纲为长度 L、时间 T 和质量 M。任意物理量 A 的量纲用符号及如下形式来表示：
$$\dim A=L^{\alpha}T^{\beta}M^{\gamma} \tag{1-34}$$

3）物理方程量纲一致性原则

任何一个完整正确的物理方程中各项的量纲必定相同，称为量纲的一致性原则或齐次性。因此，物理方程必然可写成无量纲形式的方程，即物理方程由无量纲的项（无量纲数）组成。

2. 量纲分析法

按照量纲一致性，量纲分析法有瑞利法和 π 定理法两种。

1）瑞利法

建立变量和因变量指数式，然后利用物理方程一致性原则求出指数。

【例 1-4】 实验发现，球形物体在黏性流体中运动所受阻力 F_D 与球体直径 d、球体运动速度 v、流体的密度 ρ 和动力黏度 μ 有关，试用瑞利法量纲分析法建立 F_D 的公式结构。

【解】 建立函数关系为：$F_D=f(d,v,\rho,\mu)$

写成指数式：
$$F_D=kd^{\alpha_1}v^{\alpha_2}\rho^{\alpha_3}\mu^{\alpha_4}$$
带入各物理量量纲：

$$[MLT^{-2}]=[L]^{\alpha_1}[LT^{-1}]^{\alpha_2}[ML^{-3}]^{\alpha_3}[ML^{-1}T^{-1}]^{\alpha_4}$$

量纲一致性有：$\begin{cases} M:1=\alpha_3+\alpha_4 \\ L:1=\alpha_1+\alpha_2-3\alpha_3-\alpha_4 \\ T:-2=-\alpha_2-\alpha_4 \end{cases} \begin{cases} \alpha_1=2-\alpha_4 \\ \alpha_2=2-\alpha_4 \\ \alpha_3=1-\alpha_4 \end{cases}$

三个方程，四个未知数，需将 α_4 设为待定数，将各数值带入指数式得：

$$\begin{aligned} F_D &= kd^{\alpha_1}v^{\alpha_2}\rho^{\alpha_3}\mu^{\alpha_4}=kd^{2-\alpha_4}v^{2-\alpha_4}\rho^{1-\alpha_4}\mu^{\alpha_4} \\ &= k\left(\frac{\mu}{\rho vd}\right)^{\alpha_4}\rho v^2d^2=k\left(\frac{\nu}{vd}\right)^{\alpha_4}\rho v^2d^2=k\left(\frac{1}{Re}\right)^{\alpha_4}\rho v^2d^2 \\ &= f(Re)\rho v^2d^2=C_D\rho v^2d^2 \end{aligned}$$

式中，$C_D=f(Re)$ 称为绕流阻力系数，还与绕流物体形状有关。

由该例题可知，当因变量超过四个时，就会出现待定指数，增加了不确定因素，而 π 定理法能够较好地解决这个问题。

2）π 定理法

如果一个物理过程涉及 m 个物理量和 n 个基本量，则这个物理过程可以由 n 个基本量组成的（$m-n$）个无量纲量的 π 函数关系来描述。

$$F(x_1,x_2,\cdots,x_n)=0，即\ f(\pi_1,\pi_2,\cdots,\pi_{m-n})=0 \quad (1\text{-}35)$$

π 定理法的四个步骤：（1）选取基本变量，如长度 l、流速 v、密度 ρ；（2）建立无量纲 π 数，根据式（1-33）有任意物理量 $A=kl^av^b\rho^c$，即 $k=l^{-a}v^{-b}\rho^{-c}A$，令 $\pi=k=l^{a_0}v^{b_0}\rho^{c_0}A$；（3）按量纲一致性求指数；（4）根据需要整理函数式。

【例 1-5】 试用 π 定理法建立【例 1-4】中的 F_D 公式结构。

【解】 设 $f_0(F_D，\rho，v，d，\mu)=0$，函数式中有 $m=5$ 个物理量，选 ρ、v、d（$n=3$）个基本量，可列出 $m-n=2$ 个无量纲 π 数来：π_1、π_2，则 $f(\pi_1，\pi_2)=0$。

其中：$\begin{cases} \pi_1=\rho^{\alpha_1}\cdot v^{\beta_1}\cdot d^{\gamma_1}\cdot F_D \\ \pi_2=\rho^{\alpha_2}\cdot v^{\beta_2}\cdot d^{\gamma_2}\cdot \mu \end{cases}$

写成量纲式：
$$[MLT]^0=[ML^{-3}]^{\alpha_1}\cdot[LT^{-1}]^{\beta_1}\cdot[L]^{\gamma_1}\cdot[MLT^{-2}]$$
$$[MLT]^0=[ML^{-3}]^{\alpha_2}\cdot[LT^{-1}]^{\beta_2}\cdot[L]^{\gamma_2}\cdot[ML^{-1}T^{-1}]$$

量纲一致性：

$$\begin{cases} M:0=\alpha_1+1 \\ L:0=-3\alpha_1+\beta_1+\gamma_1+1 \\ T:0=-\beta_1-2 \end{cases} \begin{cases} \alpha_1=-1 \\ \beta_1=-2 \\ \gamma_1=-2 \end{cases} \qquad \pi_1=\frac{F_D}{\rho v^2d^2}$$

$$\begin{cases} M:0=\alpha_2+1 \\ L:0=-3\alpha_2+\beta_2+\gamma_2-1 \\ T:0=-\beta_2-1 \end{cases} \begin{cases} \alpha_2=-1 \\ \beta_2=-1 \\ \gamma_2=-1 \end{cases} \qquad \pi_2=\frac{\mu}{\rho vd}=\frac{1}{Re}$$

则：
$$f(\pi_1,\pi_2)=f\left(\frac{F_D}{\rho v^2d^2},\frac{1}{Re}\right)=0$$

解出：
$$\frac{F_D}{\rho v^2 d^2}=f_1\left(\frac{1}{Re}\right)=f_2(Re)$$
$$F_D=f_2(Re)\rho v^2 d^2=C_D\rho v^2 d^2$$

这一结果与【例 1-1】所得结论一致。可见当因变量较多时，用 π 定理法较方便。

本章小结

流体与固体的根本区别是对外力的抵抗不同，表象就是流体没有固定形状、易于流动。

流体的平衡与运动是由内因和外因相互作用的结果。内因即流体主要的物理性质：重力、惯性、黏性、压缩性和热胀性等；外因即作用在流体上的力：质量力和表面力两大类。

黏性是流体抵抗剪切变形的能力属性，与温度的相关性较大，黏性越小越易流动，反之黏性越大越不易流动。黏性是流体运动过程中产生机械能损失的根本内在因素。抵抗剪切变形的能力可用牛顿内摩擦定律来描述，牛顿内摩擦定律适用于层流运动，符合牛顿内摩擦定律的流体称为牛顿流体。

引入连续介质模型的目的是为了使用连续函数理论，引入理想流体模型和不可压缩流体模型是为了简化分析过程。

模型实验和量纲分析法是常用的研究方法。模型实验必须综合实验场地、制作成本，并合理选择实验介质和模型律；量纲分析可总结实验结果，并指导简化实验过程，量纲分析法离不开实验测试及实验观察。

本书研究的流体特性是：由没有任何空隙的、无数流体质点所组成的、不可压缩的、易于流动的连续介质，符合牛顿内摩擦定律的牛顿流体。

思考与练习题

1-1　在运输方式上固体与流体有没有区别？

1-2　流体的密度与重度是否与海拔高度有关？

1-3　是否无论什么样的情况下都要考虑流体的压缩性和热胀性？

1-4　水滴与水银滴的外形有何不同？

1-5　为什么海拔越高的地方水的沸点越低？

1-6　只有层状流动的牛顿流体具有黏性吗？流体在输送过程中产生机械能损失的内因是什么？温度升高时流体的黏性如何变化？

1-7　流体质点的特性是什么？三个流体力学模型提出的目的是什么？

1-8　整个流体边界所包围的流体是不是隔离体？作用在流体上的力分为几类？单位质量的水和水银所受重力是否相同？

1-9　何为流动相似？模型设计步骤是什么？量纲分析法的意义是什么？

1-10　本书研究的流体具有哪些特性？

1-11　已知容积为 5L 的容器盛满密度为 $\rho=980\ kg/m^3$ 的溶液，该溶液的质量和重量分别为多少？

1-12 在温度不变的情况下，压强由 1at 增加到 4.5at 时，某液体的体积由 5L 变为 4.98L，试求该液体的压缩系数和弹性模量。

1-13 如图 1-7 所示为一自然循环热水采暖系统，运行开始首先充满冷水，然后开始加热，因加热后水体膨胀，故系统中需设置膨胀水箱。如系统内总容积为 $V=100\text{m}^3$，初始水温为 $t_c=15℃$，正常运行系统内平均温度为 $t_z=80℃$。如水的膨胀系数为 $\alpha_v=510\times10^{-6}/℃$，试求膨胀水箱的最小容积。

1-14 一平板距另一固定平板 $\delta=0.5\text{mm}$，两板水平放置，其间充满流体，上板在单位面积上为 $\tau=2\ \text{N/m}^2$ 力的作用下、以 $u=0.25\text{m/s}$ 的速度移动，如图 1-8 所示，求该流体的动力黏度。

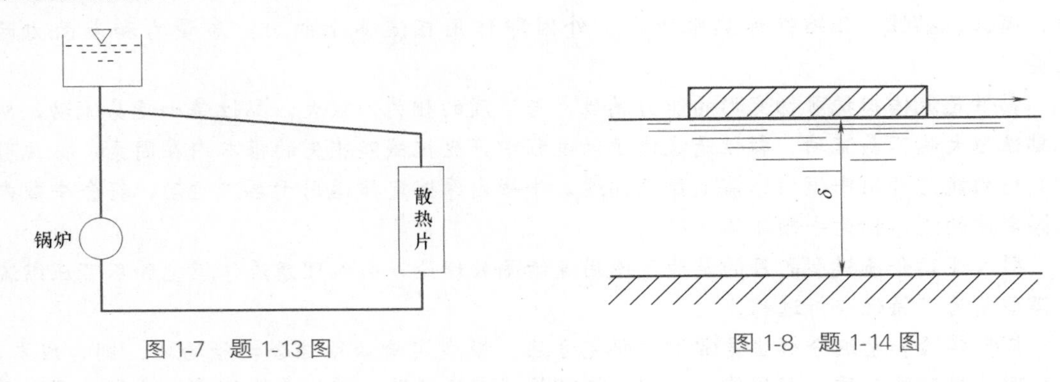

图 1-7 题 1-13 图　　图 1-8 题 1-14 图

1-15 质量为 6kg、面积为 40cm×60cm 的木板，沿着涂有 1mm 厚润滑油的斜面（与水平面呈 30°）以 1m/s 的速度等速下滑，如图 1-9 所示，求润滑油的动力黏度。

1-16 装有液体的某容器，放在地球上时，单位质量液体的质量力为多少？若从空中自由下落时又为多少？

1-17 某溢流坝流量为 $Q=400\text{m}^3/\text{s}$，拟进行长度比尺为 50 的模型试验，如图 1-10 所示。试求：(1) 模型的流量为多少？(2) 如模型堰上水头 $H_m=5\text{cm}$，则原型堰上水头 H_0 应为多少？

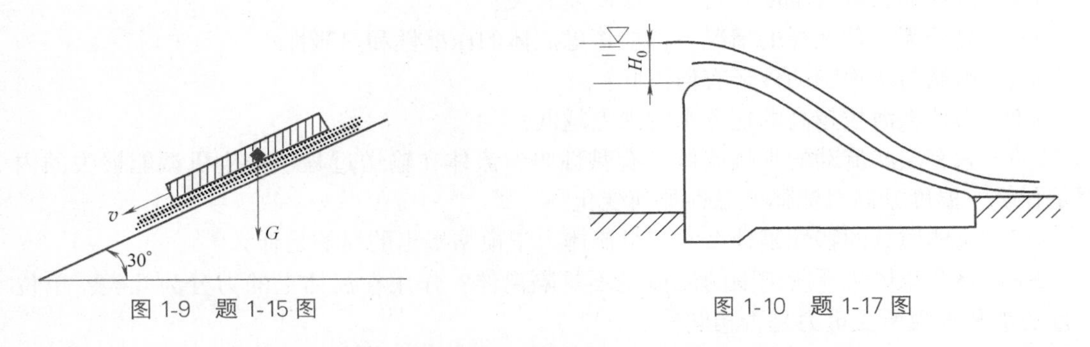

图 1-9 题 1-15 图　　图 1-10 题 1-17 图

1-18 用长度比尺为 60 的防浪堤进行模型试验，测定浪的压力为 120N，试计算实际防浪堤所受浪的压力。

1-19 在风洞中进行风对高层建筑物影响的模型实验，当风速为 9m/s 时，测得迎风

面压强为 $42N/m^2$，背风面压强为 $-20N/m^2$。如温度不变，风速增大到 12m/s 时迎风面压强和背风面压强为多少？

1-20　已知管流的特征流速 v_c 与流体的密度 ρ、动力黏度 μ 和管径 d 有关，试用瑞利量纲分析法建立 v_c 的公式结构。

1-21　有一孔口出流，如图 1-11 所示，经试验认为孔口流速 v 与下列因素有关：孔口的作用水头 H、液体密度 ρ、重力加速度 g、运动黏性系数 ν。试确定 v 的表达式。

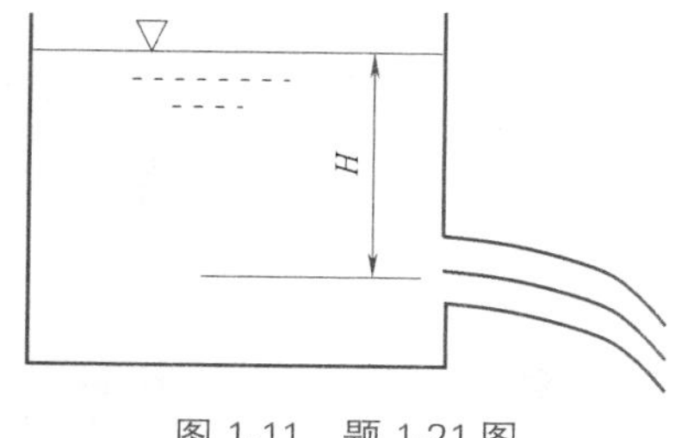

图 1-11　题 1-21 图

1-22　试验知水平直管中压强的降落值 Δp 与下列因素有关：管内流速 v、管段长度 l、管径 d、管内壁突出粗糙高度 κ 及流动液体的密度 ρ 和动力黏性 μ。试用 π 定理法验证 $\frac{\Delta p}{\gamma}=f\left(Re, \frac{\kappa}{d}\right)\frac{l}{d}\cdot\frac{v^2}{2g}$。

第 1 章课后习题详解

第 2 章　流体静力学

本章要点及学习目标

本章要点：主要介绍静止流体中压强的特性、分布规律、表示方法以及作用面上静压力与作用点的计算等。

学习目标：通过本章的学习，学生应理解静压强两个特性的意义，理解绝对压强、相对压强、真空度、等压面、测压管、压力体及浮力等基本概念，理解液体平衡微分方程及压强分布规律的分析，掌握压强的量测、静压强分布图及压力体图的绘制，掌握流体静力学基本方程的意义与运用，掌握静止流体作用在受压面上总压力确定的方法与工程应用。

流体静力学是一门研究静止流体平衡规律及其在工程实际中应用的科学，也是研究流体运动规律的基础。

静止流体中不存在黏性切应力，表面力中只有压应力。

静止流体是指流体质点之间以及流体与边界之间无相对运动，有绝对静止和相对静止两种状态。以地球作为惯性参考坐标系，流体相对于地球静止时的状态称为绝对静止；流体相对于非惯性参考坐标系静止时的状态称为相对静止。

屋顶水箱、水池池体、坝体、挡水闸板等是土木工程及水利工程中不可或缺的构筑物，其设计中所受静流体作用力的荷载分布、大小、作用点及压强的计算与确定是流体静力学最基本和最重要的工程应用。

2.1　流体静压强及其特性

2.1.1　流体静压强

第 1 章作用在流体上的力一节中给出了流体压强的明确定义，式（1-18）对于静止流体同样适用，即某点的静压强可表示为：

$$p=\lim_{\Delta A\to 0}\frac{\Delta P}{\Delta A}=\frac{\mathrm{d}P}{\mathrm{d}A} \tag{2-1}$$

2.1.2　流体静压强的特性

流体静压强具有两个特性。

1. 方向性

流体静压强垂直指向作用面，与作用面的内法线方向重合。静止流体切向分力为零，静压强垂直受压面，又流体几乎不能承受拉力（将变为非连续体），故静压强方向只能与作用面的内法线方向重合。

2. 大小性

静止流体中任意一点流体压强的大小与作用面的方向无关，即任一点上各方向的流体静压强都相同。

在静止流体中任取一微元直角四面体 $ABCD$，如图 2-1 所示，三个直角边长分别为 dx、dy、dz，作用在四面体上的力包括质量力和表面力两种。

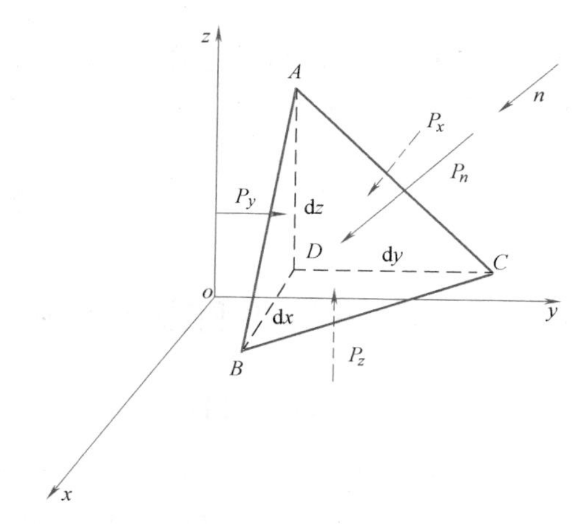

图 2-1 微元四面体

1）质量力

$$\boldsymbol{W}=\frac{1}{6}\rho \cdot dxdydz \cdot \boldsymbol{f}$$

或 $$W_x=f_x \cdot \rho \cdot \frac{1}{6}dxdydz$$

$$W_y=f_y \cdot \rho \cdot \frac{1}{6}dxdydz$$

$$W_z=f_z \cdot \rho \cdot \frac{1}{6}dxdydz$$

式中 f_x、f_y、f_z——单位质量力在各个坐标轴上的分量，见第 1 章。

2）表面力——压力

设微元四面体 $ABCD$ 四个面上的压强分别为 p_x、p_y、p_z、p_n，则各个面上的压力为：

$$P_x=p_x \cdot dA_x=p_x \cdot \frac{1}{2}dy \cdot dz$$

$$P_y=p_y \cdot dA_y=p_y \cdot \frac{1}{2}dx \cdot dz$$

$$P_z=p_z \cdot dA_z=p_z \cdot \frac{1}{2}dx \cdot dy$$

$$P_n=p_n \cdot dA_n$$

微元四面体 $ABCD$ 为静止流体，所受合力为零，即：$\sum \boldsymbol{F}=0$。

由 $\sum F_X=0$ 有： $$W_x+P_x-P_n \cdot \cos(n,x)=0$$

$$p_x dA_x-p_n dA_n \cdot \cos(x,n)+f_x \cdot \rho \cdot \frac{1}{6}dxdydz=0$$

式中 $\cos(n,x)$ 为斜平面 ABC（面积为 dA_n）的外法线方向 n 与 x 的余弦，有：

$$dA_n \cdot \cos(x,n)=dA_x=\frac{1}{2}dydz$$

$$p_x \cdot \frac{1}{2}dydz-p_n \cdot \frac{1}{2}dydz+f_x \cdot \rho \frac{1}{6}dxdydz=0$$

$$p_x-p_n+f_x \cdot \rho \frac{1}{3}dx=0$$

当四面体向 D 点收缩时，$dx \rightarrow 0$，则 $p_x-p_n=0$。

即：　$p_x=p_n$

同理可得：　$p_y=p_n$，$p_z=p_n$

所以：　$p_x=p_y=p_z=p_n=p$

因为斜平面 ABC 是任选的，所以在静止流体内任一点上流体的压强大小在各个方向上具有等值性，与作用面的方向无关，均可以用 p 表示。对于不同的点，p 值是该坐标点的连续函数：

$$p=p(x,y,z) \tag{2-2}$$

2.2　流体的欧拉平衡微分方程

2.2.1　欧拉平衡微分方程

在静止流体内任取一点 O，该点的压强为 p（x，y，z）。以 O 点为中心，取边长分别为 dx、dy、dz 的微元直角六面体，如图 2-2 所示。

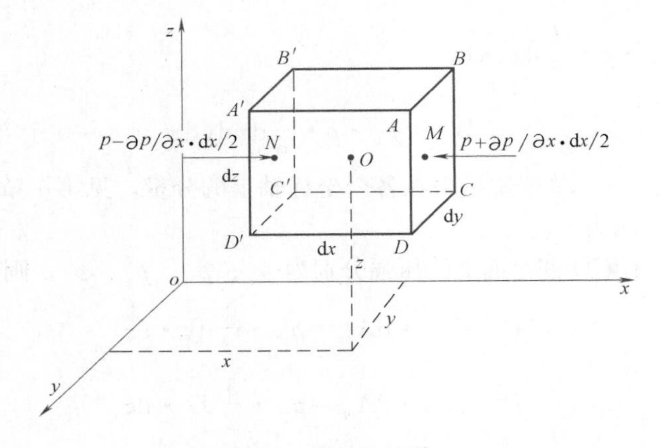

图 2-2　微元六面体

微元直角六面体为静止流体，所受合力为零，即 $\sum \boldsymbol{F}=0$。作用在六面体上的力包括质量力和表面力两种。

下面以 x 轴方向为例，讨论力的平衡 $\sum F_x=0$。

1）质量力

$$W_x=f_x \cdot \rho \cdot dxdydz$$

2）表面力

只有作用在 $ABCD$ 和 $A'B'C'D'$ 面上的压力。六面体中心点 O 的压强 p 按泰勒级数展开，并省略二阶以上的高阶微量后可得两个受压面中心点 M 和 N 的压强：

$$p_{\mathrm{M}}=p+\frac{1}{2}\frac{\partial p}{\partial x}dx$$

$$p_{\mathrm{N}}=p-\frac{1}{2}\frac{\partial p}{\partial x}dx$$

微元面上中心点的压强可认为是平均压强，则 $ABCD$ 和 $A'B'C'D'$ 所受压力为：

$$P_{\mathrm{M}}=\left(p+\frac{1}{2}\frac{\partial p}{\partial x}\mathrm{d}x\right)\mathrm{d}y\mathrm{d}z$$

$$P_{\mathrm{N}}=\left(p-\frac{1}{2}\frac{\partial p}{\partial x}\mathrm{d}x\right)\mathrm{d}y\mathrm{d}z$$

由$\sum F_X=0$有：

$$\left(p-\frac{1}{2}\frac{\partial p}{\partial x}\mathrm{d}x\right)\mathrm{d}y\mathrm{d}z-\left(p+\frac{1}{2}\frac{\partial p}{\partial x}\mathrm{d}x\right)\mathrm{d}y\mathrm{d}z+f_x\cdot\rho\mathrm{d}x\mathrm{d}y\mathrm{d}z=0$$

化简、同理可得：

$$\left.\begin{aligned}f_x-\frac{1}{\rho}\frac{\partial p}{\partial x}=0\\ f_y-\frac{1}{\rho}\frac{\partial p}{\partial y}=0\\ f_z-\frac{1}{\rho}\frac{\partial p}{\partial z}=0\end{aligned}\right\}\tag{2-3}$$

式（2-3）称为流体的平衡微分方程，它是1775年由瑞士数学家和力学家欧拉导出的，所以该方程也称为欧拉平衡微分方程。该方程表明，在静止流体中各点单位质量流体受到的质量力和表面力相平衡。

2.2.2 静压强的全微分式

对式（2-3）各分式分别乘以 $\mathrm{d}x$、$\mathrm{d}y$、$\mathrm{d}z$ 后相加得：

$$\rho(f_x\mathrm{d}x+f_y\mathrm{d}y+f_z\mathrm{d}z)=\frac{\partial p}{\partial x}\mathrm{d}x+\frac{\partial p}{\partial y}\mathrm{d}y+\frac{\partial p}{\partial z}\mathrm{d}z$$

由于 $p=p$（x，y，z），所以上式右侧是 p 的全微分，即：

$$\mathrm{d}p=\rho(f_x\mathrm{d}x+f_y\mathrm{d}y+f_z\mathrm{d}z)\tag{2-4}$$

该式为静压强的全微分式，是确定静压强分布规律的基本方程。如果已知流体所受单位质量力的分力 f_x、f_y、f_z，由式（2-4）就可求得静压强分布规律。

2.2.3 微分方程的积分式

当 ρ 为常数时，式（2-4）右边亦应是某一力函数 $W=W$（x，y，z）的全微分，并将这个函数称为势函数，具有这样函数的力称为有势力，这里力函数是质量力，所以如重力、惯性力等都是有势力。即：

$$\mathrm{d}W=f_x\mathrm{d}x+f_y\mathrm{d}y+f_z\mathrm{d}z,$$

则有：

$$\mathrm{d}p=\rho\mathrm{d}W$$

对上式进行积分得：

$$p=\rho W+c$$

对于边界条件为流体表面的某点，当 $W=W_0$ 时，有 $p=p_0$，则得 $C=p_0-\rho W_0$，于是有：

$$p=p_0+\rho(W-W_0)\tag{2-5}$$

上式为不可压缩流体平衡微分方程的积分式，也是静压强的通用表达式。该式表明，静止流体中某点的压强是由流体表面压强 p_0 和有势的质量力在该点所产生的压强 $\rho(W-W_0)$ 两部分所组成。

由式（2-5）可知，当流体表面的压强 p_0 有增量 Δp_0 时，流体内任一点处的压强 p 将相应地等值增加 Δp_0，这就是著名的帕斯卡定律，在水压机、各种起重机及手动千斤顶等流体机械的工作原理中有着广泛的应用。

2.2.4　等压面

在同一种连通的静止流体中各点压强相等的面称为等压面。在等压面上 p 为常数，则由式（2-4）得：

$$\mathrm{d}p=\rho(f_x\mathrm{d}x+f_y\mathrm{d}y+f_z\mathrm{d}z)=0$$

由于密度不为零，所以有：

$$f_x\mathrm{d}x+f_y\mathrm{d}y+f_z\mathrm{d}z=0$$

或
$$\boldsymbol{f}\cdot\mathrm{d}\boldsymbol{s}=0 \tag{2-6}$$

式中　$\mathrm{d}\boldsymbol{s}$——流体质点在等压面上任一微小位移。

式（2-6）表明，质量力恒与等压面正交。由这一性质，可根据质量力的方向来判别等压面的方向。当质量力只有重力时，因重力的方向为竖直向下的，所以等压面为水平面。若质量力还有其他质量力，则等压面为与质量力的合力正交的曲面。

引入等压面的意义在于同种连通流体中，由已知连通点的压强来确定和计算不便观察或测量的点的压强，如压力容器上的测压管或测压计等。

2.3　重力作用下的流体静压强分布规律

在工程实际中，流体的静止多数为重力作用下的绝对静止或简称为静止。

2.3.1　流体静力学基本方程

1. 液体静压强分布的基本形式

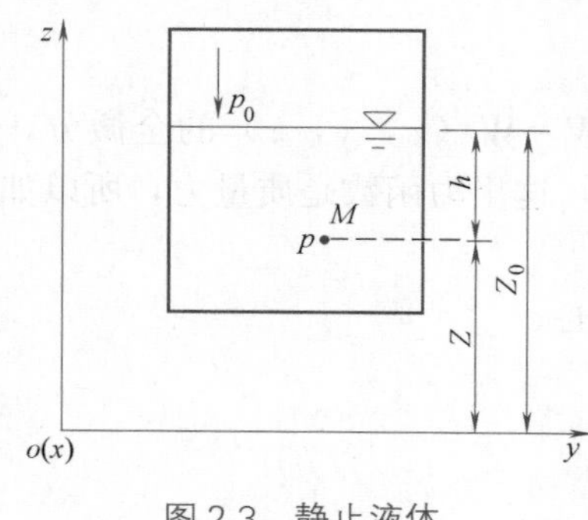

图 2-3　静止液体

图 2-3 所示坐标中，重力作用下的静止容器内液面上的压强为 p_0。此时重力作用在单位流体上的质量力为：

$$f_x=0,f_y=0,f_z=-g$$

代入式（2-4）得：

$$\mathrm{d}p=-\rho g\,\mathrm{d}z$$

对于均质不可压缩液体，密度 ρ 为常数，对上式积分可得：

$$p=-\rho gz+c' \tag{2-7}$$

或
$$z+\frac{p}{\rho g}=c \tag{2-8}$$

也即任取两点有：
$$z_1+\frac{p_1}{\rho g}=z_2+\frac{p_2}{\rho g} \tag{2-9}$$

式中　p——静止液体内某 M 点的压强；

　　z——该 M 点在坐标平面以上的高度；

c——积分常数，可由边界条件确定。

式（2-7）及式（2-8）就是重力作用下液体静压强分布的基本形式。该式表明，当质量力只有重力时，静止液体内部任意点的$\frac{p}{\rho g}$和z项之和为常数。当已知某点的z_1和p_1，就可求出某位置高度z_2处的压强p_2。

2. 液体静压强分布的常用形式

对于液面处有$z=z_0$、$p=p_0$，代入式（2-7）可得$c'=p_0+\rho g z_0$，则有：

$$p=p_0+\rho g(z_0-z)$$

式中，(z_0-z)为M点到液面的距离，即淹没深度，用h表示，则上式可写成：

$$p=p_0+\rho gh \tag{2-10}$$

或

$$p=p_0+\gamma h \tag{2-11}$$

式（2-10）或式（2-11）就是常用形式的液体静压强计算式，在实际应用中更为方便。公式表明，在重力作用下的静止液体中：（1）静压强p随液体深度h按线性规律变化；（2）任意一点的静压强由液面压强p_0和该点承受的液柱重量产生的压强γh所组成；（3）距液面深度（h=常数）相同的各点的静压强相等，即等压面为水平面，或在同一种连通的液体中，任一水平面都是等压面。

3. 气体压强的分布

以上静止液体静压强的分布规律同样适用于静止气体，但对于空间与高度有限范围内的气体而言，因ρ太小，气柱所产生的压强ρgh可忽略，故$p=p_0$，即认为整个气体空间内各点压强相等，均为作用在气体表面上的压强。

2.3.2 压强的度量

1. 压强的计量基准

根据起算基准点的不同，压强分为绝对压强和相对压强两种。

1）绝对压强

以完全真空状态为零点基准起算的压强称为绝对压强，用符号p_{abs}或p'表示。绝对压强的最小值为零。

2）相对压强

以当地大气压p_a（当地大气柱的重力所产生的压强）为零点基准起算的压强称为相对压强，用符号p表示。由$p=p_{abs}-p_a$知，相对压强的最小值为负一个大气压。

无论人工或是天然物体一般都处于大气中，四周受大气压的作用，均可相互抵消而不计，所以工程中常采用相对压强，即以当地大气压为零点算起的压强。比如各种压力表的读数都是相对压强，故相对压强也称为表压强或计示压强。

3）真空度

当绝对压强小于大气压强时相对压强为负值，称为负压。这时相对压强的绝对值称为真空度，表示的是绝对压强不足当地大气压的差值，以p_v表示。由$p_v=p_a-p_{abs}=-p$知，真空度最小值为零，最大值为一个大气压。

绝对压强、相对压强和真空度之间的关系见图 2-4。

2. 压强的度量

压强的度量单位通常有如下三种表示方式：

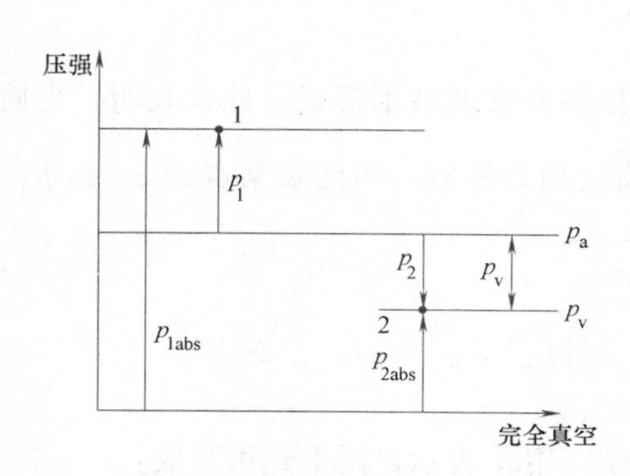

图 2-4　绝对压强、相对压强和真空度之间的关系

1）国际单位制，国际通用（SI）度量单位，Pa（N/m^2）或 kPa、MPa。

2）用大气压的倍数表示，通常大气压有标准大气压（用 atm 表示）和工程大气压（at）两种：

$$1atm = 101.3\times10^3 Pa = 760mmHg = 10.33\ mH_2O$$

$$1at = 1kgf/cm^2 = 98.1\times10^3 Pa = 736mmHg = 10\ mH_2O$$

3）用液柱高度表示，压强的大小都可以用产生相同压强值的液柱高度来表示，即 $h = p/\rho g$；通常用水柱高度或汞柱高度表示，如mH_2O、mmHg 等。

如图 2-5 所示，在流体容器侧壁某位置外接与内部流体相连通的上部开口、直径不小于 10mm 的可视管（一般为玻璃管）称为测压管，用于观测容器内的液面及压强变化，测压管内的液面即为容器内的自由液面，测压管内的液面高度即为连接点处的静压强。

2.3.3　测压管高度、测压管水头

液体静力学方程式 $z + p/\rho g = c$ 中各项具有不同的几何意义和物理意义。

1. 几何意义

液体静力学方程式 $z + p/\rho g = c$ 中的几何意义如图 2-5 所示。

z 为某点在基准面上的高度，称为位置水头或位置高度。

$p/\rho g$ 是该点在压强作用下沿测压管上升的高度，称为测压管高度或压强水头，也即用液柱高度（$h_p = p/\rho g$）表示的该点压强。

$z + p/\rho g = c$ 为测压管液面到基准面的高度，称为测压管水头。该式表明静止液体中各点测压管水头相等，测压管水头线为水平线。

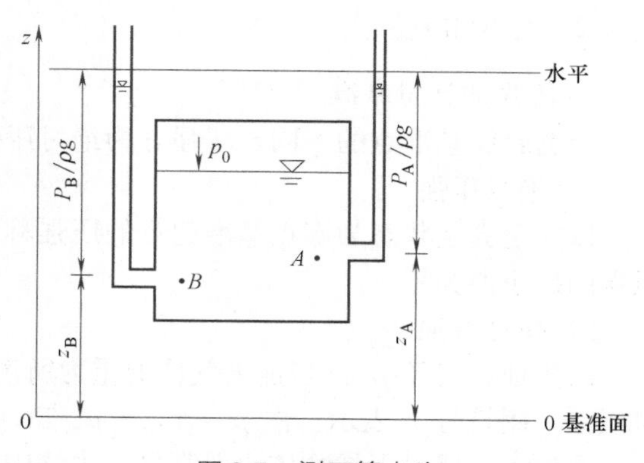

图 2-5　测压管水头

2. 物理意义

从物理学的能量和做功的角度可知：将质量为 m 的物体从基准面移动到高度为 z 后，对于基准面而言具有的位能为 mgz，对于单位重量的流体而言位能为 $(mgz)/(mg) = z$，所以 z 的物理意义为单位重量流体对于基准面的位能。同理可知 $p/\rho g$ 的物理意义为单位重量流体所具有的压强势能，即压能。$z + p/\rho g$ 为位能和压能之和，是单位重量流体所具有的总势能。公式（2-8）中 $z + p/\rho g = c$ 的物理意义是指在静止液体中各点单位重量流体所具有的总势能相等，这就是静止流体中的能量守恒定律。

【例 2-1】　密封水箱如图 2-6 所示，若水面上的相对压强 $p_0 = -44.5\ kN/m^2$，求：（1）h 值；（2）求水下 0.3m 处 M 点的压强，要求分别用绝对压强、相对压强、真空度、

水柱高度及大气压表示；(3) M 点相对于基准面 0-0 的测压管水头。

【解】 (1) 求 h 值

列等压面 1-1，$p_N = p_R = p_a$。

以相对压强计算：$p_0 + \rho g h = 0$

$$-44.5 + 9.8h = 0$$

得：$h = 44.5/9.8 = 4.54\ \text{m}$

(2) 求 p_M

用相对压强表示：

$$p_M = p_0 + \rho g h_M = -44.5 + 9.8 \times 0.3 = -41.56\text{kN/m}^2$$

$$h_M = p_M/\rho g = -41.56/9.8 = -4.24\text{m}$$

用绝对压强表示：$p'_M = p_M + p_a = -41.56 + 98 = 56.44\ \text{kN/m}^2$

$$h'_M = p'_M/\rho g = 56.44/9.8 = 5.76\text{m}$$

用真空度表示：$p_v = -p_M = 41.56\ \text{kN/m}^2$

$$h_v = p_v/\rho g = 41.56/9.8 = 4.24\text{m}$$

(3) M 点的测压管水头

$$Z_M + p_M/\rho g = -0.3 + (-4.24) = -4.54\text{m}$$

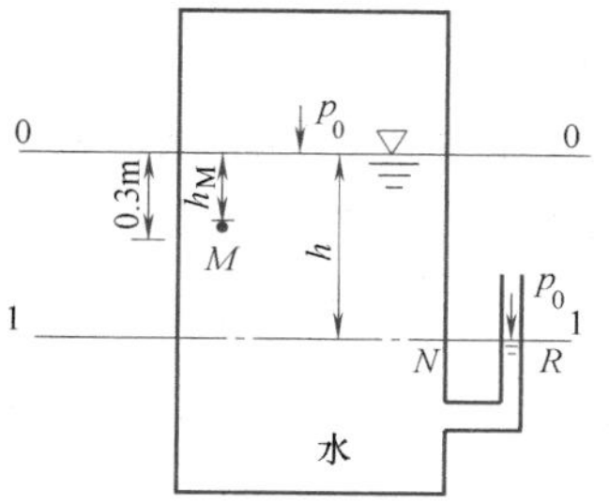

图 2-6　密封水箱

2.3.4　液体静压强分布图

利用基本方程 $p = p_0 + \gamma h$ 或 $p = \gamma h$ 及静压强特性所绘制的表示静压强（相对压强）沿受压面分布情况的几何图形称为液体静压强分布图。图形中以一定长度的线条表示压强的大小，以箭头垂直指向受压面表示压强的作用方向。

池体及坝体等压应力沿受压面分布的分析绘制是土木工程结构设计和计算不可或缺的重要内容。图 2-7 为几种常见的静压强分布图。

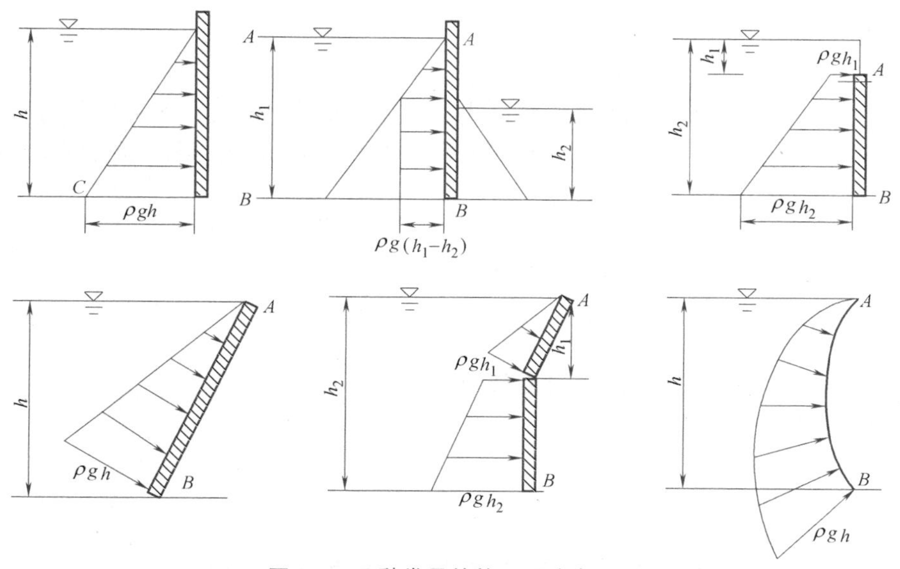

图 2-7　几种常见的静压强分布图

2.4 相对平衡下的流体中的压强分布

相对平衡是指流体相对于地球有运动，流体微团及流体与容器壁之间没有相对运动，流体相对于容器是静止的。

在相对平衡状况下，质量力中除了重力外还受有惯性力的作用。

2.4.1 等加速度直线运动容器中液体的相对平衡

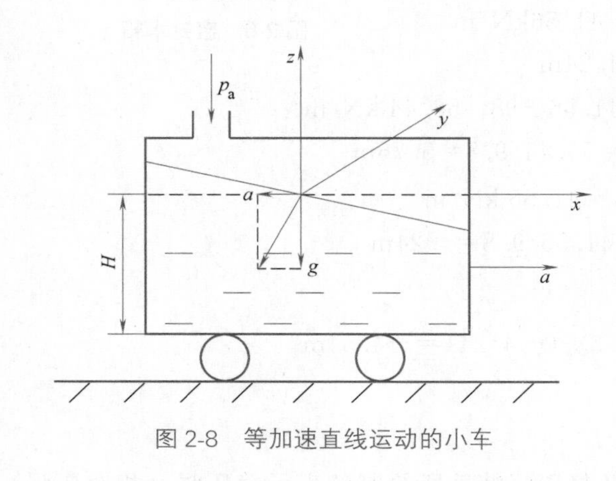

图 2-8 等加速直线运动的小车

如图 2-8 所示，盛有液体的容器静止时水深为 H，该容器以加速度 a 作直线运动，运动时液面成倾斜平面。选取容器内运动前后液面交界点为坐标原点 o，建立坐标系 $oxyz$。

1. 压强分布规律

流体所受质量力包括重力和惯性力，惯性力方向与加速度方向相反，则有：

$$f_x=-a、f_y=0、f_z=-g$$

代入式（2-4）得：

$$\mathrm{d}p=\rho(-a\mathrm{d}x-g\mathrm{d}z) \tag{2-12}$$

$$p=-\rho(ax+gz)+c \tag{2-13}$$

由边界条件 $x=0$、$z=0$，$p=p_0$，确定积分常数 $c=p_0$，有：

$$p=p_0-\rho(ax+gz) \tag{2-14}$$

令 $p=p_0$，则液面方程为：

$$z_0=-\frac{a}{g}x \tag{2-15}$$

代入式（2-14）有：

$$p=p_0+\rho g(z_0-z)=p_0+\rho gh \tag{2-16}$$

式（2-15）表明液面为一倾斜平面；式（2-14）和式（2-16）即为压强分布计算式，其中 $h=z_0-z$ 为计算点在液面下的淹没深度；式（2-16）表明与静止流体的压强分布规律相同。

2. 等压面

在式（2-12）中令 $\mathrm{d}p=0$ 得到等压面方程：

$$z=-\frac{a}{g}x+c \tag{2-17}$$

该式表明，等压面是一系列平行于自由液面的倾斜平面。

3. 测压管水头

由式（2-13）得：

$$z+\frac{p}{\rho g}=c-\frac{a}{g}x \tag{2-18}$$

该式表明，仅在与纸面垂直的同一铅垂面上（x 相同）各点的测压管水头才相等。

2.4.2　等角速度旋转容器中液体的相对平衡

如图 2-9 所示，静止时液体高度为 H 的容器，以等角速度 ω 绕其中心轴旋转，由于液体黏性的作用，经过一段时间后，所有液体均以相同的 ω 随容器旋转，液体质点间、液体与容器间无相对运动，自由面由原来静止时的水平面变为绕中心轴的旋转抛物面，达到相对平衡。此时，液体相对地球在作向心加速度运动，液体质点一方面受重力作用，另一方面还受有离心加速度这一惯性力的作用。

选取容器内液体抛物面顶点为坐标原点 o，建立图示坐标系 $oxyz$。

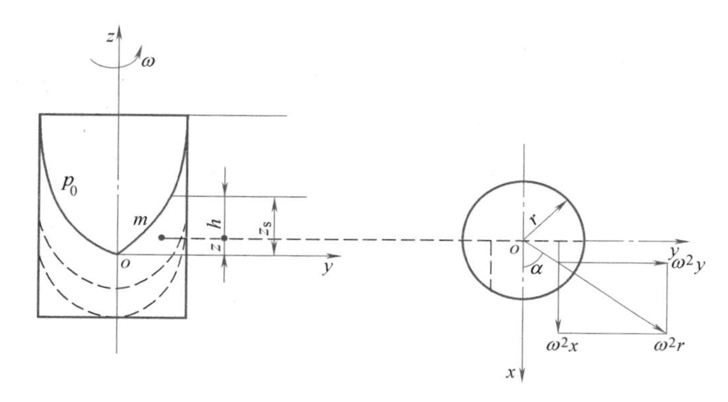

图 2-9　等角速旋转

1. 压强分布规律

单位质量力的分力为：$f_x=\omega^2 r\cos\alpha=\omega^2 x$、$f_y=\omega^2 r\sin\alpha=\omega^2 y$、$f_z=-g$。

代入公式（2-4）有：
$$\mathrm{d}p=\rho(\omega^2 x\mathrm{d}x+\omega^2 y\mathrm{d}y-g\mathrm{d}z) \tag{2-19}$$

积分得：
$$p=\rho\left(\frac{\omega^2 x^2+\omega^2 y^2}{2}-gz\right)+c=\rho\left(\frac{\omega^2 r^2}{2}-gz\right)+c$$

由边界条件 $z=0$、$r=0$、$p=p_0$，确定积分常数 $c=p_0$，有：

$$p=p_0+\rho\left(\frac{\omega^2 r^2}{2}-gz\right) \tag{2-20}$$

令 $p=p_0$，则液面方程为：
$$z_0=\frac{\omega^2 r^2}{2g} \tag{2-21}$$

代入式（2-20）得：
$$p=p_0+\rho g(z_0-z)=p_0+\gamma h \tag{2-22}$$

式（2-21）表明液面为一旋转抛物面；式（2-20）和式（2-22）即为压强分布计算式，其中 $h=z_0-z$ 为计算点在液面下的淹没深度。式（2-22）表明与静止流体的压强分布规律相同。

2. 等压面

在式（2-20）中令 $p=$常数，得等压面方程：

$$z=\frac{\omega^2 r^2}{2g}+C \tag{2-23}$$

该式表明，等压面是一系列平行于液面的抛物面。

3. 测压管水头

由公式（2-13）得：
$$z+\frac{p}{\rho g}=\frac{\omega^2 r^2}{2}+c \tag{2-24}$$

该式表明，仅在距中心轴相同半径（r 相同）的同一铅垂柱面上各点的测压管水头才相等。

【例 2-2】 如图 2-10（a）所示为一弯曲河段上的水流，设在断面 A'-A 上各点均以线速度 v 作匀速圆周运动。已知：$r_1=135\text{m}$，$r_2=150\text{m}$，$v=2.3\text{m/s}$，求河两岸 M 点与 N 点的水面差。

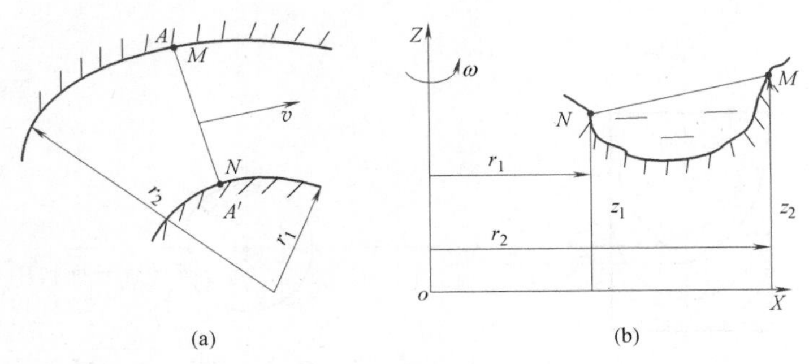

图 2-10 弯曲河段上的水流

【解】 因横断面 A'-A 上水流质点间均以 v 前进，故无相对运动，属于液体的相对平衡状态。在横断面 A'-A 上水流质点除受重力作用外，还有离心加速度的惯性力作用。建立如图 2-10（b）所示坐标系，单位质量力分力为：

$$f_x=\frac{v^2}{x}、f_y=0、f_z=-g$$

代入式（2-4）微分方程 $\mathrm{d}p=\rho(f_x\mathrm{d}x+f_y\mathrm{d}y+f_z\mathrm{d}z)$ 有：

$$\mathrm{d}p=\rho\left(\frac{v^2}{x}\mathrm{d}x-g\,\mathrm{d}z\right)$$

在等压面（河面）上 $\mathrm{d}p=0$，则有：

$$\frac{v^2}{x}\mathrm{d}x=g\,\mathrm{d}z$$

即：
$$\frac{v^2}{g}\int_{r_1}^{r_2}\frac{1}{x}\mathrm{d}x=\int_{z_1}^{z_2}\mathrm{d}z$$

$$\Delta h=z_2-z_1=\frac{v^2}{g}\ln\frac{r_2}{r_1}=\frac{2.3^2}{9.8}\ln\frac{150}{135}=0.057\text{m}$$

答：河两岸 M 点与 N 点的水面差 $\Delta h=0.057\text{m}$。（道路转弯处均外侧高、内侧低原理与此相同）

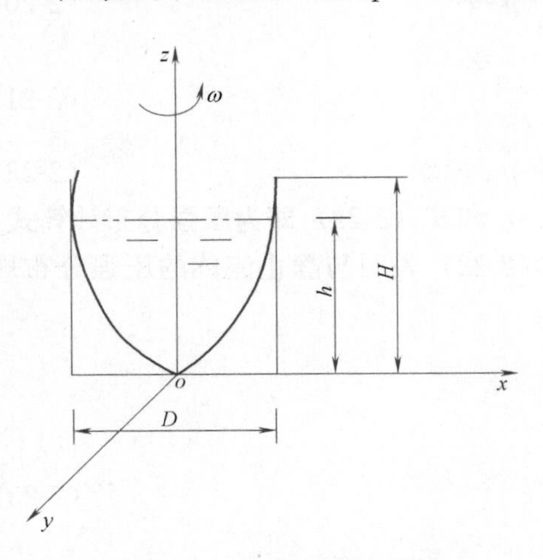

图 2-11 等角速度 ω 转动

【例 2-3】 有一直径 $D=0.1\text{m}$、高 $H=0.5\text{m}$ 的圆筒，如图 2-11 所示，桶内盛水的深度 $h=0.3\text{m}$，圆筒绕其中心轴作等角速度 ω 转动。

求水面的抛物线顶点恰在桶底时的转速 n 及所余水的体积 V。

【解】（1）建立如图 2-11 所示的坐标系，由式（2-20）得自由面方程：

$$z_0=\frac{\omega^2 r^2}{2g}$$

在圆筒上沿处 $r=\frac{D}{2}$ 时，$z_0=H$ 代入上式得：

$$H=\frac{\omega^2}{2g}\cdot\frac{D^2}{4}$$

$$\omega=\sqrt{\frac{8gH}{D^2}}=\sqrt{\frac{8\times9.8\times0.5}{0.1^2}}=62.61\mathrm{rad/s}$$

故：

$$n=\frac{\omega}{2\pi}=\frac{62.61}{2\pi}=9.97\mathrm{rad/s}$$

（2）因自由抛物面的方程为 $z_0=\frac{\omega^2}{2g}r^2$，有 $r^2=\frac{2gz_0}{\omega^2}$，旋转抛物体的体积为：

$$V_1=\int_0^H \pi r^2\mathrm{d}z_0=\int_0^H \pi\frac{2g}{\omega^2}z_0\mathrm{d}z_0=\int_0^{0.5}\frac{2\pi g}{\omega^2}z_0\mathrm{d}z_0=\frac{9.8\pi}{62.61^2}\times0.5^2=0.00196\ \mathrm{m}^3$$

圆筒体积：

$$V_2=\frac{1}{4}\pi D^2H=\frac{1}{4}\pi\times0.1^2\times0.5=0.00393\mathrm{m}^3$$

故所余水的体积：

$$V=V_2-V_1=0.00393-0.00196=0.00197\mathrm{m}^3$$

水面的抛物线顶点恰在桶底时的转速 $n=9.97\mathrm{rad/s}$，所余水的体积$V=0.00197\mathrm{m}^3$。

2.5　静止液体作用在平面上的总压力

多数水池、坝体、桥墩、闸门等水工构筑物的受压面为平面，在其结构设计中，压应力受力分析的目的是为了确定流体作用在受压面上的总压力及作用点。对于气体而言，受压面上各点的压强相等，总压力就等于压强与受压面面积的乘积。液体与气体不同，作用在平面上总压力的大小和作用点需进一步通过解析法或图解法进行计算确定。

2.5.1　解析法

1. 总压力的方向和大小

如图 2-12 所示，设面积为 A 的任意形状平面，与水平面的夹角为 α，以平面的延伸面为 oy、平面的延伸面与液面的交线为 ox 轴选取坐标系。液面与大气连通，现分析平面左侧受压平面上总压力的方向和大小。

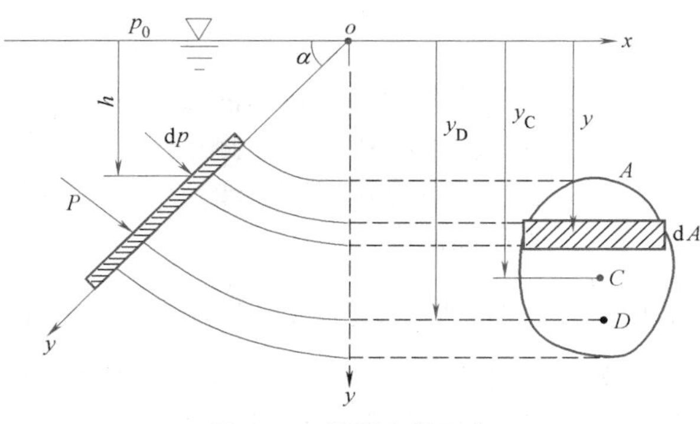

图 2-12　平面上总压力

1）总压力的方向。平板上各点的压力均指向受压面，是平行力系，故合力垂直指向板面，即总压力的方向沿作用面的内法线方向。

2）总压力的大小。作用在平板上的力是平行力系，所以总压力按求和原理求得，压力一般按相对压强计算。

在受压平面上任取一微小面积 dA，其中心点在液面下的深度为 h，作用在 dA 上的相对压强为 $p=\rho gh$，则作用在微小面积 dA 上的液体静压力为：

$$dP=\rho gh\,dA=\rho g\cdot y\sin\alpha\cdot dA$$

作用在平面上的总压力可通过积分得到：

$$P=\int_A dP=\rho g\sin\alpha\int_A y\,dA$$

式中积分 $\int_A y\,dA=Ay_c$，为受压面对 ox 的静矩，代入上式得：

$$P=\rho g\sin\alpha\cdot y_cA=\rho gh_cA=p_cA \tag{2-25}$$

式中 P——平面上液体总压力；

y_c——受压面形心到 ox 的距离；

h_c——受压面形心点的淹没深度；

p_c——受压面形心点的压强。

式（2-25）表明，静止液体作用于任意形状平面上的总压力的大小等于其形心点的压强与受压面面积的乘积。

2. 总压力的作用点

总压力作用线与平面的交点称为压力中心或作用点。由理论力学中合力矩定理可知，总压力对 ox 轴之矩等于各微元面积上的压力对 ox 轴之矩的代数和。

$$Py_D=\int_A y\,dP=\int_A y\rho gh\,dA=\int_A y\rho gy\sin\alpha\,dA=\rho g\sin\alpha\int_A y^2\,dA$$

积分 $\int_A y^2\,dA=I_x$，为受压面 A 对 ox 轴的惯性矩，代入上式得：

$$Py_D=\rho g\sin\alpha I_x$$

将式（2-25）代入上式化简得：

$$y_D=\frac{I_x}{y_CA}$$

由惯性矩的平行移轴定理有 $I_x=I_C+y_C^2A$，代入上式得：

$$y_D=y_C+\frac{I_C}{y_CA} \tag{2-26}$$

式中 y_D——总压力作用点到 ox 轴的距离；

y_C——受压面形心到 ox 轴的距离；

I_C——受压面对与 ox 轴平行的形心轴的惯性矩；

A——受压面面积。

式中 $\frac{I_C}{y_CA}>0$，所以 $y_D>y_C$，即压力中心 D 位于所在平面形心 C 之下。当受压面为水平面（如水池底部），即 $y_C=\infty$ 时，压力中心 D 与平面形心 C 重合。

同理可求出总压力作用点 D 到 oy 轴的距离 x_D。实际工程中的受压面一般为与 oy 轴对称图形，此时压力中心 D 必位于 oy 轴上，无需再计算 x_D。

几种常见图形的几何特征量见表 2-1。

几种常见图形的几何特征量　　**表 2-1**

几何形状	面积 A	形心坐标 y_C	通过形心轴的惯性矩 I_C
	bh	$\frac{1}{2}h$	$\frac{1}{12}bh^3$
	$\frac{1}{2}bh$	$\frac{2}{3}h$	$\frac{1}{36}bh^3$
	$\frac{\pi}{8}d^2$	$\frac{2d}{3\pi}$	$\frac{d^4}{16}\left(\frac{\pi}{8}-\frac{8}{9\pi}\right)$
	$\frac{h}{2}(a+b)$	$\frac{h}{3}\cdot\frac{(a+2b)}{(a+b)}$	$\frac{h^3}{36}\left(\frac{a^2+4ab+b^2}{a+b}\right)$
	$\frac{\pi}{4}d^2$	$\frac{d}{2}$	$\frac{\pi}{64}d^4$
	$\frac{\pi}{4}bh$	$\frac{h}{2}$	$\frac{\pi}{64}bh^3$

【例 2-4】　如图 2-13（a）所示，一铅直矩形闸门 AB，已知 $h_1=1\text{m}$，$h_2=2\text{m}$，垂直纸面的宽度 $b=1.5\text{m}$，求闸门所受静水总压力及其作用点。

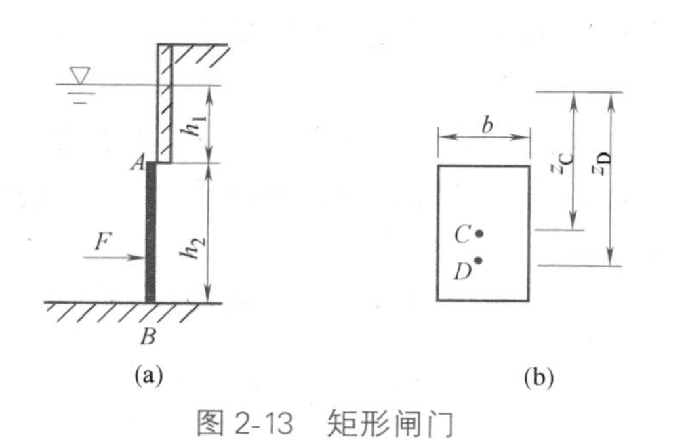

图 2-13　矩形闸门

【解】

$$h_c=h_1+\frac{h_2}{2}=2\text{m}$$

$$A=b\times h_2=1.5\times2=3\text{m}^2$$

$$P=\rho g h_c A=9800\times2\times3=58.8\text{kN}$$

$$I_C=\frac{bh_2^3}{12}=\frac{1.5\times 2^3}{12}=1\text{m}^4$$

$$y_D=y_C+\frac{I_C}{y_C A}=2+\frac{1}{2\times 3}=2.17\text{m}$$

闸门所受静水总压力为 $P=58.8\text{kN}$，其作用点为距水面 $y_D=2.17\text{m}$。

2.5.2 图算法

在绘制静压强分布图的基础上，根据静压强分布图的几何特征来确定受压面总压力的大小、方向和作用点。规则平面图算法比解析法更直观明了。

图 2-14 所示的为矩形平面斜面长度为 l、垂直于纸面的宽度为 b 的受压面压强分布图。

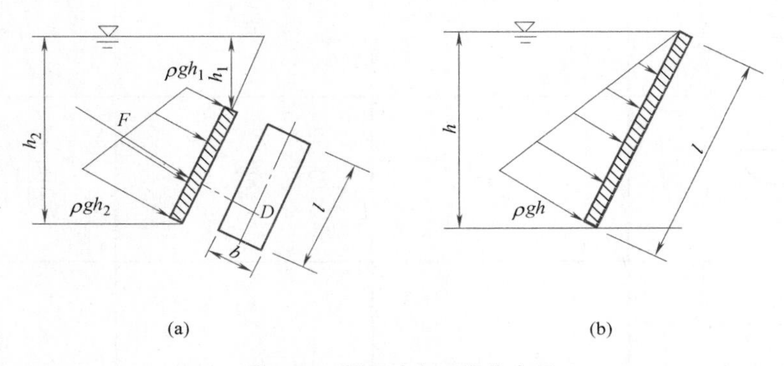

图 2-14 平面壁上压强分布图

1. 总压力

(1) 图 2-14 (a)。由解析法有：

$$P=p_c A=\rho g h_c A=\rho g\left(h_1+\frac{h_2-h_1}{2}\right)lb=\frac{\rho g h_1+\rho g h_2}{2}lb=S\cdot b \tag{2-27}$$

式中 S——图中压强分布图构成的梯形面积。

(2) 图 2-14 (b)。由解析法或式 (2-27) 中 $h_1=0$、$h=h_2$，有：

$$P=p_c A=\rho g h_c A=\rho g\ \frac{h}{2}lb=\frac{\rho g h}{2}lb=S\cdot b \tag{2-28}$$

式中 S——压强分布图构成的三角形的面积。

式 (2-27) 和式 (2-28) 表达的是总压力等于压强分布图的面积 S 与平面板厚度 b 的乘积所构成体积的液体重量。

2. 作用点

由式 (2-27) 和式 (2-28) 表达的意义可知，总压力作用线必穿过压强分布图形的形心，并垂直指向受压面的对称轴处。因此，只要根据压强分布图，通过表 2-1 就可计算确定总压力的作用点。

(1) 图 2-14 (a)。由解析法有：

$$y_D=y_1+y'_C=\frac{h_1}{\sin\alpha}+\frac{l}{3}\frac{\rho g h_1+2\rho g h_2}{\rho g h_1+\rho g h_2}=\frac{h_1}{\sin\alpha}+\frac{l}{3}\frac{h_1+2h_2}{h_1+h_2} \tag{2-29}$$

式中　y'_C——压强分布图梯形图形的形心，见表 2-1。

(2) 图 2-14 (b)。令式 (2-29) 中 $h_1=0$、$h_2=h$，有：

$$y_D=y'_C=\frac{2l}{3} \tag{2-30}$$

式中　y'_C——压强分布图三角形图形的形心，见表 2-1。

显然只要绘制出压强分布图，就可方便地求出总压力及其作用点。

实际上，无论什么样的受压面，其所受总压力的大小和作用点，均可由压强分布图形通过图解法来确定。

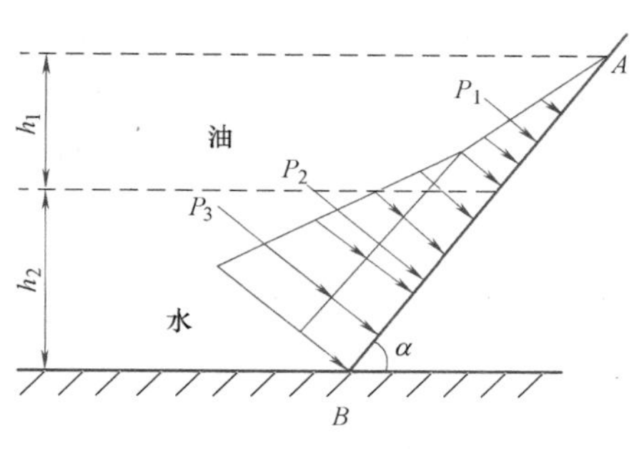

图 2-15　受压平板

【例 2-5】 如图 2-15 所示，受两种液体作用的平板 AB，其倾角 $\alpha=60°$，上部受油压深度 $h_1=1\text{m}$，下部受水压深度 $h_2=2\text{m}$，$r_{油}=8.0\text{kN/m}^3$。求作用在单位宽度 AB 板上的总静压力及其作用点的位置。

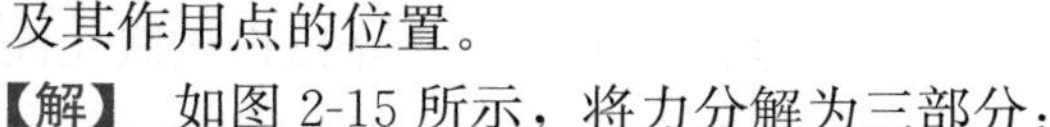

【解】 如图 2-15 所示，将力分解为三部分：

(1) 上部油压力

$$P_1=\gamma_{油}h_{C_1}A_1=8\times\frac{1}{2}\times1\times\frac{1}{\sin60°}\times1=4.62\text{kN}$$

$$y_{D_1}^{A}=y_{C_1}+\frac{I_{c_1}}{y_{C_1}A_1}=\frac{1}{2}\times\frac{1}{\sin60°}+\frac{\frac{1}{12}\times\left(\frac{1}{\sin60°}\right)^3}{\frac{1}{2}\times\frac{1}{\sin60°}\times\frac{1}{\sin60°}\times1}=0.77\text{m}$$

(或用图解法有 $y_{D_1}^{A}=\frac{2}{3}\times\frac{h_1}{\sin60°}=0.77\text{m}$)

(2) 上部油压传到下部板的压力

$$P_2=\gamma_{油}h_1A_2=8\times1\times\frac{2}{\sin60°}\times1=18.48\text{kN}$$

$$y_{D_2}^{A}=\left(h_1+\frac{h_2}{2}\right)\frac{1}{\sin60°}=2.31\text{m}$$

(3) 下部板所受水压力

$$P_3=\gamma h_{c_2}A_2=9.81\times\frac{2}{2}\times\frac{2}{\sin60°}\times1=22.65\text{kN}$$

$$y_{D_3}^{A}=\frac{h_1}{\sin60°}+\frac{1}{2}\times\frac{h_2}{\sin60°}+\frac{\frac{1}{12}\times\left(\frac{h_2}{\sin60°}\right)^3}{\frac{1}{2}\times\frac{h_2}{\sin60°}\times\frac{h_2}{\sin60°}\times1}$$

$$=\frac{h_1}{\sin60°}+\frac{2}{3}\times\frac{h_2}{\sin60°}=\frac{1}{\sin60°}\times\left(1+\frac{4}{3}\right)=2.69\text{m}$$

(或用图解法有 $y_{D_3}^{A}=\frac{h_1}{\sin60°}+\frac{2}{3}\times\frac{h_2}{\sin60°}=2.69\text{m}$)

故：$P=P_1+P_2+P_3=4.62+18.48+22.65=45.75\text{kN}$

$$y_{\text{D}}^{\text{A}}=\frac{P_1\times y_{\text{D}_1}^{\text{A}}+P_2\times y_{\text{D}_2}^{\text{A}}+P_3\times y_{\text{D}_3}^{\text{A}}}{P}=\frac{4.62\times0.77+18.48\times2.31+22.65\times2.69}{45.75}=2.341\text{m}$$

2.6 静止液体作用在曲面上的总压力

实际工程中存在着大量的如弧形闸门、圆管壁面、球形容器及圆形水池等具有平行母线的二维曲面（柱面）的水工设施，曲面上各点所受静止液体作用力的大小与方向均不同，所以其计算与平面壁的计算有很大的不同。

2.6.1 总压力的大小和方向

在图 2-16 所示的二维曲面 AB 上取一微元面积 $\text{d}A$，该微小面积位于液面下 h 处，作用在该微元面积上的总压力为 $\text{d}P=p\text{d}A=\rho gh\text{d}A$，并设该力与水平方向的夹角为 θ，现将其分解为水平 $\text{d}P_x$ 和铅垂 $\text{d}P_z$ 两个分力来进行讨论。

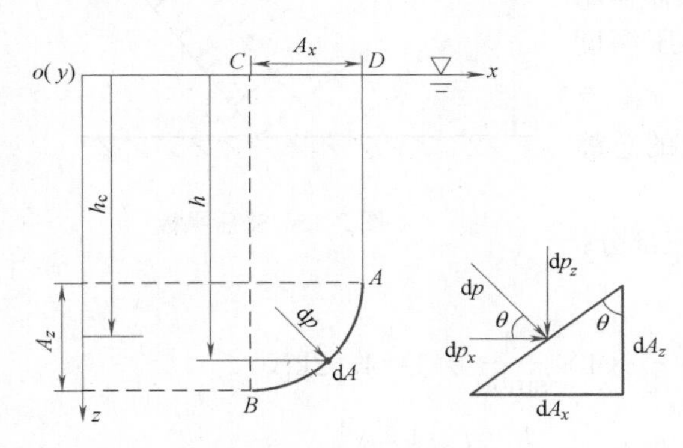

图 2-16 曲面上的总压力

1. 水平分力

1）微元面积 $\text{d}A$ 上的水平分力

$$\text{d}P_x=\text{d}P\cos\theta=\rho gh\text{d}A\cos\theta=\rho gh\text{d}A_z \tag{2-31}$$

式中 $\text{d}A_z$——微元面积在铅垂方向的投影面积，$\text{d}A_z=\text{d}A\cos\theta$。

2）曲面 AB 上的水平分力

对式（2-31）积分：$P_x=\int\text{d}P_x=\int_{A_z}\rho gh\text{d}A_z=\rho g\int_{A_z}h\text{d}A_z$

积分 $\int_{A_z}h\text{d}A_z=h_{\text{c}}A_z$ 是曲面在铅垂方向的投影面积 A_z 对 oy 轴的静矩，代入得：

$$P_x=\rho gh_{\text{c}}A_z=p_{\text{c}}A_z \tag{2-32}$$

式中 P_x——曲面上总压力的水平分力；

A_z——曲面在铅垂方向的投影面积；

h_{c}——投影面 A_z 形心点的淹没深度；

p_{c}——投影面 A_z 形心点的压强。

式（2-32）表明，作用在曲面上总压力的水平分力等于作用在该曲面在铅垂投影面上的压力。

2. 铅垂分力

1）微元面积 $\text{d}A$ 上的铅垂分力

$$\text{d}P_z=\text{d}P\sin\theta=\rho gh\text{d}A\sin\theta=\rho gh\text{d}A_x \tag{2-33}$$

式中 $\text{d}A_x$——微元面积在水平方向的投影面积，$\text{d}A_x=\text{d}A\sin\theta$。

2）曲面 AB 上的铅垂分力

对式（2-33）积分：$P_z=\int \mathrm{d}P_z=\int_{A_x}\rho gh\,\mathrm{d}A_x=\rho g\int_{A_x}h\,\mathrm{d}A_x=\rho gV$ （2-34）

式中 P_z——曲面上总压力的铅垂分力；

A_x——曲面在水平方向的投影面积；

V——压力体，$\int_{A_x}h\,\mathrm{d}A_x=V$，表示以受压曲面 AB 为底，以 AB 在自由面上的投影面积 CD 为顶所形成的液柱 $ABCD$ 的体积，称为压力体。

式（2-34）表明，作用在曲面上总压力的铅垂分力等于压力体内液体的重量或受压曲面 AB 铅垂方向所托液体的重量。

3. 曲面上的总压力的大小和方向

1）总压力的大小

总压力是水平分力和铅垂分力的合力：

$$P=\sqrt{P_x^2+P_z^2} \tag{2-35}$$

2）总压力的方向

总压力作用线与水平方向的夹角为：

$$\tan\theta=\frac{P_z}{P_x}$$

$$\theta=\arctan\frac{P_z}{P_x} \tag{2-36}$$

2.6.2 总压力的作用点

（1）水平分力 P_x 的作用线通过铅垂投影面 A_z 压强分布图的形心；

（2）铅垂分力 P_z 作用线通过压力体的形心；

（3）总压力 P 的作用线由 P_x 和 P_z 的交点及 θ 确定；

（4）将 P 的作用线延长至受压面，其交点 D 即为总压力在曲面上的作用点。

2.6.3 压力体

曲面铅垂压力的计算必须通过压力体的绘制来进行。

压力体是由底面、顶面、侧面三个面组成的一个封闭柱体。底面为受压的曲面，顶面为受压曲面在自由液面（即测压管的液面）上的投影，侧面为受压曲面边界线至顶面边界线所做的铅垂柱面。压力体可分为实压力体和虚压力体两种。

1. 实压力体

图 2-17 所示的压力体和受压液体在曲面 $\overset{\frown}{AB}$ 的同侧，曲面上面确实承受着液体的压力，称为实压力体，P_z 的方向向下。

2. 虚压力体

如图 2-18 所示的压力体和受压液体在曲面 $\overset{\frown}{AB}$ 的两侧，曲面受的是向上的托力，称为虚压力体，P_z 的方向向上。

在绘制压力体时，应根据曲面拐点（铅垂压力变方向处）将曲面分为几段分别绘制，并将重合的虚实压力体抵消，计算压力体一定是叠加后的压力体。

【例 2-6】 如图 2-19（a），弧形闸门，宽度为 b（垂直于纸面），圆心角为 θ，半径为 R，水面与铰轴平齐。试求静水压力的水平分量 F_x 与铅垂分量 F_z。

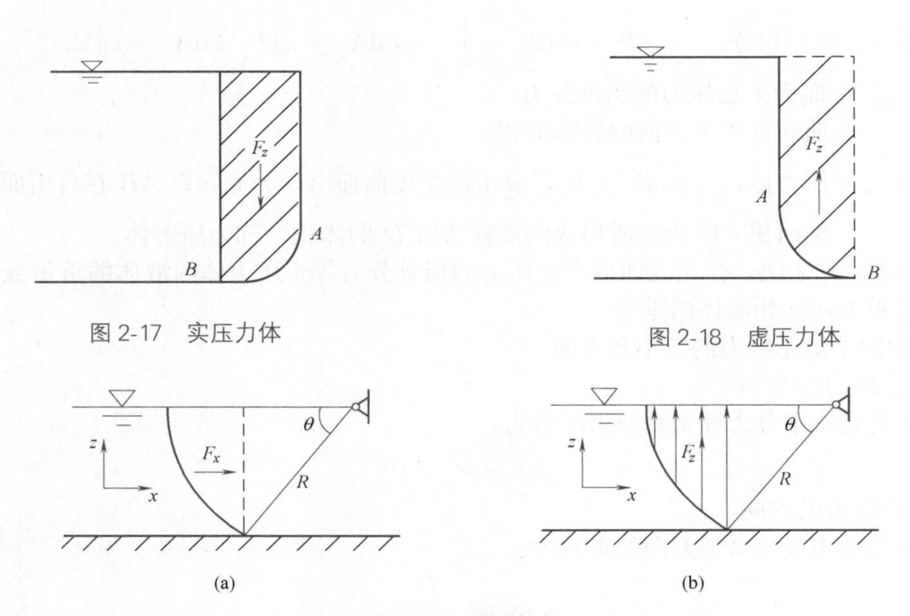

图 2-17 实压力体

图 2-18 虚压力体

(a)

(b)

图 2-19 弧形闸门

【解】 水平分力即为弧形闸门投影在铅垂方向平板（图 2-19a 中虚线）上的力：

$$F_x=\rho g\ \frac{1}{2}R\sin\theta\cdot bR\sin\theta=\frac{1}{2}\rho gbR^2\sin\theta^2$$

压力体如图 2-19（b）阴影部分所示：$F_z=\rho gb\left(\frac{\theta}{2\pi}\pi R^2-\frac{1}{2}R\sin\theta\cdot R\cos\theta\right)$，方向向上。

【例 2-7】 如图 2-20（a）为长 $l=1\text{m}$ 的柱形滚门处于静止状态（一侧有水，水面与滚门最高点齐平），已知 $D=4\text{m}$，$\alpha=30°$。求滚门所受水平推力 P_x 与垂直分力 P_z。

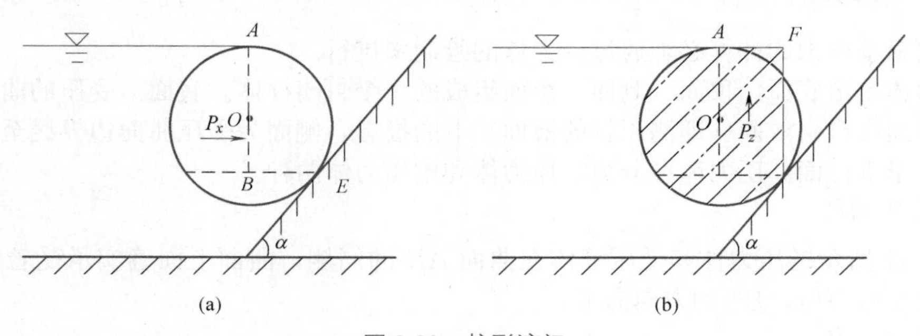

(a)

(b)

图 2-20 柱形滚门

【解】（1）水平分力即垂直纸面的投影平板 A-O-B 所受力

$$P_x=\rho gh_cA=\rho g\ \frac{1}{2}(r+r\cos\alpha)\times(r+r\cos\alpha)\times l$$

$$=1000\times9.81\times\frac{1}{2}(2+2\cos30°)^2\times1=68.32\text{kN}$$

（2）垂直分力即图示阴影部分压力体

$$P_z=\rho g V_{柱}=\rho g(A_{ACEO扇形}+A_{AOEF梯形})l$$
$$=\rho g\left(\frac{\pi r^2}{360^\circ}\times(180^\circ+30^\circ)+\frac{r+(r+r\cos\alpha)}{2}r\sin\alpha\right)l$$
$$=1000\times9.81\times\left(\frac{\pi2^2}{360}\times(180+30)+\frac{2+(2+2\cos30^\circ)}{2}\times2\sin30^\circ\right)\times1$$
$$=99.99\text{kN}$$

【例 2-8】 如图 2-21 所示的棱柱体，假定它的重量为零，悬挂在穿过 o 点的和纸面垂直的水平转轴上，要使其保持如图 2-21 所示位置不转动（上边与水面平齐）。已知：$R=1\text{m}$，$h=2\text{m}$。求 x。

【解】 要使其保持现状，必须使各面所受力对 o 点之矩为零，因为左半圆柱总力通过 o 点，即对 o 点之矩为零。所以有右边的作用力对 o 点之矩也应为零，即其作用线应过 o 点。

设斜边为 y，则由三角形相似有：$\dfrac{y}{R}=\dfrac{2R}{y-y_D}$，即 $y_D=y-\dfrac{2R^2}{y}$。

又
$$y_D=y_c+\frac{I_c}{y_cA}=\frac{y}{2}+\frac{\frac{1}{12}\times1\times y^3}{\frac{y}{2}\times y\times1}=\frac{2}{3}y\quad（图解法可直接得出）$$

所以：
$$y-\frac{2R^2}{y}=\frac{2}{3}y,得\ y^2=6。$$

故：
$$x=\sqrt{y^2-(2R)^2}=\sqrt{6-2^2}=\sqrt{2}\,\text{m}$$

【例 2-9】 如图 2-22 所示，$ABCDE$ 由 1/4 圆柱面 AB 和 3/4 柱面 $BCDE$ 组成，半径 $R=1\text{m}$，试求单位长度曲面 AE 所受静水总压力的水平及垂直分力 P_x、P_z 各为多少？

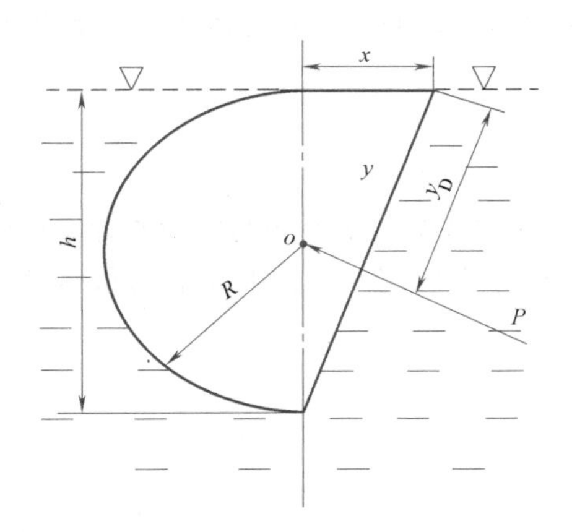

图 2-21　水中平衡棱柱体

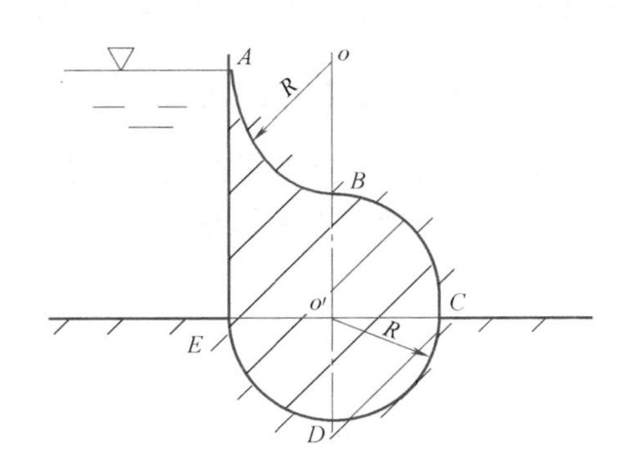

图 2-22　受压曲面

【解】（1）水平分力相当于图 2-22 中 o-o' 铅垂平板的受力

$$P_x=\rho g h_c A=\rho g R\times2Rl=\rho g 2R^2 l=1000\times9.81\times2\times1^2\times1=19.62\text{kN}$$

（2）垂直分力即为图 2-22 中阴影部分压力体的重量

$$P_z=\rho g V=\rho g\left[\frac{3}{4}\pi R^2+\left(2R\cdot R-\frac{1}{4}\pi R^2\right)\right]l=\frac{1}{2}\rho g R^2(4+\pi)$$
$$=\frac{1}{2}\times1000\times9.81\times1^2(4+3.14)=35.02\times10^3\text{N}=35.02\text{kN}（方向向下）$$

2.7 液体作用在潜体和浮体上的总压力

2.7.1 浮力的原理

1. 浮力

浸入液体中的物体表面实质上就是受压曲面壁，按照作用在曲面上液体总压力的分析方法可知，作用在浸入液体中的物体表面的水平力为零；铅垂方向的力为浸入液体中的物体表面所受压力体的重量，且方向向上，也称为浮力，大小等于物体排开液体的重量——阿基米德浮力定律。

2. 液体作用在物体上的力

一切浸没于液体中或漂浮于液面上的物体都受到两个力作用：一个是垂直向上的浮力 P_z，其作用线通过浮心；另一个是垂直向下的重力 G，其作用线通过物体的重心。对浸没于液体中的均质物体，浮心与重心重合，但对于浸没于液体中的非均质物体或漂浮于液面上的物体重心与浮心是不重合的。

3. 液体中物体的状态

物体的沉浮，是由它所受重力和上浮力的相互关系来决定的。根据重力 G 与浮力 P_z 的大小关系，物体在液体中将有三种不同的存在方式：

(1) $G>P_z$，物体将下沉到底，称为沉体；

(2) $G=P_z$，物体可以潜没于液体任意位置中，称为潜体；

(3) $G<P_z$，物体会上浮，直到部分物体露出液面，使留在液面以下部分物体所排开的液体重量恰好等于物体的重量为止，称为浮体。

2.7.2 浮体与潜体的稳定性

稳定性是指物体保持平衡状态的能力。浸入于液体中物体的重力与浮力相等，且作用线重合时，物体处于平衡状态。如图 2-23 所示，可分为稳定平衡、中性平衡和不稳定平衡三类。

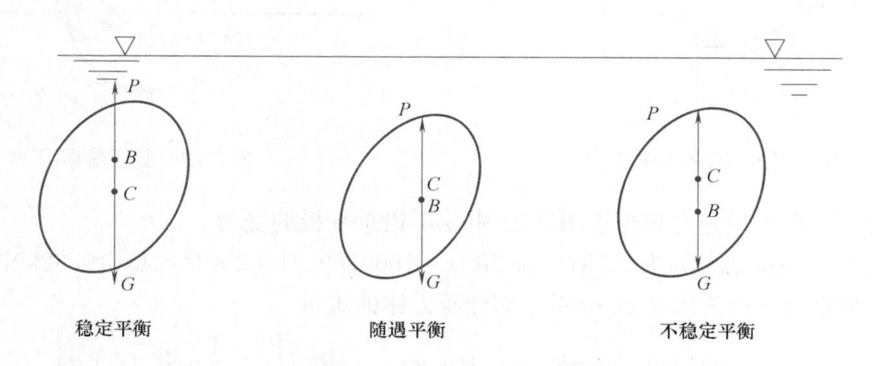

图 2-23 浮体与潜体稳定性

1. 稳定平衡

如物体的重心 C 在下，浮心 B 在上，这时物体处于稳定平衡，各种航海船舶及设施均要求处于稳定平衡状态。

2. 中性平衡

如物体的重心 C 和浮心 B 重合，这时物体处于中性平衡，如有外力的扰动，就会转动。

3. 不稳定平衡

如物体的重心 C 在上，浮心 B 在下，这时物体处于不稳定平衡，如有外力的扰动，就会倾斜颠覆。

本章小结

流体处于静止状态是质量力与压应力相互平衡的结果。

压强是一个矢量，既有大小，又有方向。同一个点的压强，大小相等，但方向不同，始终垂直指向受压面。

多数情况下压强采用国际标准单位，如 Pa（N/m^2）或 kPa、MPa。在实际工程中，也可以用大气压（又分为标准大气压和工程大气压两种）的倍数表示，也可以用液柱高度表示，在应用过程中要掌握三者之间的相互换算。

根据起算基准点的不同，压强分为绝对压强和相对压强两种。大气压无处不在，物体四周均为大气压，其作用效果为零。因此，工程中常采用以当地大气压为零点算起的相对压强或表压强或计示压强。

当某处的相对压强为负值时称为负压，说明该处存在真空，这时相对压强的绝对值称为真空度。

压强是空间坐标的连续函数，可通过流体所受单位质量力由流体静压强全微分方程式确定。静止流体中某点的压强是由流体液面压强 p_0 和质量力在该点所产生的压强 ρ（$W-W_0$）两部分所组成，各点压强随 p_0 的变化符合帕斯卡原理。

重力作用下静止流体中的等压面为水平面，各点测压管液面平齐，各点测压管水头相等，各点压强由液面压强 p_0 和液柱重力产生的压强 ρgh 所组成，与液柱高度或淹没深度 h 呈线性关系；有限气体空间内各点的计算压强均相等。

静压强分布图是根据静压强基本公式绘制的表示受压面各点压强大小与方向的图，是水工设施结构设计中受力分析不可或缺的内容，也是解析法和图解法计算静压力的依据。

液体静压力计算有解析法和图解法两种。作用在平面板上的液体静压力既可以由形心点的压强及力矩定律的解析法来求解，也可由压强分布图构成的液体体积重量和作用线过该体形心点垂直指向受压面的图解法来确定。作用在曲面板上的液体静压力的计算实际上是图解法或混解法，可分解为铅垂方向压力体图形（铅垂分力）与垂直投影平板上压强分布图（水平分力）的确定。

流体中的物体有浮体、悬体和沉体三种状态。

思考与练习题

2-1　工程大气压强和标准大气压有何区别？

2-2 各种压力表的读数是相对压强还是绝对压强？水泵入口处的压力表读数是什么压强？

2-3 相对压强、绝对压强和真空度有无上下限？

2-4 通过观测锅炉及水箱外壁上连通管中的液面高度，可知道内部水位的高度是什么原理？

2-5 压强分布图所组成的液体体积的重量就是作用在受压面上的总压力？

2-6 总压力计算中用的是绝对压强还是相对压强？

2-7 平板总压力及作用点解析法的原理是什么？图解法原理又是什么？

2-8 产生浮力的压力体是实压力体还是虚压力体？

2-9 潜艇是通过什么途径进行上浮或下沉的？

2-10 如图 2-24 所示，三个容器的底面积均为 A，水深为 H，求各容器底面上所受的压强和压力的大小。

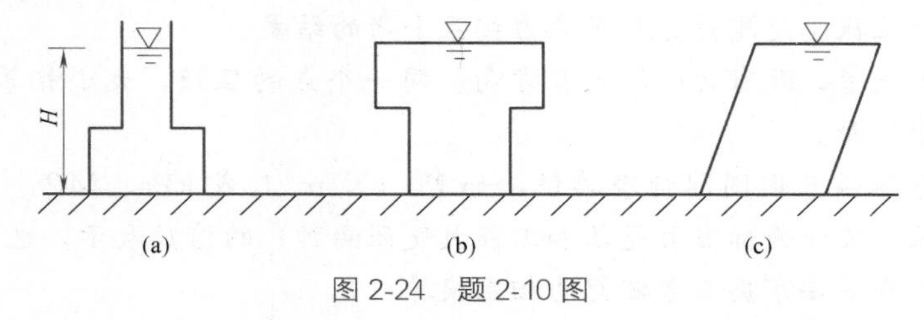

图 2-24 题 2-10 图

2-11 如图 2-25 所示，一封闭容器中盛有相对密度为 0.8 的油，其深度 $h_1=0.3\text{m}$，下面为水，深度 $h_2=0.5\text{m}$，测压管中水银液面读数 $h=0.4\text{m}$，求封闭容器中油表面压强 p_0。

2-12 如图 2-26 所示，密闭容器，压力表的度数为 4900N/m^2，压力表中心比 o 点高 0.4m，o 点在水下 1.5m，求水面压强。

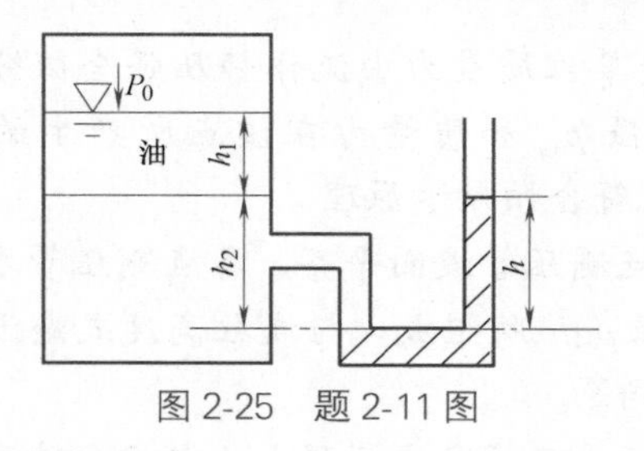

图 2-25 题 2-11 图

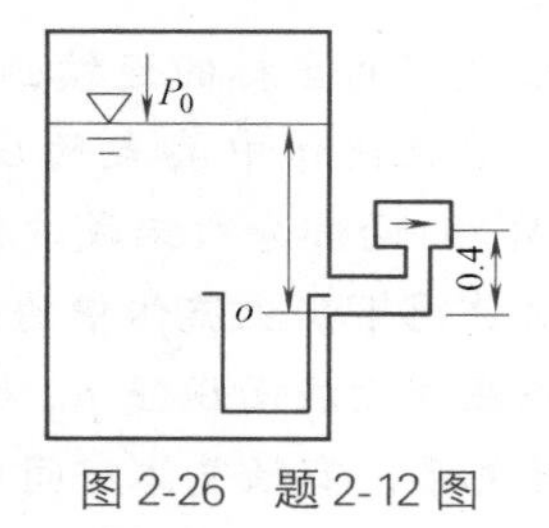

图 2-26 题 2-12 图

2-13 如图 2-27 所示，求图中各点的绝对压强和相对压强。已知当地大气压为 $p_a=98\times10^3\text{Pa}$。

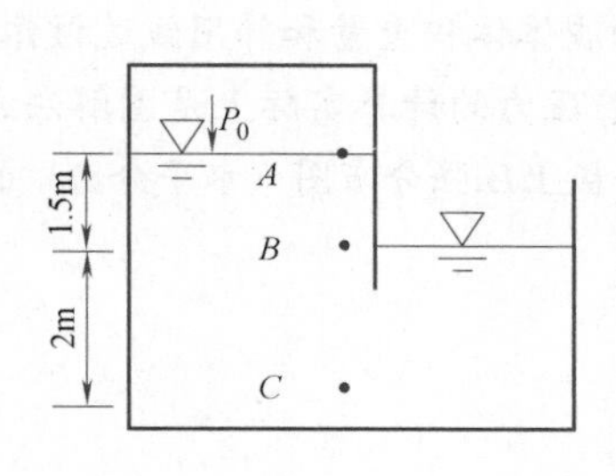

图 2-27 题 2-13 图

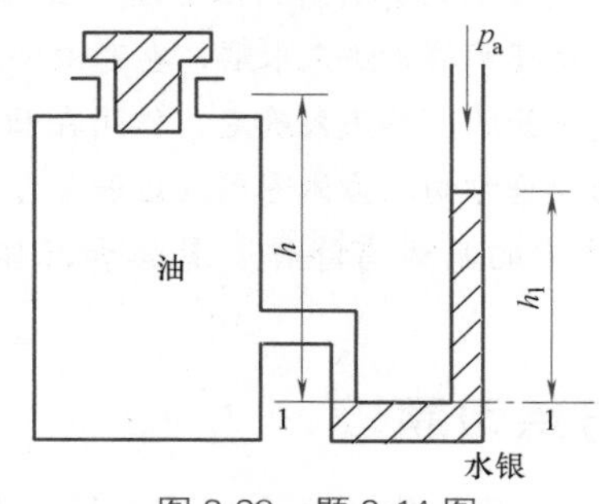

图 2-28 题 2-14 图

2-14 如图 2-28 所示的装置，活塞直径 $d=25\text{mm}$，油的密度 $\rho_1=900\text{kg/m}^3$，水银的密度 $\rho_2=13.6\times10^3\text{kg/m}^3$，活塞与气缸紧密连接无摩擦，当活塞施加压力 $P=10\text{N}$，$h=500\text{mm}$，计算测压计的液面高差 h_1。

2-15 如图 2-29 所示为测量 M 点压强的真空计。已知 $h_1=1.5\text{m}$，$h_2=3\text{m}$，求 M 点真空压强 p_v。

2-16 用复式水银压差计测量密封容器内水面的相对压强，如图 2-30 所示。已知：水面高程 $z_0=3\text{m}$，压差计各水银面的高程分别为 $z_1=0.03\text{m}$，$z_2=0.18\text{m}$，$z_3=0.04\text{m}$，$z_4=0.2\text{m}$，水银密度 $\rho'=13.6\times10^3\text{kg/m}^3$，水的密度 $\rho=1000\text{kg/m}^3$。试求水面的相对压强 p_0。

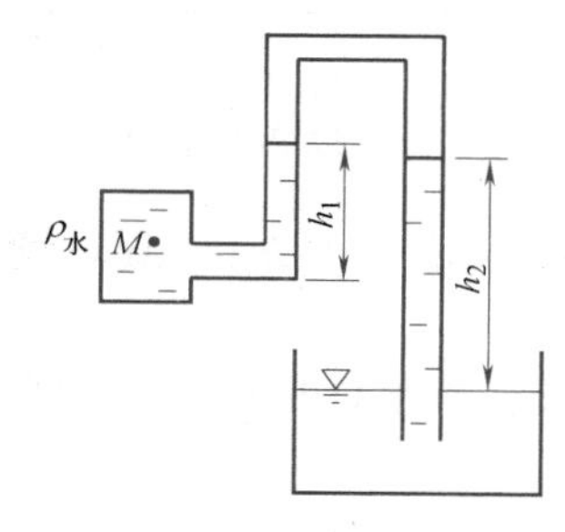

图 2-29 题 2-15 图

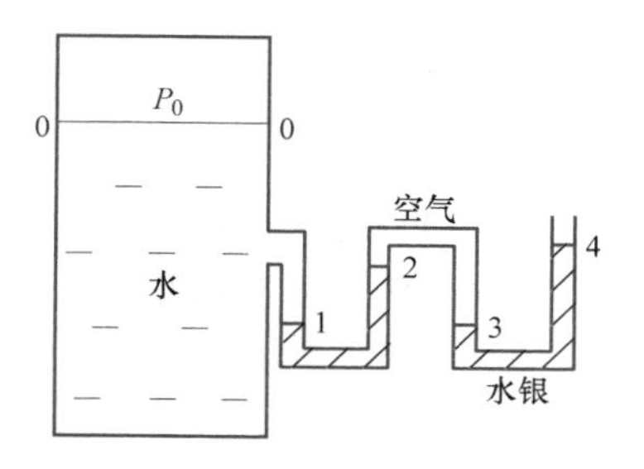

图 2-30 题 2-16 图

2-17 绘制图 2-31 中 AB 面上的压强分布图。

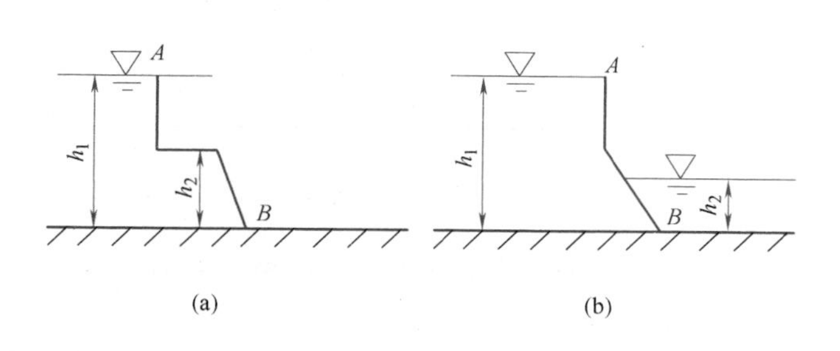

图 2-31 题 2-17 图

2-18 如图 2-32 所示，测定加速度的 U 形管，已知 $L=0.3\text{m}$，$h=0.2\text{m}$，求加速度 a。

2-19 如图 2-33 所示，一个高 $H=0.4\text{m}$、底面半径 $R=0.2\text{m}$ 的桶内装有深度 $h=0.2\text{m}$ 的水，当桶以角速度 ω 绕其轴线旋转，试求水不溢出的最大角速度。

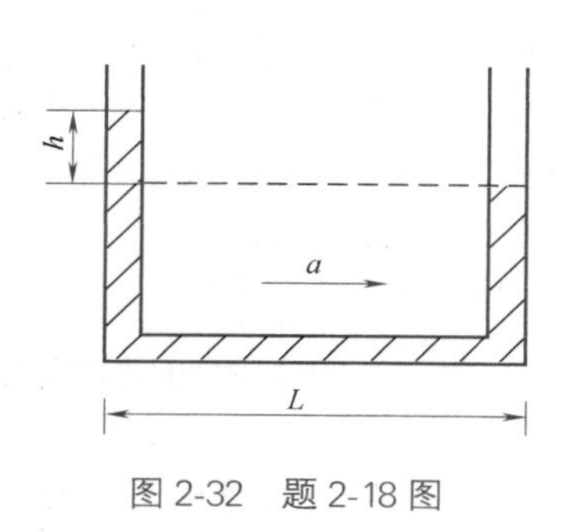

图 2-32 题 2-18 图

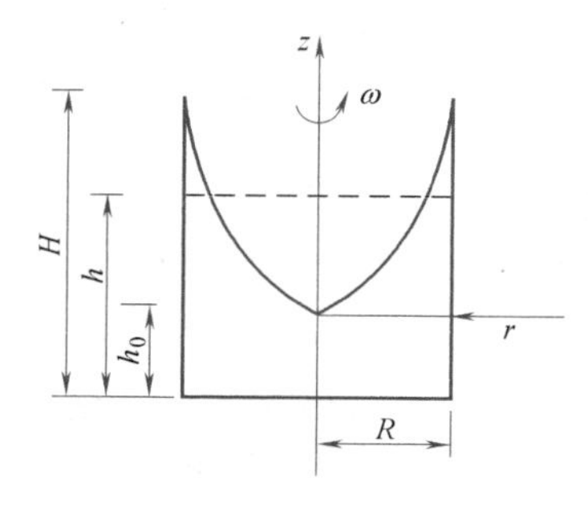

图 2-33 题 2-19 图

2-20 如图 3-34 所示引水涵洞，涵洞进口装有圆形平面闸门，其直径 $D=0.5\text{m}$，闸门上缘至水面的斜距 $L=2\text{m}$，闸门与水平面的夹角 $\theta=60°$，求闸门上的静水总压力的大小及作用点。

2-21 如图 2-35 所示，平板 AB 闸门宽度为 2m，高度 $h=3\text{m}$，求平板闸门的受力及作用点的位置。

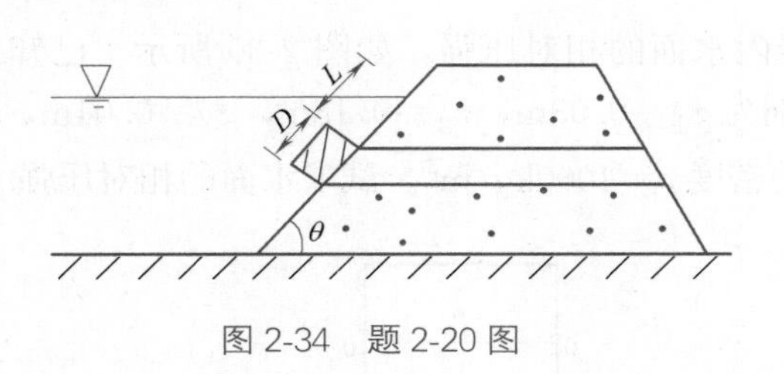

图 2-34 题 2-20 图

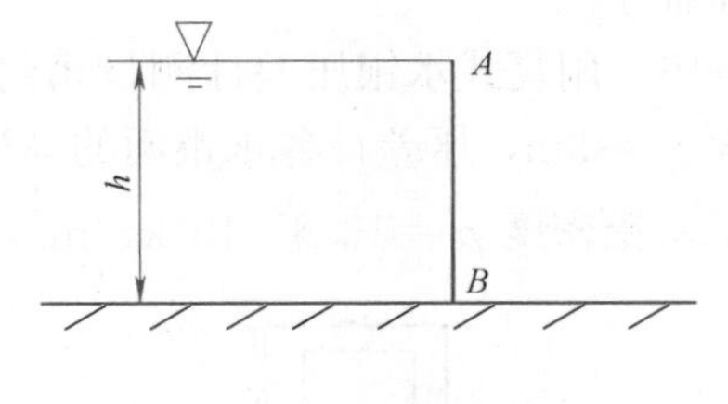

图 2-35 题 2-21 图

2-22 有一折板挡水闸板如图 2-36 所示，板宽 $b=2\text{m}$，高度 $h_1=h_2=2\text{m}$，倾角 $\theta=45°$，求作用在折板挡水闸板 ABC 上的静水总压力。

2-23 如图 2-37 所示，一平板闸门长为 L、宽为 b，安装在倾斜的壁面上，可绕 o 点转动，已知 L、b、L_1、θ，求启动平板闸门所需要的提升力 F。

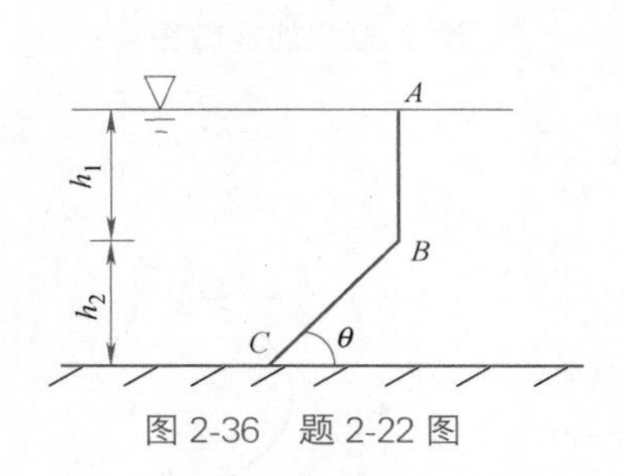

图 2-36 题 2-22 图

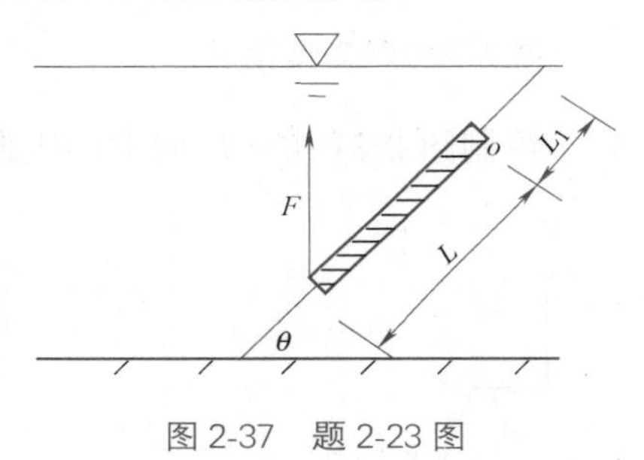

图 2-37 题 2-23 图

2-24 如图 2-38 所示，倾角为 45°的闸门 AB，上部油深 $h_1=0.5\text{m}$，下部水深 $h_2=1.5\text{m}$，$\rho_{油}=800\text{kg/m}^3$，求作用在闸门上每米宽度总压力的大小。

2-25 如图 2-39 所示，盛水的密闭容器中，底部侧面开 $0.5\text{m}\times0.6\text{m}$ 的矩形孔，水面的绝对压强 $p_0=117.7\times10^3\text{Pa}$，当地大气压 $p_a=98\times10^3\text{Pa}$，$h_1=0.8\text{m}$，$h_2=0.6\text{m}$，求作用于孔盖板上的总压力及作用点的位置。

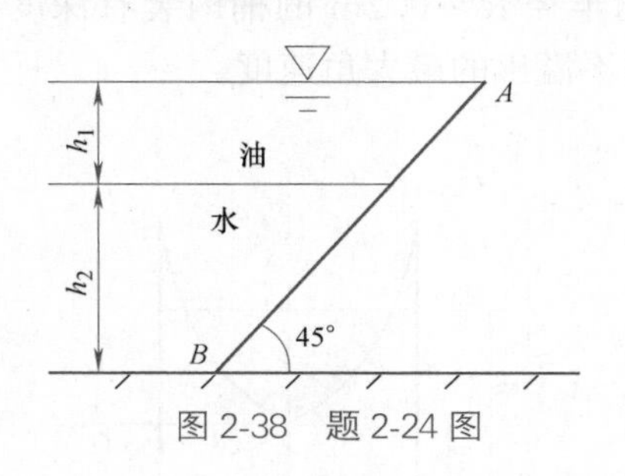

图 2-38 题 2-24 图

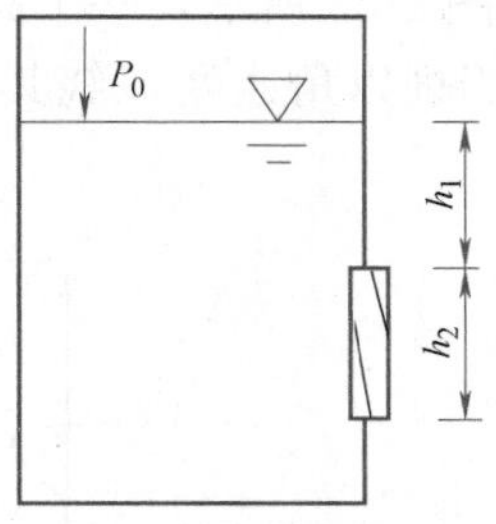

图 2-39 题 2-25 图

2-26 如图 2-40 所示，金属矩形闸板，门高 $h=3\text{m}$，宽 $b=1\text{m}$，由两根梁支撑，水面与闸门顶面齐平，当两根梁的受力相等时，求两根梁的位置 y_1、y_2 应为多少？

2-27 有一扇形闸门，如图 2-41 所示，已知 $h=3\text{m}$，$\alpha=45°$，闸门宽 $b=1\text{m}$，求作

用在扇形闸门上的静水总压力及压力方向。

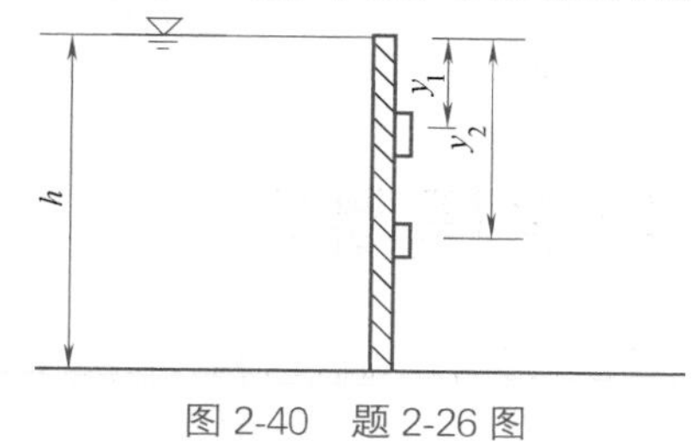

图 2-40　题 2-26 图

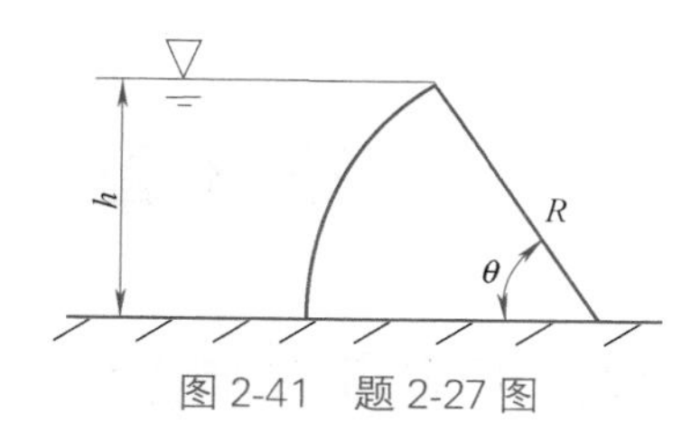

图 2-41　题 2-27 图

2-28　如图 2-42 所示，有一圆柱形堤坝，长度 $l=8\text{m}$，半径 $r=2\text{m}$，上下游水深分别为 $h_1=4\text{m}$，$h_2=2\text{m}$，求作用在堤坝上的水平分力和垂直分力。

2-29　绘出图 2-43 中曲面 ABC 上的压力体。

2-30　绘出图 2-44 中曲面 ABC 上的压力体。

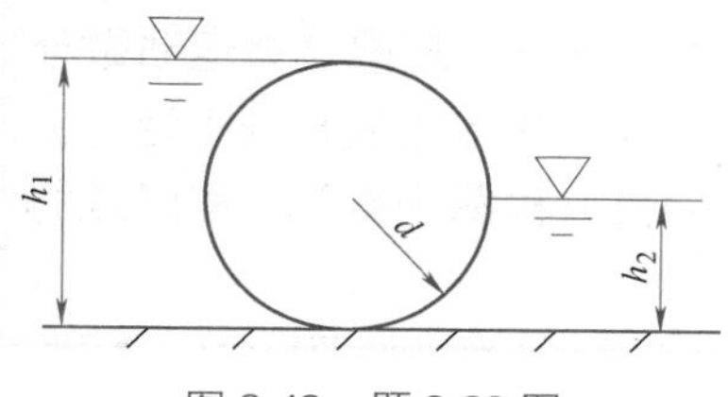

图 2-42　题 2-28 图

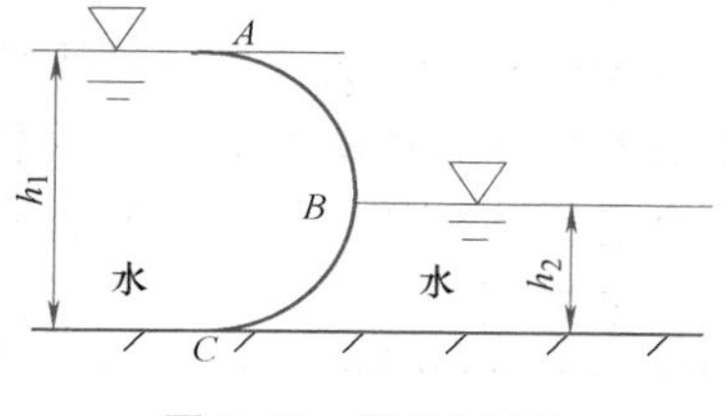

图 2-43　题 2-29 图

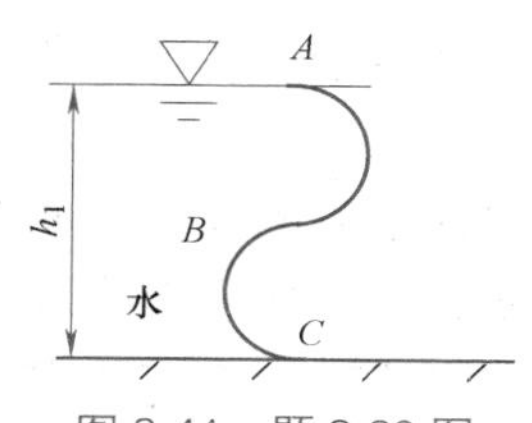

图 2-44　题 2-30 图

2-31　如图 2-45 所示，装有水的密闭容器，其底部圆孔用金属球封闭，该球重 19.6N，直径 $D=10\text{cm}$，圆孔直径 $d=8\text{cm}$，水深 $H_1=50\text{cm}$，外部容器水面低 10cm，$H_2=40\text{cm}$，水面为大气压，容器内水面压强为 p_0。

(1) 求 p_0 为大气压时，球体受到的水压力；

(2) 当 p_0 为多大真空时，球体将浮起。

2-32　试用阴影线在图 2-46 中标出求球体的静水总压力垂直分布的压力体。

2-33　北方冬天海面上露出冰山的一角，如图 2-47 所示，已知冰山的密度为 $0.92\times10^3\text{kg/m}^3$，海水的密度为 $1.025\times10^3\text{kg/m}^3$，求露出水面的冰山与海面下的体积的比值。

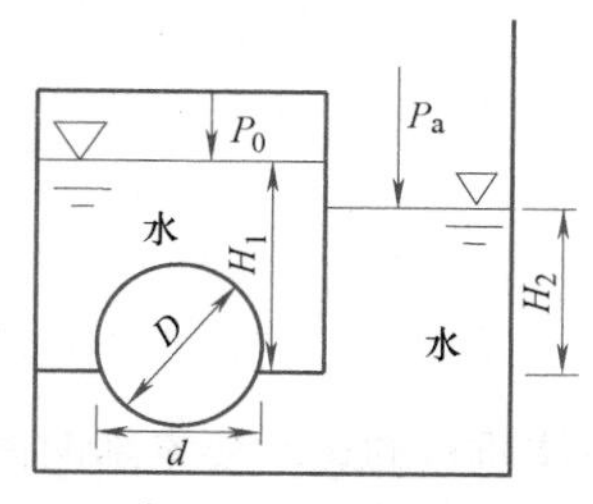

图 2-45　题 2-31 图

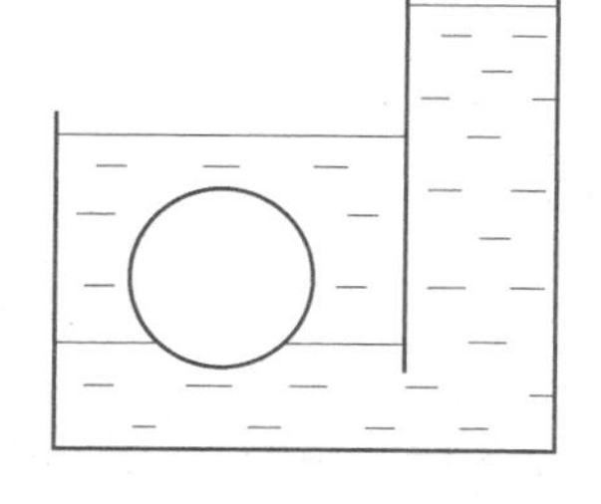
图 2-46　题 2-32 图

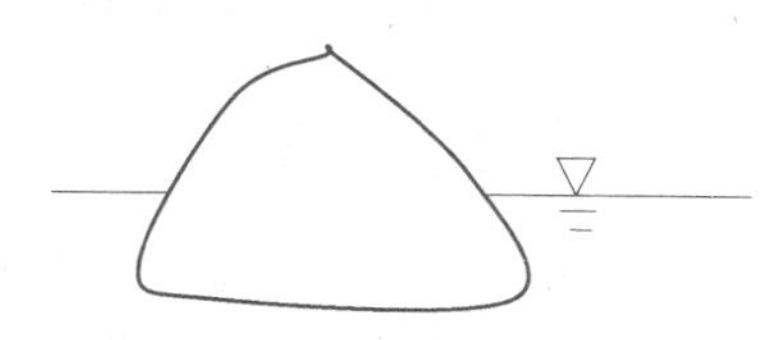
图 2-47　题 2-33 图

第 2 章课后习题详解

第3章 流体动力学基础

本章要点及学习目标

本章要点：主要介绍描述流体运动的欧拉法及其概念，流体微团运动的组成，连续性微分方程，理想流体运动微分方程及其积分条件与各项的意义，实际流体恒定总流的连续性方程、能量方程和动量方程及应用条件等。

学习目标：通过本章的学习，学生应理解用欧拉法描述流体运动的特点及表征实际流体运动的概念；了解流体微团运动的方式；理解连续性微分方程、理想流体运动微分方程建立的意义；理解能量方程中各项的物理与几何意义；理解总水头线和测压管水头线沿流程的变化；具有综合应用连续性方程、能量方程和动量方程解决实际工程问题的能力；了解平面势流的几个基本概念。

流体与固体之间的根本区别就是流动性，在流动过程中流体内部产生的黏滞力和惯性力将破坏质量力和压应力的平衡，并导致流体质点间的速度差异。

流体运动与其他物质运动一样，都要遵循物质运动的普遍规律，如质量守恒定律、能量守恒定律、动量定理等。

流动流体连续充满的空间称为流场，用来表征流场内流体运动特性的物理量（如速度、加速度、压强、切应力、密度等）称为运动要素。

流体动力学的基本任务就是研究流场中流体的运动要素随时间和空间的变化规律，建立它们之间的关系，并应用到工程实际中，比如流体输送过程中流速、流量、管径、输送距离、弯管支墩受力计算等。

3.1 描述流体运动的方法

3.1.1 拉格朗日法

拉格朗日法以运动着的流体质点为研究对象，追踪观测某一流体质点的运动要素随时间变化的轨迹历程，通过综合所有流体质点的运动情况来获得整个流场内流体的运动规律。

如图3-1所示，设流场中某一流体质点在初始时刻 t_0 时的空间坐标为（a，b，c），随时间的变化，流体质点在 t 时刻的位置坐标变化为（x，y，z），由于流体质点的运动轨迹为初始坐标和时间的连续函数，故：

$$\left.\begin{aligned} x&=x(a,b,c,t)\\ y&=y(a,b,c,t)\\ z&=z(a,b,c,t)\end{aligned}\right\} \tag{3-1}$$

这种方法类似于理论力学中研究质点系运动的方法，故也称之为质点系法或轨迹法。采用这种方法进行研究时，必须选择有代表性的运动质点逐一进行研究，所建立的数学方程组很大，求解困难，在应用流体力学中一般不用这种方法。

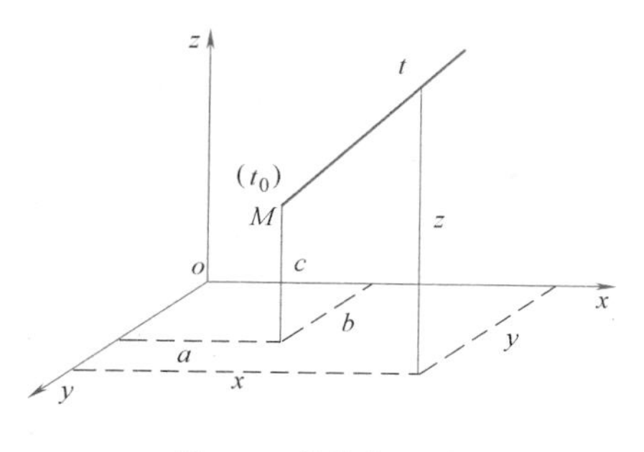

图 3-1 拉格朗日法

3.1.2 欧拉法

考察不同流体质点通过固定的空间点时，运动要素随时间的变化情况作为基础，综合所有空间点上的运动情况，构成整个流体的运动，这种研究方法称为欧拉法，又称为流场法。

1. 流体速度

一般情况下，在同一时刻、不同空间点上流体的运动速度是不同的；不同时刻、同一空间点上流体的运动速度也可能不相同。所以在任意时刻，任意空间点上流体的运动速度 u 是空间点坐标（x，y，z）和时间 t 的函数，即：

$$\boldsymbol{u}=\boldsymbol{u}(x,y,z,t) \tag{3-2}$$

$$\left.\begin{aligned}u_x&=u_x(x,y,z,t)\\u_y&=u_y(x,y,z,t)\\u_z&=u_z(x,y,z,t)\end{aligned}\right\} \tag{3-3}$$

同理，压强、密度可分别表示为：

$$\boldsymbol{p}=\boldsymbol{p}(x,y,z,t) \tag{3-4}$$

$$\rho=\rho(x,y,z,t) \tag{3-5}$$

式中 x，y，z，t——欧拉变量。

2. 流体加速度

欧拉法中某空间点的加速度是指某时刻占据该空间点的流体质点的加速度。而求质点的加速度就要追踪观察该质点沿程速度变化，此时速度 $\boldsymbol{u}=\boldsymbol{u}$（$x$，$y$，$z$，$t$）中的坐标（$x$，$y$，$z$）就不能视为常数，而是时间 t 的函数，则速度可表示成：

$$\boldsymbol{u}=\boldsymbol{u}[x(t),y(t),z(t),t] \tag{3-6}$$

因此，欧拉法中质点的加速度应按复合函数求导法则导出，其分量形式为：

$$\left.\begin{aligned}a_x&=\frac{\mathrm{d}u_x}{\mathrm{d}t}=\frac{\partial u_x}{\partial t}+u_x\frac{\partial u_x}{\partial x}+u_y\frac{\partial u_x}{\partial y}+u_z\frac{\partial u_x}{\partial z}\\a_y&=\frac{\mathrm{d}u_y}{\mathrm{d}t}=\frac{\partial u_y}{\partial t}+u_x\frac{\partial u_y}{\partial x}+u_y\frac{\partial u_y}{\partial y}+u_z\frac{\partial u_y}{\partial z}\\a_z&=\frac{\mathrm{d}u_z}{\mathrm{d}t}=\frac{\partial u_z}{\partial t}+u_x\frac{\partial u_z}{\partial x}+u_y\frac{\partial u_z}{\partial y}+u_z\frac{\partial u_z}{\partial z}\end{aligned}\right\} \tag{3-7}$$

或

$$\boldsymbol{a}=\frac{\mathrm{d}\boldsymbol{u}}{\mathrm{d}t}=\frac{\partial \boldsymbol{u}}{\partial t}+u_x\frac{\partial \boldsymbol{u}}{\partial x}+u_y\frac{\partial \boldsymbol{u}}{\partial y}+u_z\frac{\partial \boldsymbol{u}}{\partial z} \tag{3-8}$$

由式（3-8）可见，欧拉法描述的加速度由两部分组成，其中第一部分$\partial \boldsymbol{u}/\partial t$ 反映了同一空间点上流体的运动速度随时间的变化率，称为当地加速度或时变加速度，它是由流场的非恒定性引起的；第二部分（方程右边后三项）反映了由于空间位置变化而引起的速

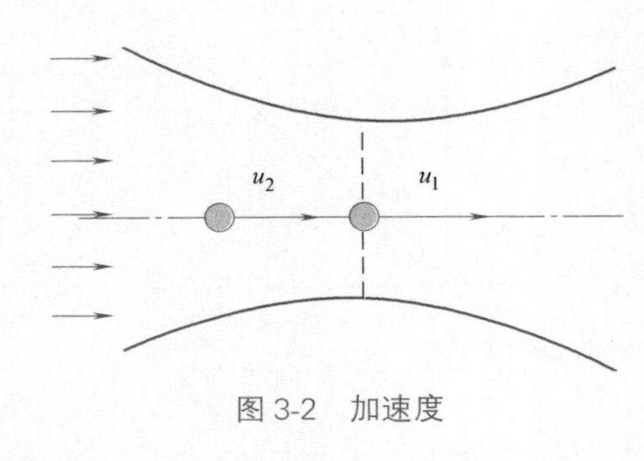

图 3-2 加速度

度变化率，称为位变加速度或迁移加速度，它是由流场的不均匀性引起的，如图 3-2 所示。

【例 3-1】 已知流场的速度分布为：$u_x=2x-yt$，$u_y=3y-xt$。试求：$t=1$ 时，过点 M（3，1）上流体质点的加速度 a。

【解】 由式（3-7）得：

$$a_x=\frac{\partial u_x}{\partial t}+u_x\frac{\partial u_x}{\partial x}+u_y\frac{\partial u_x}{\partial y}$$
$$=-y+(2x-yt)\times 2+(3y-xt)\times(-t)$$

当 $t=1$、$x=3$、$y=1$ 时，有： $a_x=4\text{m/s}^2$

同理： $a_y=-8\text{m/s}^2$

即： $\boldsymbol{a}=4\boldsymbol{i}-8\boldsymbol{j}$

或 $a=\sqrt{4^2+(-8)^2}=8.944\text{m/s}^2$

3.2 流体运动的分解

3.2.1 流体微团运动的分析

刚体的一般运动可以分解为移动和转动两种基本形式。流体与刚体的主要不同在于它具有流动性，极易变形。因此，任一流体微团在运动过程中不但与刚体一样可以移动和转动，还会发生变形运动（包含线变形和角变形两种），如图 3-3 所示。

3.2.2 流体微团运动的分解

既然流体微团在运动过程中有移动、转动和变形运动，那么其速度表达式中就相应包

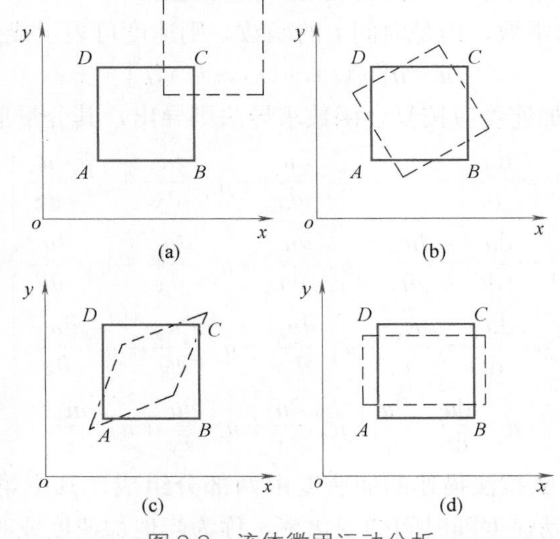

图 3-3 流体微团运动分析

(a) 平移运动；(b) 旋转运动；(c) 角变形运动；(d) 线变形运动

含三种运动的分速度，这被称为亥姆霍兹速度分解定理。

如图 3-4 所示，设参考点 M_0（x，y，z）的流速分量为 u_{xo}、u_{yo}、u_{zo}，临近点 M（$x+dx$，$y+dy$，$z+dz$）的速度可按泰勒级数展开求得：

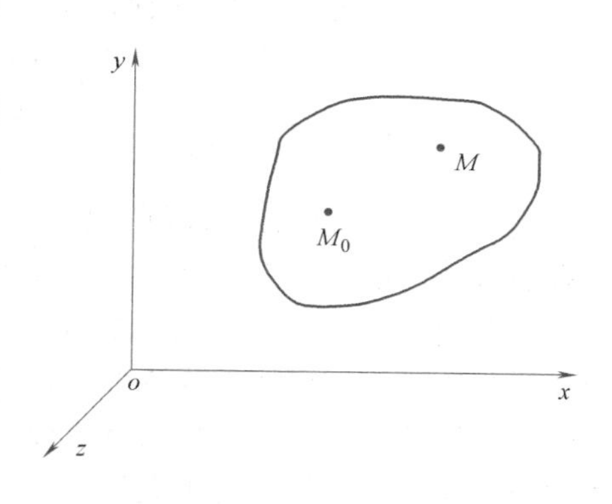

图 3-4 流体微团运动分解

$$\left.\begin{aligned}u_x=u_{xo}+du_x=u_{xo}+\frac{\partial u_{xo}}{\partial x}dx+\frac{\partial u_{xo}}{\partial y}dy+\frac{\partial u_{xo}}{\partial z}dz\\u_y=u_{yo}+du_y=u_{yo}+\frac{\partial u_{yo}}{\partial x}dx+\frac{\partial u_{yo}}{\partial y}dy+\frac{\partial u_{yo}}{\partial z}dz\\u_z=u_{zo}+du_z=u_{zo}+\frac{\partial u_{zo}}{\partial x}dx+\frac{\partial u_{zo}}{\partial y}dy+\frac{\partial u_{zo}}{\partial z}dz\end{aligned}\right\}\tag{3-9}$$

以 x 轴方向为例，加以变换。

$$\begin{aligned}u_x&=u_{xo}+\frac{\partial u_x}{\partial x}dx+\frac{\partial u_{xo}}{\partial y}dy+\frac{\partial u_{xo}}{\partial z}dz\pm\frac{1}{2}\frac{\partial u_{yo}}{\partial x}dy\pm\frac{1}{2}\frac{\partial u_{zo}}{\partial x}dz\\&=u_{xo}+\frac{\partial u_{xo}}{\partial x}dx+\frac{1}{2}\left(\frac{\partial u_{yo}}{\partial x}+\frac{\partial u_{xo}}{\partial y}\right)dy+\frac{1}{2}\left(\frac{\partial u_{xo}}{\partial z}+\frac{\partial u_{zo}}{\partial x}\right)dz\\&\quad+\frac{1}{2}\left(\frac{\partial u_{xo}}{\partial z}-\frac{\partial u_{zo}}{\partial x}\right)dz-\frac{1}{2}\left(\frac{\partial u_{yo}}{\partial x}-\frac{\partial u_{xo}}{\partial y}\right)dy\end{aligned}\tag{3-10}$$

分别令：

$$\left.\begin{aligned}\theta_x&=\frac{\partial u_x}{\partial x}\\\varepsilon_{xoy}&=\frac{1}{2}\left(\frac{\partial u_{yo}}{\partial x}+\frac{\partial u_{xo}}{\partial y}\right)\\\varepsilon_{xoz}&=\frac{1}{2}\left(\frac{\partial u_{xo}}{\partial z}+\frac{\partial u_{zo}}{\partial x}\right)\\\omega_{xoz}&=\frac{1}{2}\left(\frac{\partial u_{xo}}{\partial z}-\frac{\partial u_{zo}}{\partial x}\right)\\\omega_{xoy}&=\frac{1}{2}\left(\frac{\partial u_{yo}}{\partial x}-\frac{\partial u_{xo}}{\partial y}\right)\end{aligned}\right\}\tag{3-11}$$

式中 u_{xo}——流体微团沿 x 轴方向的平移速度；

θ_x——流体微团因前后端流速差引起的沿 x 轴方向的线变形；

ε_{xoy}、ε_{xoz}——流体微团沿 x 轴方向分别在 xoy、xoz 平面内的角变形；

ω_{xoz}、ω_{xoy}——流体微团在与 x 轴垂直的 yoz 平面内，分别偏离 z 轴和 y 轴的角变化或绕 x 轴的旋转角，称为旋转角变形。

将式（3-11）代入式（3-10）得：

$$u_x=u_{xo}+\theta_x dx+(\varepsilon_{xoy}dy+\varepsilon_{xoz}dz)+(\omega_{xoz}dz-\omega_{xoy}dy)$$

或

$$\left.\begin{aligned}u_x=u_{xo}+\theta_x dx+(\varepsilon_{xoy}dy+\varepsilon_{xoz}dz)+(\omega_{xoz}dz-\omega_{xoy}dy)\\u_y=u_{yo}+\theta_y dy+(\varepsilon_{xoy}dx+\varepsilon_{yoz}dz)+(\omega_{xoy}dx-\omega_{yoz}dz)\\u_z=u_{zo}+\theta_z dz+(\varepsilon_{xoz}dx+\varepsilon_{yoz}dy)+(\omega_{yoz}dy-\omega_{xoz}dx)\end{aligned}\right\}\tag{3-12}$$

式（3-12）就是流体微团运动的分解式，即流体微团的运动过程可分解为移动、变形运动（包括线变形和角变形）和旋转运动。

3.2.3 有旋流动和无旋流动

式（3-12）中所有旋转角变形 ω 为零的称为无旋流动，旋转角变形 ω 不全为零的称为有旋流动，如图 3-5 所示。由于黏性的存在，自然界中绝大多数流体的流动为有旋流动，理想流体才可能存在无旋流动。水和空气由静止到运动，可视为保持无旋状态；吸风装置形成的气流，可按无旋流处理，送风形成的气流则为有旋流动。有旋流动有时是以明显的旋涡形式出现的，如桥墩背流面的旋涡区、船只运动时船尾后形成的旋涡、大气中形成的龙卷风等。至于工程中大量存在着的紊流运动，更是充满着尺度不同的大小旋涡。

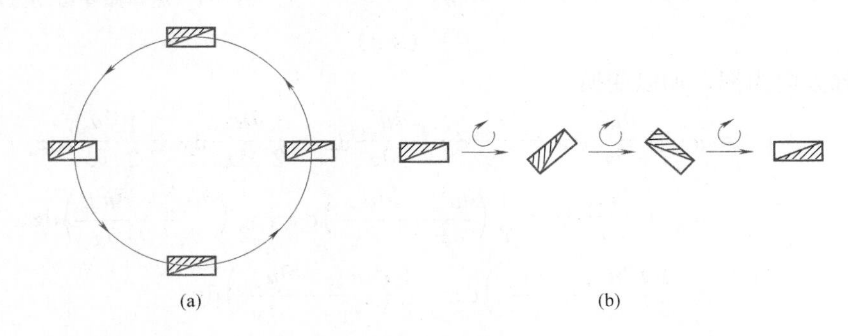

图 3-5 无旋流动与有旋流动
（a）无旋流动；（b）有旋流动

3.3 欧拉法的基本概念

流体力学特别是应用流体力学一般采用欧拉研究法。这里介绍的几个欧拉法基本概念，一是为了便于分析和研究，二是根据具体情况可大大简化其过程。

3.3.1 流动的分类

在欧拉法中，各运动要素是空间坐标（x，y，z）和时间变量（t）的连续函数，即 $A=A(x, y, z, t)$。

1. 一元流动、二元流动与三元流动

运动要素只是一个空间坐标（x）的函数，称为一元流动；运动要素是两个空间坐标（x，y）的函数，称为二元流动，也叫平面流动；运动要素是三个空间坐标（x，y，z）的函数，称为三元流动，一般来说，所有的流体运动过程都是三元流动。

在实际工程中，如果按照三元流动分析问题，会给问题的解决带来非常大的困难，因此，为了求解问题的方便，在工程精度允许的范围内，可以将实际的三元流动简化为二元流动或一元流动，如管道流动一般可简化为一元流动。

2. 迹线和流线

流体运动除了用数学方程式表示以外，还常用几何图形或曲线来表达，迹线和流线就属于这一类曲线。

1）迹线

同一流体质点在一段连续时间内运动的路径称为迹线，是拉格朗日法对流体运动的描述，它给出了同一流体质点在不同时刻的速度方向。

根据定义，迹线上任一线段应满足：

$$\left.\begin{array}{l} dx=u_x dt \\ dy=u_y dt \\ dz=u_z dt \end{array}\right\} \tag{3-13}$$

则迹线的微分方程为：

$$\frac{dx}{u_x}=\frac{dy}{u_y}=\frac{dz}{u_z}=dt \tag{3-14}$$

式中，时间 t 是自变量，坐标（x，y，z）是 t 的因变量，见式（3-6），积分后在所得表达式中消除时间 t 后即可得到迹线方程。

2）流线

流场中某一时刻与一系列流体质点流速矢量相切的曲线称为流线，它是欧拉法对流体运动的描述，给出了该时刻这条曲线上各流体质点的速度方向，如图 3-6（a）所示。在流场中可绘出一系列同一瞬时的流线，称为流线簇，如图 3-6（b）所示，流线簇图称为流谱。

取某一时刻任一流线上某点沿流线一微元线段矢量 d$\boldsymbol{s}$，根据流线的定义，过同一点流速的方向应与微元线段的方向一致，即：

$$d\boldsymbol{s}\times\boldsymbol{u}=0 \tag{3-15}$$

流线的微分方程为：

$$\frac{dx}{u_x}=\frac{dy}{u_y}=\frac{dz}{u_z} \tag{3-16}$$

式中，坐标（x，y，z）是自变量，时间 t 是因变量，积分后即可得到流线方程。

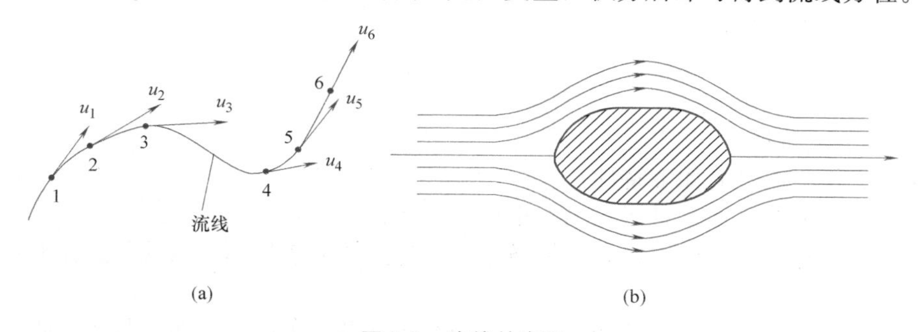

图 3-6　流线的定义

流线具有下列基本性质：

（1）某一时刻流体质点的流速矢量和流线相切。

（2）同一时刻，流线既不能相交，也不能转折，是一条光滑的曲线。否则，在同一时刻，交点或转折点处流体将存在两个及两个以上的流速方向，这与事实不符。流线只有在速度为零（驻点）或无穷大（奇点）的特殊点处相交。

(3) 对于不可压缩流体，流线分布的疏密度和该处流速大小有关。流场中流线越密流速越大，流线越稀疏流速越小。

(4) 流线形状与固体边界有关。

由定义可知，在恒定流中流线与迹线是重合的同一条线。

【例 3-2】 已知流场中任一点的速度分量分别表示为：$u_x=x+t$，$u_y=-y+t$，$u_z=0$，试求：$t=0$ 时刻，通过点 A（-1，-1）的流线方程。

【解】 由于 $u_z=0$，且 u_y 和 u_z 与 z 无关，因此该流场的流动是一个二元流动。现将已知的速度分布带入流线微分方程式（3-16），即：

$$\frac{dx}{x+t}=\frac{dy}{-y+t}$$

积分该流线微分方程，其中时间 t 可视为常数，得到流线方程：

$$(x+t)(y-t)=c$$

带入边界条件：$t=0$ 时刻，此流线经过点 A（-1，-1），可以得到：

$$c=1$$

故 $t=0$ 时刻，通过点 A（-1，-1）的流线方程为：$xy=1$。

3. 恒定流与非恒定流

空间各点运动要素均不随时间而变的流体运动称为恒定流（也称为定常流）；否则称为非恒定流（也称为非定常流）。

恒定流可以表示为：

$$\frac{\partial A}{\partial t}=0 \tag{3-17}$$

式中 A——任一运动要素。

恒定流状况下，运动要素只是空间坐标（x，y，z）的函数，与时间 t 无关。

4. 均匀流和非均匀流

质点运动要素均不随空间位置而变的流体运动称为均匀流；否则称为非均匀流。在均匀流状态下，运动要素只是时间（t）的函数，与空间坐标（x，y，z）无关。

均匀流可以表示为：

$$\frac{\partial A}{\partial x}=\frac{\partial A}{\partial y}=\frac{\partial A}{\partial z}=0 \tag{3-18}$$

1) 均匀流的特性

按照定义均匀流具有如下特性：

(1) 过流断面为平面，且形状和大小沿程不变；

(2) 流线为相互平行的直线，同一条流线上各点的流速相同，因此各过流断面上平均流速 v 相等；

(3) 同一过流断面上各点的测压管水头为常数（即动水压强分布与静水压强分布规律相同，具有 $z+\frac{p}{\rho g}=C$ 的关系）。

2) 渐变流和急变流

根据非均匀流场中各流线是否接近于平行，又分为渐变流和急变流，如图 3-7 所示。各流线之间的夹角很小、几乎平行的流体运动称为渐变流。反之为急变流。渐变流可近似认为是均匀流，亦具备均匀流的特性。

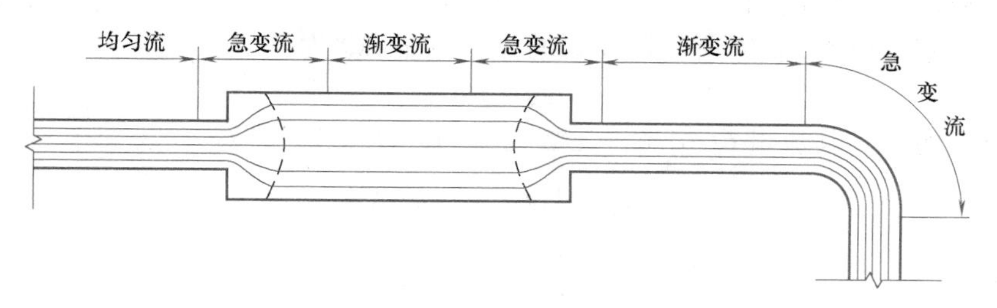

图 3-7 渐变流和急变流

3.3.2 流管和流束、过流断面、元流和总流

1. 流管和流束

在流场内任意作一非流线的封闭曲线，过该曲线上各点作流线，所形成的管状曲面称为流管，流管内部的流体称为流束，如图 3-8 所示。由于流线不能相交的特性，所以在任一时刻，流体只能在流管内部流动，而不能穿越流管，流体就好像在管道内流动一样。

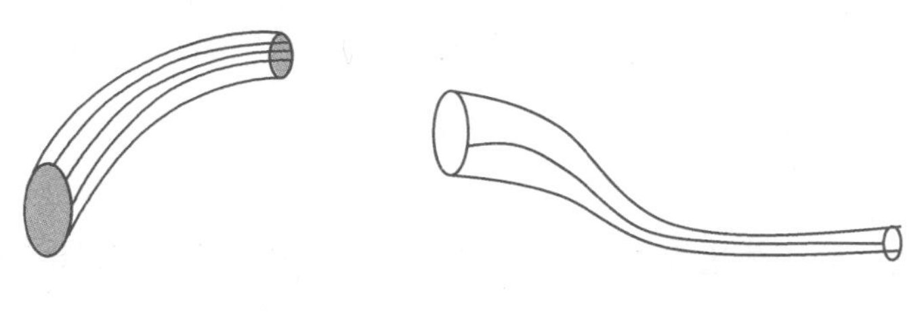

图 3-8 流管

2. 过流断面

与流场中所有流线正交的横断面称为过流断面。过流断面的形状与流线的分布有关，当流场中流线相互平行时，过流断面为平面，如图 3-9（a）所示；否则为曲面，如图 3-9（b）所示。

3. 元流和总流

当流管的过流断面面积无限小时，该流管称为微元流管（极限状态就是一条流线），流束称为元流。流场边界内的流体称为总流，总流可以看作是由无数元流叠加而成的集合体。

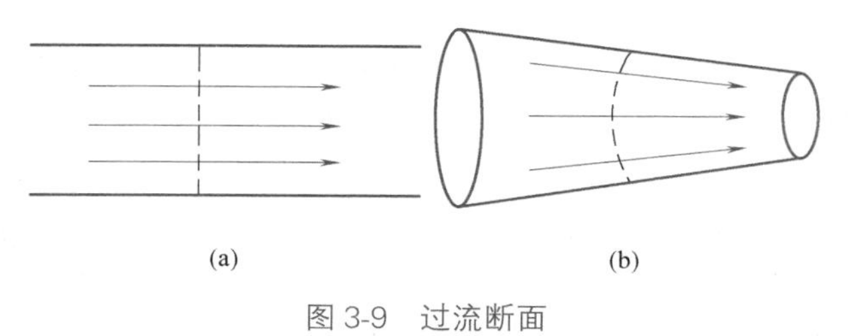

图 3-9 过流断面

3.3.3 流量、断面平均流速

1. 流量

单位时间内通过过流断面的流体量称为流量。流体量可以是体积，也可以是质量或重量，分别称为体积流量（简称流量）和质量流量或重量流量。通常情况下，当涉及不可压缩流体时，常用体积流量；当涉及可压缩流体时，常用质量流量或重量流量。

对于元流，过流断面面积 dA 非常小，可近似认为该断面上各点的速度相同，均为 u，且方向与过流断面垂直，所以，元流的体积流量 dQ 为：

$$dQ = u\,dA \tag{3-19}$$

对于总流而言，其流量 Q 相当于无数元流 dQ 的总和，即：

$$Q = \int dQ = \int_A u\,dA \tag{3-20}$$

质量流量：

$$Q_m = \int_A \rho u\,dA \tag{3-21}$$

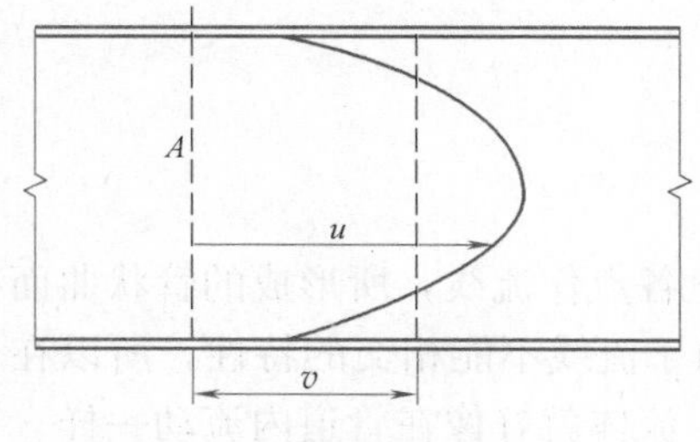

图 3-10 圆管流速分布

2. 断面平均流速

通常情况下，总流过流断面上各点的速度并不相等，例如流体在管道内流动，靠近管壁处速度较小，管轴处速度较大，如图 3-10 所示。但在实际工程中，为了研究简便，引入了断面平均流速的概念。假设总流过流断面上各点的速度都相等，大小均为断面平均速度 v，即：

$$v = \frac{Q}{A} = \frac{\int_A u\,dA}{A} \tag{3-22}$$

3.3.4 湿周、水力半径

1. 湿周

过流断面上流体同固体边界接触部分的周长称为湿周（χ），如图 3-11 所示。

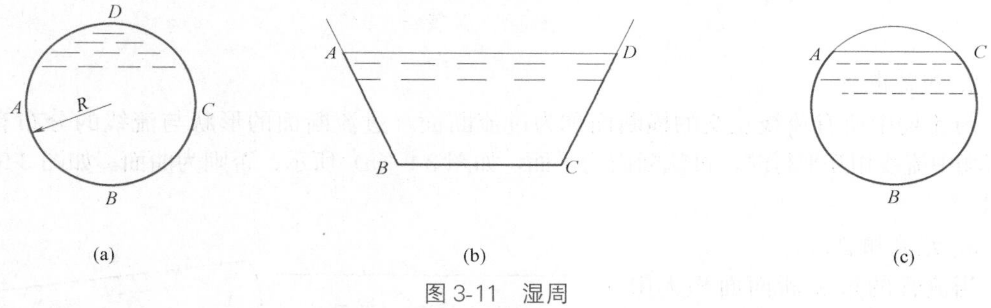

图 3-11 湿周

(a) $\chi = ABCD$；(b) $\chi = AB + BC + CD$；(c) $\chi = ABC$

2. 水力半径

过流断面面积与湿周之比称为水力半径（R），即：

$$R = \frac{A}{\chi} \tag{3-23}$$

式中 A——过流断面面积；

χ——湿周。

3.4 连续性方程

流体被视为连续性介质，所以流体运动遵守质量守恒定律，在工程流体力学中称之为连续原理，它的数学表达式即为流体运动的连续性方程。

3.4.1 连续性微分方程

在流场内任取一点 o，该点的密度为 ρ（x，y，z），以 o 点为中心取边长 dx、dy、dz 的微元直角六面体，如图 3-12 所示。

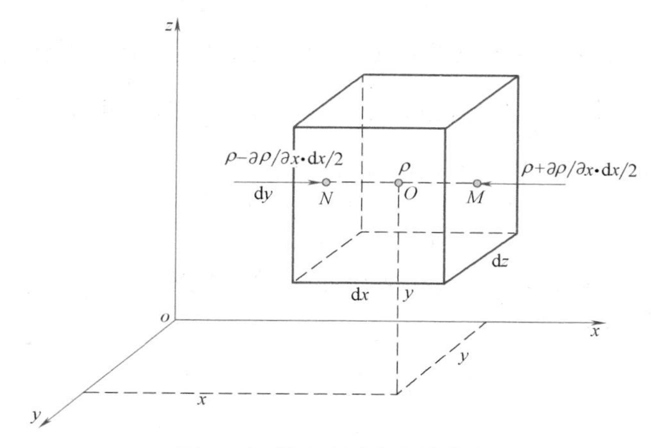

图 3-12 微小六面体密度分布

六面体中心点 o 的密度 ρ 按泰勒级数展开，并省略二阶以上的高阶微量后可得两个侧面中心点 M 和 N 的密度：

$$\rho_{\mathrm{M}}=\rho\left(x+\frac{1}{2}\mathrm{d}x\right)=\rho+\frac{1}{2}\frac{\partial\rho}{\partial x}\mathrm{d}x$$

$$\rho_{\mathrm{N}}=\rho\left(x-\frac{1}{2}\mathrm{d}x\right)=\rho-\frac{1}{2}\frac{\partial\rho}{\partial x}\mathrm{d}x$$

则从 x 轴方向左侧流入的流体质量为：

$$\left[\rho(x,y,z,t)-\frac{\partial\rho}{\partial t}\frac{\mathrm{d}x}{2}\right]\left[u(x,y,z,t)-\frac{\partial u}{\partial t}\frac{\mathrm{d}x}{2}\right]\mathrm{d}y\,\mathrm{d}z\,\mathrm{d}t$$

$$=\left(\rho-\frac{\partial\rho}{\partial t}\frac{\mathrm{d}x}{2}\right)\left(u-\frac{\partial u}{\partial t}\frac{\mathrm{d}x}{2}\right)\mathrm{d}y\,\mathrm{d}z\,\mathrm{d}t \tag{a'}$$

从 x 轴方向右侧流出的流体质量为：

$$\left(\rho+\frac{\partial\rho}{\partial t}\frac{\mathrm{d}x}{2}\right)\left(u+\frac{\partial u}{\partial t}\frac{\mathrm{d}x}{2}\right)\mathrm{d}y\,\mathrm{d}z\,\mathrm{d}t \tag{a''}$$

在 dt 时间内沿 x 轴方向流体质量的变化为式（a′）＋式（a″）：

$$-\left(\rho\frac{\partial u}{\partial x}\mathrm{d}x+u\frac{\partial\rho}{\partial x}\mathrm{d}x\right)\mathrm{d}y\,\mathrm{d}z\,\mathrm{d}t=-\frac{\partial}{\partial x}(\rho u)\mathrm{d}x\,\mathrm{d}y\,\mathrm{d}z\,\mathrm{d}t \tag{a}$$

同理，在 dt 时间内沿 y 轴方向流体质量的变化：

$$-\frac{\partial}{\partial y}(\rho v)\mathrm{d}x\,\mathrm{d}y\,\mathrm{d}z\,\mathrm{d}t \tag{b}$$

同理，在 dt 时间内沿 z 轴方向流体质量的变化：

$$-\frac{\partial}{\partial z}(\rho w)\mathrm{d}x\,\mathrm{d}y\,\mathrm{d}z\,\mathrm{d}t \tag{c}$$

因此，在 dt 时间内经过微元六面体的流体质量总变化为式（a）+式（b）+式（c）：

$$-\left[\frac{\partial(\rho u)}{\partial x}+\frac{\partial(\rho v)}{\partial y}+\frac{\partial(\rho w)}{\partial z}\right]\mathrm{d}x\,\mathrm{d}y\,\mathrm{d}z\,\mathrm{d}t \tag{d}$$

设开始瞬时流体的密度为 ρ，经过 dt 时间后的密度为：

$$\rho(x,y,z,t+\mathrm{d}t)=\rho+\frac{\partial\rho}{\partial t}\mathrm{d}t$$

则可求出在 dt 时间内，六面体内因密度的变化而引起的质量变化为：

$$\left(\rho+\frac{\partial\rho}{\partial t}\mathrm{d}t\right)\mathrm{d}x\,\mathrm{d}y\,\mathrm{d}z-\rho\,\mathrm{d}x\,\mathrm{d}y\,\mathrm{d}z=\frac{\partial\rho}{\partial t}\mathrm{d}x\,\mathrm{d}y\,\mathrm{d}z\,\mathrm{d}t \tag{e}$$

由连续性及质量守恒有式（d）=式（e），得：

$$\frac{\partial\rho}{\partial t}+\frac{\partial(\rho u)}{\partial x}+\frac{\partial(\rho v)}{\partial y}+\frac{\partial(\rho w)}{\partial z}=0 \tag{3-24}$$

式（3-24）为可压缩流体非定常三维流动的连续性方程。

若流体是恒定流动，则：

$$\frac{\partial(\rho u)}{\partial x}+\frac{\partial(\rho v)}{\partial y}+\frac{\partial(\rho w)}{\partial z}=0 \tag{3-25}$$

对于不可压缩三维流体：

$$\frac{\partial u}{\partial x}+\frac{\partial v}{\partial y}+\frac{\partial w}{\partial z}=0 \tag{3-26}$$

3.4.2 一元恒定流连续性方程

利用式（3-25）通过积分就可求得恒定流连续性方程，但过程复杂，这里用较通俗的方法加以得出。在恒定流中任取两个过流断面 1-1 和 2-2，如图 3-13 所示。两断面的面积分别为 A_1 和 A_2，平均流速分别为 v_1 和 v_2，流体的密度分别为 ρ_1 和 ρ_2。

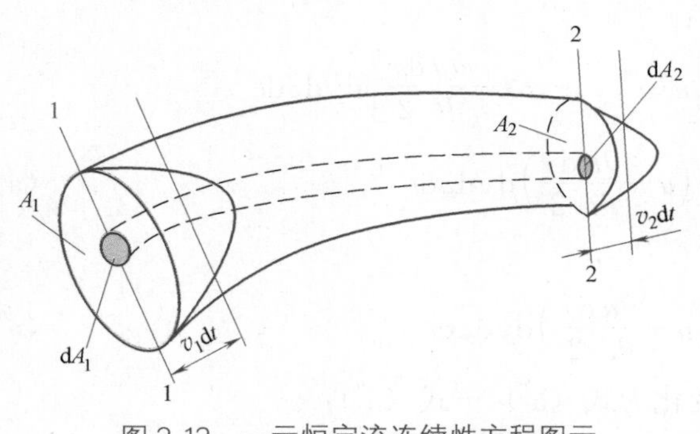

图 3-13 一元恒定流连续性方程图示

由于流体运动是恒定流，两个过流断面之间流管内的流体的质量应保持不变，也就是说在 dt 时间间隔内进入 1-1 断面的流体的质量应与流出 2-2 断面的流体的质量相等，则有：

$$\rho_1 v_1 A_1 \mathrm{d}t=\rho_2 v_2 A_2 \mathrm{d}t \tag{3-27}$$

即：

$$\rho_1 v_1 A_1=\rho_2 v_2 A_2$$

或

$$\rho_1 Q_1=\rho_2 Q_2 \tag{3-28}$$

式（3-28）被称为一元恒定流的连续性方程。

对于不可压缩流体，有 $\rho_1=\rho_2$，因此式（3-28）可以简化为：

$$v_1 A_1=v_2 A_2$$

或

$$Q_1=Q_2 \tag{3-29}$$

3.4.3 流动有分流和合流时的连续性方程

当流动有多个入口或出口，即有分流或合流时，流体的流动仍然遵守质量守恒定律。

对于由 m 个入口和 n 个出口的流体流动问题，连续性方程为：

$$\sum_{i=1}^{m}\rho_i Q_i=\sum_{i=1}^{n}\rho_i Q_i \tag{3-30}$$

对于不可压缩流体，式（3-30）可以简化为：

$$\sum_{i=1}^{m}Q_i=\sum_{i=1}^{n}Q_i \tag{3-31}$$

【例 3-3】 如图 3-14 所示，输水管路中，管道中水的质量流量为 $Q_m=300\text{kg/s}$，大管直径 $d_1=300\text{mm}$，小管直径 $d_2=200\text{mm}$，试求过流断面 1-1 和 2-2 的平均流速。

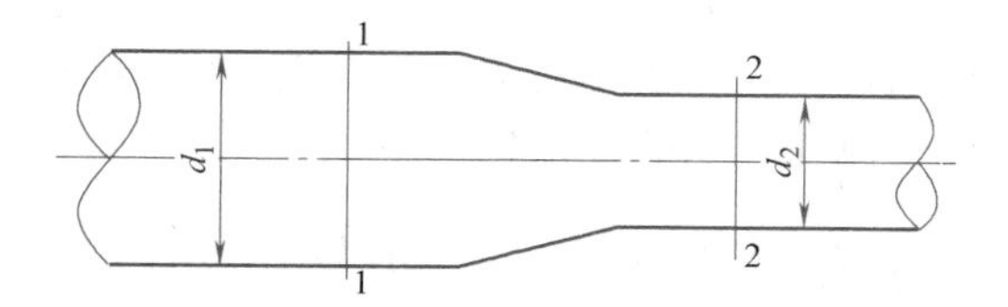

图 3-14 输水管路

【解】 管道内水的体积流量为：

$$Q=\frac{Q_m}{\rho}=\frac{300}{1000}=0.3\text{m}^3/\text{s}$$

1-1 断面的平均流速为：

$$v_1=\frac{Q}{A_1}=\frac{4Q}{\pi d_1^2}=\frac{4\times0.3}{\pi0.3^2}=4.24\text{m/s}$$

2-2 断面的平均流速为：

$$v_2=\frac{Q}{A_2}=\frac{4Q}{\pi d_2^2}=\frac{4\times0.3}{\pi0.2^2}=9.55\text{m/s}$$

答：过流断面 1-1 和 2-2 的平均流速分别为 $v_1=4.24\text{m/s}$ 和 $v_2=9.55\text{m/s}$。

3.5 理想流体运动微分方程

3.5.1 理想流体运动微分方程——欧拉运动微分方程

所谓理想流体就是指黏性为零的流体，显然切应力 $\tau=0$。因此，理想流体运动所受的力再加上惯性力（$m\boldsymbol{a}$）后，其合力亦为零或 $\sum\boldsymbol{F}=m\boldsymbol{a}$。即在第 2 章欧拉平衡微分方程式（2-2）的右边写入单位质量的惯性力（$\boldsymbol{a}$）就可得到理想流体运动微分方程——欧拉运动微分方程：

$$\left.\begin{aligned}f_x-\frac{1}{\rho}\frac{\partial p}{\partial x}=\frac{\mathrm{d}u_x}{\mathrm{d}t}\\ f_y-\frac{1}{\rho}\frac{\partial p}{\partial y}=\frac{\mathrm{d}u_y}{\mathrm{d}t}\\ f_z-\frac{1}{\rho}\frac{\partial p}{\partial z}=\frac{\mathrm{d}u_z}{\mathrm{d}t}\end{aligned}\right\} \tag{3-32}$$

引入式（3-7）表示的流体加速度表达式，式（3-32）可以写成：

$$
\left.\begin{aligned}
f_x-\frac{1}{\rho}\frac{\partial p}{\partial x}&=\frac{\partial u_x}{\partial t}+u_x\frac{\partial u_x}{\partial x}+u_y\frac{\partial u_x}{\partial y}+u_z\frac{\partial u_x}{\partial z}\\
f_y-\frac{1}{\rho}\frac{\partial p}{\partial y}&=\frac{\partial u_y}{\partial t}+u_x\frac{\partial u_y}{\partial x}+u_y\frac{\partial u_y}{\partial y}+u_z\frac{\partial u_y}{\partial z}\\
f_z-\frac{1}{\rho}\frac{\partial p}{\partial z}&=\frac{\partial u_z}{\partial t}+u_x\frac{\partial u_z}{\partial x}+u_y\frac{\partial u_z}{\partial y}+u_z\frac{\partial u_z}{\partial z}
\end{aligned}\right\}\tag{3-33}
$$

式（3-32）和式（3-33）就是理想流体的运动微分方程，是1755年欧拉首先提出的，所以该方程又称为欧拉运动微分方程。该式表明了流体质点运动和作用于它本身上的力之间的相互关系。

实际流体是存在黏性的，以应力表示的黏性流体运动微分方程又称为纳维-斯托克斯方程，形式复杂，一般用于流体力学的理论分析。

3.5.2 理想流体运动微分方程的积分——伯努利方程

理想流体运动微分方程式是非线性偏微分方程组，只有在一定条件下积分成普通方程式，才有实用意义。

在式（3-32）的两边分别乘以对应的 $\mathrm{d}x$、$\mathrm{d}y$、$\mathrm{d}z$，两边相加得：

$$
f_x\mathrm{d}x+f_y\mathrm{d}y+f_z\mathrm{d}z-\frac{1}{\rho}\left(\frac{\partial p}{\partial x}\mathrm{d}x+\frac{\partial p}{\partial y}\mathrm{d}y+\frac{\partial p}{\partial z}\mathrm{d}z\right)=\frac{\mathrm{d}u_x}{\mathrm{d}t}\mathrm{d}x+\frac{\mathrm{d}u_y}{\mathrm{d}t}\mathrm{d}y+\frac{\mathrm{d}u_z}{\mathrm{d}t}\mathrm{d}z \tag{a}
$$

给定积分条件：

（1）流体所受的质量力只有重力，即 $f_x=0$，$f_y=0$，$f_z=-g$，则：

$$
f_x\mathrm{d}x+f_y\mathrm{d}y+f_z\mathrm{d}z=-g\mathrm{d}(z)=-\mathrm{d}(gz) \tag{b}
$$

（2）流体为不可压缩流体恒定流，即 $\rho=c$、$p=p\ (x,\ y,\ z)$，则：

$$
\frac{1}{\rho}\left(\frac{\partial p}{\partial x}\mathrm{d}x+\frac{\partial p}{\partial y}\mathrm{d}y+\frac{\partial p}{\partial z}\mathrm{d}z\right)=\frac{1}{\rho}\mathrm{d}p=\mathrm{d}\left(\frac{p}{\rho}\right) \tag{c}
$$

（3）对于恒定流，流线与迹线重合，所以沿同一流线（即沿迹线）积分有：

$$
\mathrm{d}x=u_x\mathrm{d}t,\mathrm{d}y=u_y\mathrm{d}t,\mathrm{d}z=u_z\mathrm{d}t
$$

则：

$$
\frac{\mathrm{d}u_x}{\mathrm{d}t}\mathrm{d}x+\frac{\mathrm{d}u_y}{\mathrm{d}t}\mathrm{d}y+\frac{\mathrm{d}u_z}{\mathrm{d}t}\mathrm{d}z=\mathrm{d}\left(\frac{u_x{}^2+u_y{}^2+u_z{}^2}{2}\right)=\mathrm{d}\left(\frac{u^2}{2}\right) \tag{d}
$$

将式（b）、式（c）、式（d）代入式（a）得：

$$
\mathrm{d}(gz)+\mathrm{d}\left(\frac{p}{\rho}\right)+\mathrm{d}\left(\frac{u^2}{2}\right)=0
$$

积分得：

$$
z+\frac{p}{\rho g}+\frac{u^2}{2g}=c \tag{3-34}
$$

或

$$
z_1+\frac{p_1}{\rho g}+\frac{u_1^2}{2g}=z_2+\frac{p_2}{\rho g}+\frac{u_2^2}{2g} \tag{3-35}
$$

式（3-34）和式（3-35）即为不可压缩均质理想流体恒定元流的运动方程或能量方程，是瑞典科学家伯努利首先提出的，所以该方程又称为伯努利方程。

3.5.3 伯努利方程的物理意义与几何意义

不可压缩均质理想流体恒定元流的伯努利方程中，每一项都具有各自的物理意义和几何意义。

1. 物理意义

式（3-34）中 z、$\frac{p}{\rho g}$ 及 $z+\frac{p}{\rho g}$ 的物理意义同 2.3.3 节，即分别为单位重量流体所具有的位能、压能和总势能；$\frac{u^2}{2g}$ 是单位重量流体所具有的动能；$z+\frac{p}{\rho g}+\frac{u^2}{2g}$ 是单位重量流体所具有的总机械能。

式（3-34）或式（3-35）物理意义是指不可压缩均质理想流体恒定元流运动过程中，元流（同一流线）上各流体质点所具有的总机械能沿程保持不变，同时表示位能、压能、动能之间可以相互转化，它是能量既守恒又可转化的定理在流体力学中的特殊表现形式。

2. 几何意义

式（3-34）中的几何意义如图 3-15 所示。其中 z、$\frac{p}{\rho g}$ 及 $z+\frac{p}{\rho g}$ 的几何意义同 2.3.3 节，即 z 为某点在基准面上的高度，称为位置水头或位置高度；$\frac{p}{\rho g}$ 是该点在压强作用下沿测压管上升的高度，称为测压管高度或压强水头，也就是用液柱高度 $\left(\frac{p}{\rho g}\right)$ 表示的该点压强；$z+\frac{p}{\rho g}$ 为测压管液面到基准面的高度，称为测压管水头；$\frac{u^2}{2g}$ 是流体垂直向上射流的理论高度，又称为流速水头；$z+\frac{p}{\rho g}+\frac{u^2}{2g}$ 称为总水头。

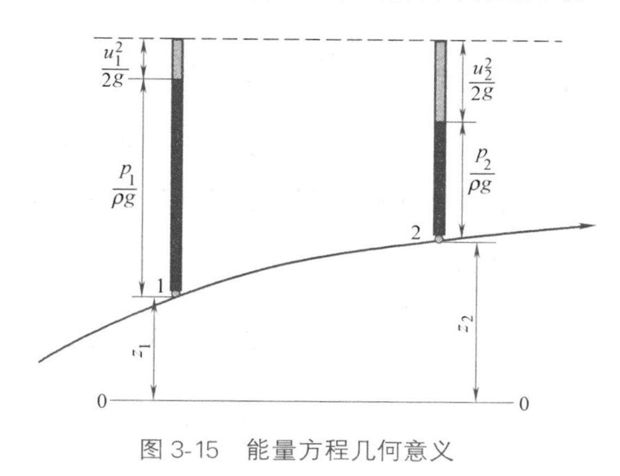

图 3-15　能量方程几何意义

式（3-34）或式（3-35）几何意义表明，不可压缩均质理想流体恒定元流运动过程中，同一流线上沿程各流体质点所具有的总水头相等，总水头线为一水平线，同时表明位置水头、压强水头和流速水头之间可以相互转化。

3.6　实际流体运动的能量方程

3.6.1　实际流体恒定元流的能量方程

实际流体都具有黏性，在流动过程中，流体间及和边界之间必然会产生流动阻力，流体的一部分机械能克服阻力做功并将不可逆的转化为热能而耗散。因此，实际流体的机械能必然会沿程减小，即总水头线沿程下降。

设 h'_w 表示单位重量流体从元流断面 1-1 流至断面 2-2 所损失的机械能，也称为水头损失。根据能量守恒原理，实际流体元流的伯努利方程为式（3-35）右边加上 h'_w 即可：

$$z_1+\frac{p_1}{\rho g}+\frac{u_1^2}{2g}=z_2+\frac{p_2}{\rho g}+\frac{u_2^2}{2g}+h'_w \tag{3-36}$$

3.6.2 实际流体恒定总流的能量方程

1. 渐变流断面上动水压强分布特性

根据渐变流的定义，可以证明渐变流断面上动水压强的分布与静压强的分布规律相同，即在渐变流断面上任意一点处的测压管水头均相等$\left(z+\dfrac{p}{\rho g}=c\right)$。

2. 实际流体恒定总流的能量方程

总流是元流的总和。将构成总流的所有微小元流的能量方程式叠加起来，即为总流的能量方程：

$$\int_Q\left(z_1+\frac{p_1}{\rho g}+\frac{u_1^2}{2g}\right)\rho g\,\mathrm{d}Q=\int_Q\left(z_2+\frac{p_2}{\rho g}+\frac{u_2^2}{2g}+h'_{\mathrm{w}}\right)\rho g\,\mathrm{d}Q$$

或 $$\int_Q(z_1+\frac{p_1}{\rho g})\rho g\,\mathrm{d}Q+\int_Q\frac{u_1^2}{2g}\rho g\,\mathrm{d}Q=\int_Q(z_2+\frac{p_2}{\rho g})\rho g\,\mathrm{d}Q+\int_Q\frac{u_2^2}{2g}\rho g\,\mathrm{d}Q+\int_Q h'_{\mathrm{w}}\rho g\,\mathrm{d}Q \quad \text{(a)}$$

上式中各项按能量性质可分为三种类型，下面分别加以讨论。

1) $\int_Q\left(z+\dfrac{p}{\rho g}\right)\rho g\,\mathrm{d}Q$

当计算断面选在均匀流或渐变流段时，$z+\dfrac{p}{\rho g}=c$，则：

$$\int_Q(z+\frac{p}{\rho g})\rho g\,\mathrm{d}Q=(z+\frac{p}{\rho g})\rho g\int_Q\mathrm{d}Q=(z+\frac{p}{\rho g})\rho gQ \quad \text{(b)}$$

2) $\int_Q\dfrac{u^2}{2g}\rho g\,\mathrm{d}Q$

因 $\mathrm{d}Q=u\,\mathrm{d}A$，所以 $\int_Q\dfrac{u^2}{2g}\rho g\,\mathrm{d}Q=\int_A\dfrac{u^3}{2g}\rho g\,\mathrm{d}A=\dfrac{\rho g}{2g}\int_A u^3\,\mathrm{d}A$ 。

一般来说 u 的函数关系难以确定，所以用断面平均流速 v 来代替，即认为过流断面上各点流速相同，动能相同。如此是有误差的，故引入修正系数 α，即：

$$\alpha=(\frac{\rho g}{2g}\int_A u^3\,\mathrm{d}A)/(\frac{\rho g}{2g}\int_A v^3\,\mathrm{d}A)=\frac{\int_A u^3\,\mathrm{d}A}{v^3A}$$

式中 α——动能修正系数，其值跟断面上流速的分布有关，在圆管紊流中，$\alpha=1.05\sim1.1$；流速分布越均匀，α 越接近于1，在实际工程中，常取 $\alpha=1$。

$$\int_Q\frac{u^2}{2g}\rho g\,\mathrm{d}Q=\frac{\alpha v^2}{2g}\rho gQ \quad \text{(c)}$$

3) $\int_Q h'_{\mathrm{w}}\rho g\,\mathrm{d}Q$

表示单位时间内流体从断面1-1流至断面2-2所损失的能量。为了计算方便，设各单位流体质点损失的平均能量值为 h_{w}，则：

$$\int_Q h'_{\mathrm{w}}\rho g\,\mathrm{d}Q=h_{\mathrm{w}}\rho g\int_Q\mathrm{d}Q=h_{\mathrm{w}}\rho gQ \quad \text{(d)}$$

将三类积分式（b）、式（c）、式（d）带入式（a），同除以 ρgQ，则得：

$$z_1+\frac{p_1}{\rho g}+\frac{v_1^2}{2g}=z_2+\frac{p_2}{\rho g}+\frac{v_2^2}{2g}+h_{\mathrm{w}} \quad \text{(3-37)}$$

该式就是恒定不可压缩实际流体总流的能量方程，也称为伯努利方程。

在引入断面平均流速后，上式表明，同一均匀流或渐变流断面上任意各点的机械能都相等。

实际流体总流能量方程中各项的物理意义和几何意义，除了流速（总流为断面平均流速，元流为质点速度）和能量损失（总流与元流分别为单位重量流体在两断面间的平均值和实际值）有所区别外，其他与元流能量方程相类似。

3. 实际恒定流体总水头线和测压管水头线

1）测速管——毕托管

毕托管是广泛应用于水流和气流流速测定的测速仪器，如图 3-16 所示。图中左侧的为测压管，右侧的为测速管（一根两端开口的 L 形细管，一端管口正对来流方向，另一端垂直向上）。

为了测定过流断面上 A 点的流速 u，在 A 点所在断面处设置测压管，测出该点的压强$\frac{p}{\rho g}$；在距 A 点很近的下游 O 点处设测速管，来流受测速管的阻滞，在 O 点处速度变为零，动能全部转化为压能，测速管中液面升至$\frac{p'}{\rho g}$。测速管液面与测压管液面的差值 Δh 即为流速水头$\frac{u^2}{2g}$。或以过 AO 所在流线的水平面为基准面，对 A、O 两点应用理想流体元流伯努利方程有：

$$\frac{p}{\rho g}+\frac{u^2}{2g}=\frac{p'}{\rho g}+0$$

$$\frac{u^2}{2g}=\frac{p'}{\rho g}-\frac{p}{\rho g}=\Delta h$$

则 A 点的流速为：

$$u=\sqrt{2g\Delta h} \tag{3-38}$$

2）测压管水头线

沿流向各断面上测压管液面的连线称为测压管水头线，如图 3-17 所示。定义测管坡度 J_{p}：

$$J_{\text{p}}=\frac{-\mathrm{d}\left(z+\frac{p}{\rho g}\right)}{\mathrm{d}l} \tag{3-39}$$

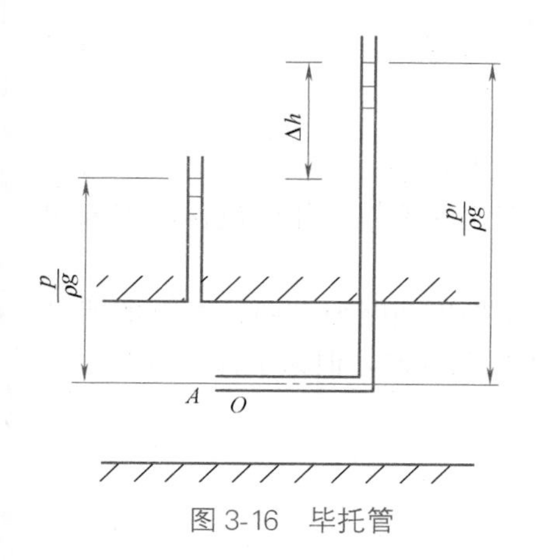

图 3-16 毕托管

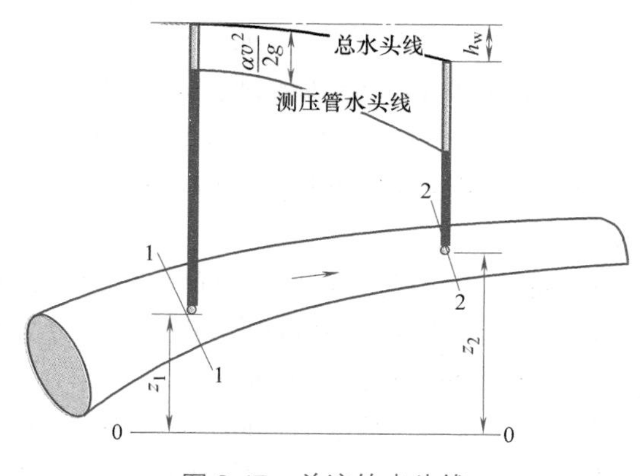

图 3-17 总流的水头线

3）总水头线

沿流向各断面上测速管液面的连线称为测压管水头线，如图 3-17 所示。定义水力坡度 J：

$$J=\frac{\mathrm{d}h_{\mathrm{w}}}{\mathrm{d}l}=\frac{-\mathrm{d}H}{\mathrm{d}l} \tag{3-40}$$

由于三种能量间可互相转换，因此测压管水头线沿流程的趋势视断面位置及断面大小而变化。同样由能量守恒知，总水头线只能是沿流程下降。

4. 实际流体总流能量方程应用条件

1）流体为不可压缩均质流体。

2）流体运动是恒定流动。

3）作用于流体上的质量力只有重力。

4）计算选取的两个过流断面为均匀流断面或渐变流断面，两断面之间，水流可以不是渐变流。

5）在所取的两个过水断面之间，流量保持不变，其间没有流量加入或分出。若有分支，则应分别建立能量方程式，例如图 3-18 有支流的情况下，能量方程为：

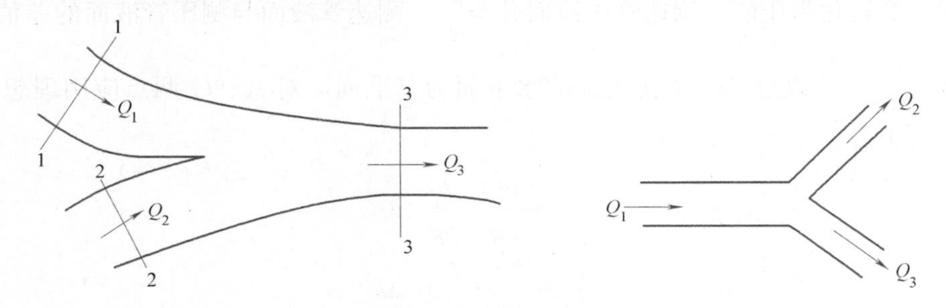

图 3-18　管路有支流

$$z_1+\frac{p_1}{\rho g}+\frac{\alpha_1 v_1^2}{2g}=z_3+\frac{p_3}{\rho g}+\frac{\alpha_3 v_3^2}{2g}+h_{\mathrm{w1\text{-}3}} \tag{3-41}$$

$$z_2+\frac{p_2}{\rho g}+\frac{\alpha_2 v_2^2}{2g}=z_3+\frac{p_3}{\rho g}+\frac{\alpha_3 v_3^2}{2g}+h_{\mathrm{w2\text{-}3}} \tag{3-42}$$

6）计算选取的两个过流断面之间没有能量的输入或输出；若有，则能量方程式应为：

$$z_1+\frac{p_1}{\rho g}+\frac{\alpha_1 v_1^2}{2g}\pm H_{\mathrm{t}}=z_2+\frac{p_2}{\rho g}+\frac{\alpha_2 v_2^2}{2g}+h_{\mathrm{w}} \tag{3-43}$$

5. 实际流体恒定总流能量方程应用事项

1）选取高程基准面。习惯上使 z_1 和 z_2 为正值，或使其中之一为零。

2）选取两计算过流断面。所选断面上水流应符合渐变流的条件，并应包含所求未知数和已知数。

3）选取计算点。两计算断面间连能量方程，实际上就是连两断面上两计算点的能量方程，由于计算断面上各点能量相同，故计算点理论上可任意选定，但为了计算方便，一般选在管轴线处或自由水面处。

4）压强为同一基准值，同是绝对压强或相对压强。

5）动能修正系数一般取值为 1.0，除有特殊说明。

【例 3-4】 如图 3-19 所示，一等直径的输水管，管径为 $d=100\text{mm}$，水箱水位恒定，水箱水面至管道出口形心点的高度为 $H=2\text{m}$，若不计水流运动的水头损失，求管道中的输水流量。

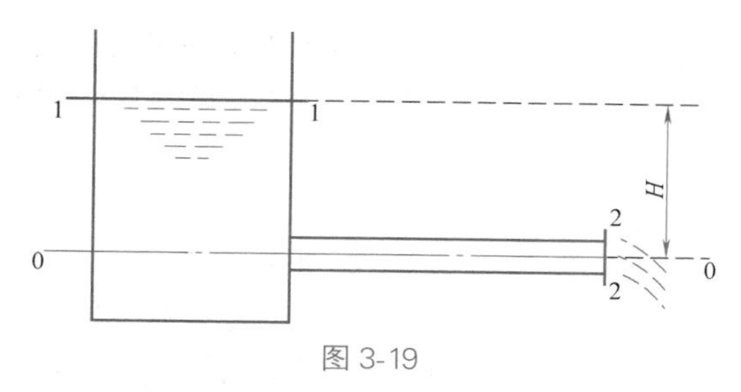

图 3-19

【解】 取管轴所在 0-0 为基准面，对 1-1、2-2 断面列能量方程：

$$H+0+\frac{v_1^2}{2g}=0+0+\frac{v_2^2}{2g}+0$$

其中 $\frac{v_1^2}{2g}\approx 0$，所以有 $\frac{v_2^2}{2g}=H$，即 $v_2=\sqrt{2gH}=\sqrt{2\times 9.81\times 2}=6.26\text{m/s}$。

故：$Q=\frac{\pi d^2}{4}v_2=\frac{3.14\times 0.1^2}{4}\times 6.26=0.049\text{m}^3/\text{s}$。

答：该输水管中的输水流量为 $Q=0.049\text{m}^3/\text{s}$。

【例 3-5】 如图 3-20 所示，能量方程在文丘里流量计中的应用，求流量表达式。

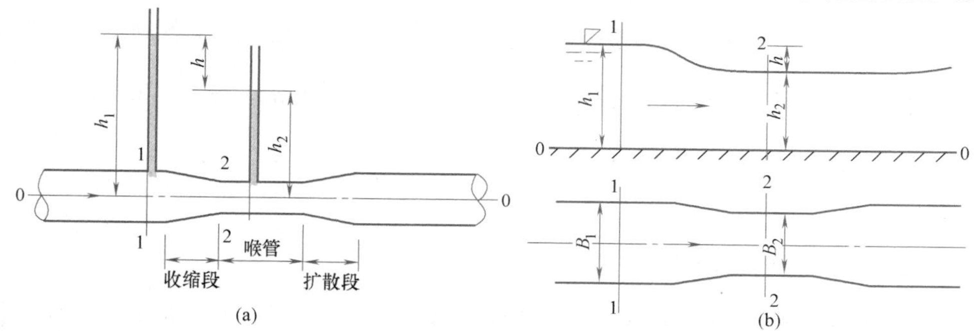

图 3-20 文丘里流量计

(a) 文丘里管；(b) 文丘里量水槽

【解】 取管轴（或槽底）所在平面 0-0 为基准面，列 1-1 与 2-2 断面能量方程：

$$h_1+\frac{v_1^2}{2g}=h_2+\frac{v_2^2}{2g}+0$$

即：

$$h_1-h_2=h=\frac{v_2^2-v_1^2}{2g}$$

由连续性方程可知：$\frac{v_1}{v_2}=\frac{A_2}{A_1}=\frac{d_2^2}{d_1^2}$，得：$v_2=v_1\left(\frac{d_1}{d_2}\right)^2$。

$$Q=A_1v_1=\frac{\pi d_1^2}{4}\sqrt{\frac{2gh}{\left(\frac{d_1}{d_2}\right)^4-1}}=K\sqrt{h}$$

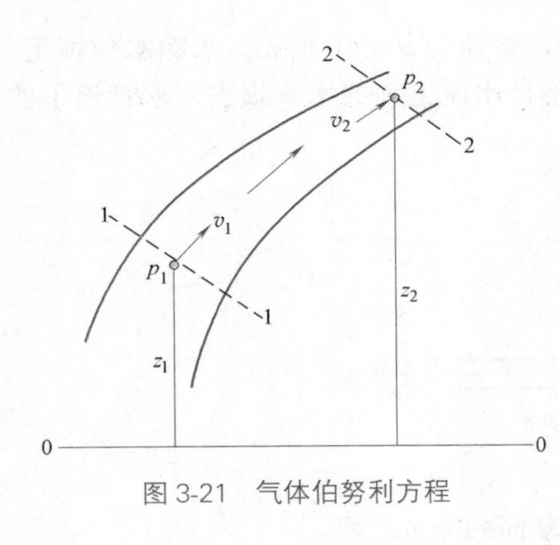

图 3-21 气体伯努利方程

其中，$K=\frac{\pi d_1^2}{4}\sqrt{\frac{2g}{\left(\frac{d_1}{d_2}\right)^4-1}}$ 称为文丘里计系数。

实际流体有水头损失，流量要比上式小，需乘一个 $\mu<1$ 的流量系数，故文丘里流量计的流量公式为：

$$Q=\mu K\sqrt{h}$$

6. 恒定气流的能量方程

前述能量方程，同样适用于流速小于 68m/s（不可压缩）的气体流动，如图 3-21 所示，但由于流动气体的压强较小，一般用如下形式：

$$\rho g z_1+p_1'+\frac{\rho v_1^2}{2}=\rho g z_2+p_2'+\frac{\rho v_2^2}{2}+p_{l1\text{-}2} \tag{3-44}$$

式中 p'——为绝对压强，$p_1'=p_a+p_1$，$p_2'=p_a-\rho_a g(z_2-z_1)+p_2$；

ρ——流场气体的密度；

ρ_a——流场外空气的密度。

故：

$$p_1+\frac{\rho v_1^2}{2}+g(\rho_a-\rho)(z_2-z_1)=p_2+\frac{\rho v_2{}^2}{2}+p_{l1\text{-}2} \tag{3-45}$$

式（3-45）是以相对压强表示的不可压缩气体的伯努利方程。式中各项的意义类似于总流伯努利方程式（3-37）中的对应项。在专业中，习惯上称 p_1、p_2 为静压，$\frac{\rho v_1^2}{2}$、$\frac{\rho v_2^2}{2}$ 为动压，$g(\rho_a-\rho)(z_2-z_1)$ 为位压。

3.7 恒定流总流动量方程

在许多实际工程问题中，可以不必考虑流体内部的详细流动过程，而只需求解流体边界上流体与固体的相互作用，这时常常应用动量定理直接求解显得十分方便。例如求弯管中流动的流体对弯管的作用力，以及计算射流冲击力等。由于不需要了解流体内部的流动形式，所以不论对理想流体还是实际流体，可压缩流体还是不可压缩流体，动量定理都能适用。

3.7.1 动量方程建立的依据

动量定律：
$$\sum \boldsymbol{F}\mathrm{d}t=\mathrm{d}(m\boldsymbol{v})\text{或}\sum \boldsymbol{F}=m\boldsymbol{a}=\frac{m(\boldsymbol{v}_2-\boldsymbol{v}_1)}{\mathrm{d}t} \tag{3-46}$$

即：单位时间内，物体动量的增量等于物体所受的合外力。

3.7.2 恒定一元流元流的动量方程

如图 3-22 所示，在 t 时刻控制体为 1-1 与 2-2 两断面间所包围的流体，经 dt 后运动到

1′-1′与2′-2′位置。在dt时间内1′-1′与2-2两断面间所包围的流体动量未发生变化，变化值是2-2及2′-2′两断面间所包围的流体动量与1-1及1′-1′两断面间所包围的流体动量的差值。

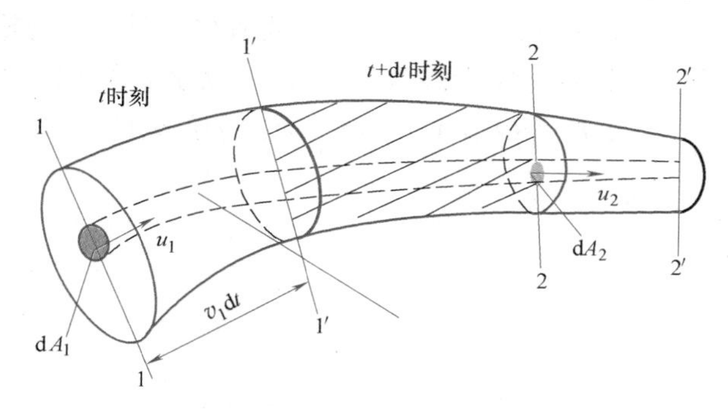

图3-22　元流、总流动量方程

取面积为dA的元流，则由动量定律（3-46）有：

$$d\boldsymbol{F}\cdot dt=dm\boldsymbol{u}_2-dm\boldsymbol{u}_1=\rho dQdt(\boldsymbol{u}_2-\boldsymbol{u}_1)$$

或

$$d\boldsymbol{F}=\rho dQdt(\boldsymbol{u}_2-\boldsymbol{u}_1) \tag{3-47}$$

式中　$d\boldsymbol{F}$——作用在元流1-1与2-2两断面间所包围流体上的合外力；

$\boldsymbol{u}$——元流断面的流速；

dQ——元流的流量；

dm——1-1与1′-1′及2-2与2′-2′断面间所包围流体的质量；对于恒定不可压缩流体，由质量守恒知$dm=\rho dQdt$。

3.7.3　恒定一元流总流的动量方程

总流是元流的总和（图3-22）。将构成总流的所有微小元流的动量方程式叠加起来，即为总流的动量方程。按平行矢量和法则，过流断面应为均匀流或渐变流断面，各点的速度平行，则对断面A可直接积分：

$$\sum\boldsymbol{F}=\int_A d\boldsymbol{F}=\int_A\rho dQ(\boldsymbol{u}_2-\boldsymbol{u}_1)=\int_{A_2}\rho u_2dA_2\boldsymbol{u}_2-\int_{A_1}\rho u_1dA_1\boldsymbol{u}_1$$

$$=\rho[\beta_2v_2A_2\boldsymbol{v}_2-\beta_1v_1A_1\boldsymbol{v}_1]$$

或

$$\sum\boldsymbol{F}=\rho Q(\beta_2\boldsymbol{v}_2-\beta_1\boldsymbol{v}_1) \tag{3-48}$$

式（3-48）即为恒定一元流总流动量的矢量表达方程。为了方便于工程应用，一般用动量方程的投影方程式：

$$\left.\begin{aligned}\sum F_x=\rho Q(\beta_2v_{2x}-\beta_1v_{1x})\\ \sum F_y=\rho Q(\beta_2v_{2y}-\beta_1v_{1y})\\ \sum F_z=\rho Q(\beta_2v_{2z}-\beta_1v_{1z})\end{aligned}\right\} \tag{3-49}$$

式中　$\sum\boldsymbol{F}$——作用在总流1-1与2-2两断面间所包围流体上的合外力；

β——因断面平均流速代替实际流速所引起的误差修正系数，称为动量修正系数，其值跟断面上流速的分布有关，一般β=1.02～1.05；流速分布越均匀，β越接近于1，在实际工程中，常取β=1。

3.7.4 恒定一元流总流动量方程应用条件

由推导过程知，式（3-48）适用于恒定不可压缩液体、计算过流断面为均匀流或渐变流、无支流的汇入与分出。如有分叉管路（图 3-23），动量方程式应为：

$$\sum \boldsymbol{F}=\rho Q_2\beta_2\boldsymbol{v}_2+\rho Q_3\beta_3\boldsymbol{v}_3-\rho Q_1\beta_1\boldsymbol{v}_1 \tag{3-50}$$

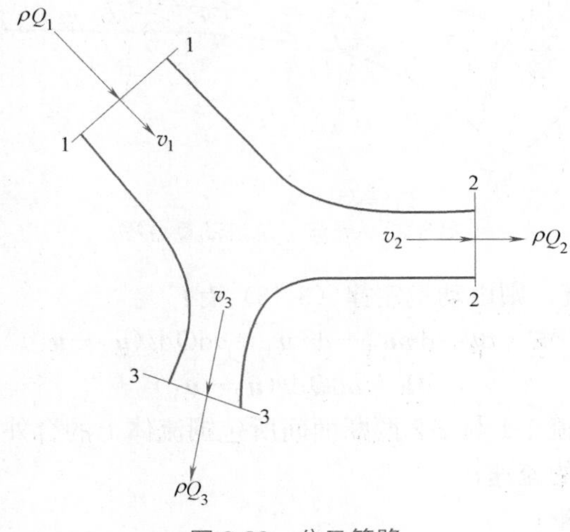

图 3-23 分叉管路

3.7.5 恒定一元流总流动量方程应用事项

（1）正确选择控制面，完整地分析并表达出控制体（相对于坐标系固定不变的空间体积）上的外力（包括计算断面上的动水压力）、流速及方向。

（2）注意各分量的方向和投影的正负等，如投影方向与坐标轴方向一致为正，与坐标轴方向相反则为负。

（3）合理建立使计算简化的坐标系方位。

【例 3-6】 如图 3-24（a）所示，管轴竖直放置，求弯管内水流对管壁的作用力。

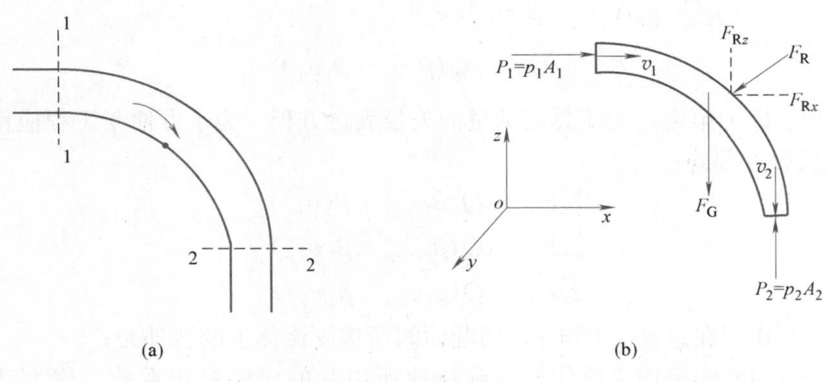

图 3-24 竖直弯管

【解】 以 1-1-2-2-1 为控制体，所受外力及流速如图 3-24（b）所示，建立图示坐标系，则弯管对水流作用力 F_R 在 x 和 z 方向的分量分别为 F_{Rx} 和 F_{Rz}。

列 x 方向的动量方程有：$p_1A_1-F_{Rx}=\rho Q(0-\beta_1 v_1)$

得：
$$F_{Rx}=p_1A_1+\beta_1\rho Q v_1$$

列 z 方向的动量方程有：$p_2A_2-F_G-F_{Rz}=\rho Q(-\beta_2 v_2-0)$

得：
$$F_{Rz}=p_2A_2-F_G+\beta_2\rho Q v_2$$

弯管内水流对管壁的作用力：$F'_R=\sqrt{F_{Rx}{}^2+F_{Rz}{}^2}$，方向与 F_R 相反。

注意：在建立 z 方向的动量方程时，因为弯管竖直放置，所以计算时必须考虑重力的作用。

【例 3-7】 如图 3-25（a）所示，已知矩形平板闸下出流，闸门宽 $b=6$m，上游水位高度 $H=5$m，下游水位高度 $h_c=1$m，不计水头损失，求水流对闸门推力 F_P。

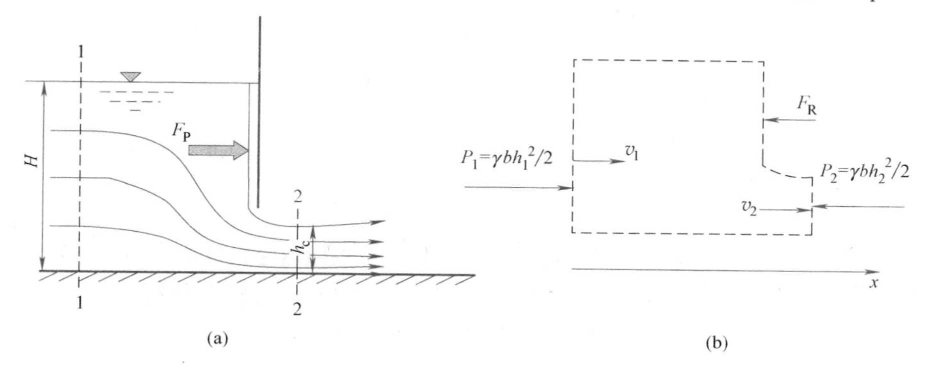

图 3-25　闸下出流

【解】 列 1-1 与 2-2 两断面连续性方程和能量方程有：

$$\begin{cases}Hbv_1=h_c bv_2\\ H+\dfrac{v_1{}^2}{2g}=h_c+\dfrac{v_2{}^2}{2g}\end{cases}$$

即：
$$\begin{cases}5v_1=v_2\\ 5+\dfrac{v_1{}^2}{2\times9.81}=1+\dfrac{v_2{}^2}{2\times9.81}\end{cases}$$

解得：$v_1=1.81$m/s，$v_2=9.05$m/s，$Q=Hbv_1=5\times6\times1.81=54.3\text{m}^3/\text{s}$。

以 1-1-2-2-1 为控制体，所受外力及流速如图 3-25（b）所示，建立图示坐标系，设闸门对水流作用力为 F_R，则 x 方向的动量方程为：

$$P_1-F_R-P_2=\rho Q(v_2-v_1)$$

$$F_R=P_1-P_2-\rho Q(v_2-v_1)=\frac{1}{2}\rho gH^2b-\frac{1}{2}\rho gh_c^2b-\rho Q(v_2-v_1)$$

$$=\frac{1}{2}\times10^3\times9.81\times6\times(5^2-1^2)-10^3\times54.3\times(9.05-1.81)$$

$$=313.19\text{kN}$$

则水流对闸门的作用力 $F_p=-F_R=-313.19$kN，方向指向右。

【例 3-8】 设有一股自喷嘴以速度 v_0 喷射出来的水流，冲击在一个与水流方向成 α 角的固定平面壁上，当水流冲击到平面壁后，分成两股水流流出冲击区，若不计重量（流动在一个水平面上），并忽略水流沿平面壁流动时的摩擦阻力，试推求射流施加于平面壁上的压力 F，并求出 Q_1 和 Q_2 各为多少？

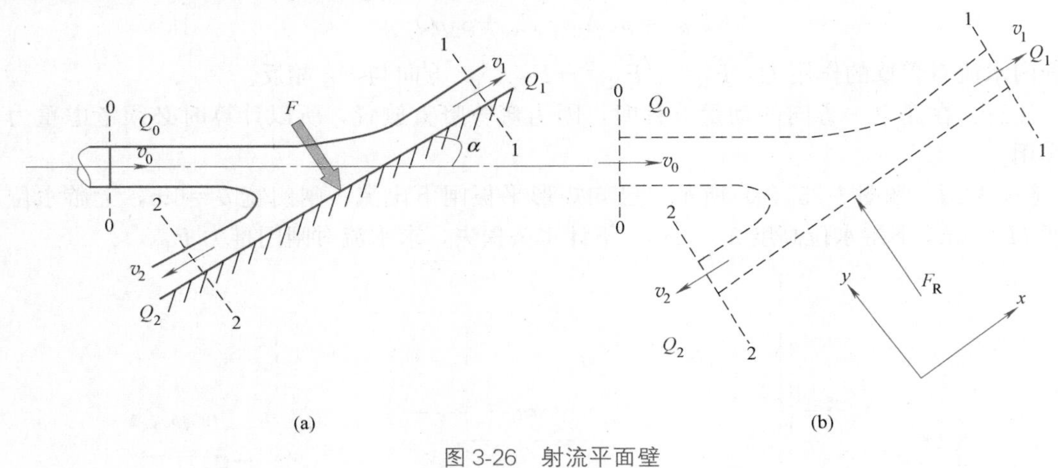

图 3-26 射流平面壁

【解】 取 0-0-1-1-2-2-0 为控制体，所受外力及流速如图 3-26（b）所示，建立图示坐标系，设平面壁对水流作用力为 F_R，分别建立 x 和 y 方向的动量方程有：

$$\begin{cases} 0=\rho Q_1 v_1-\rho Q_2 v_2-\rho Q v_0 \cos\alpha \\ F_R=0-\rho Q(-v_0 \sin\alpha) \end{cases}$$

对 0-0、1-1 断面列能量方程为有：$0+0+\dfrac{v_0^2}{2g}=0+0+\dfrac{v_1^2}{2g}+0$。

可得：$v_0=v_1$，同理：$v_0=v_2$。

依据连续性方程有：$Q=Q_1+Q_2$。

则有：

$$\begin{cases} Q\cos\alpha=Q_1-Q_2 \\ F_R=\rho Q v_0 \sin\alpha \end{cases}$$

解得：$Q_1=\dfrac{1+\cos\alpha}{2}Q$，$Q_2=\dfrac{1-\cos\alpha}{2}Q$，$F=F_R=\rho Q v_0 \sin\alpha$。

3.8 恒定平面势流的流速势函数、流函数和流网

流速势是流体力学中同无旋运动相联系的一个标量函数，即无旋流为有势流动。实际工程如地下水的流动（渗流）、边界层外的流体运动、流经闸孔的水流等常视为有势流，并用势流理论来简化处理。本节简要介绍平面势流理论的几个相关基本概念。

3.8.1 流速势函数

由式（3-11）可知，平面（设 $u_z=0$）无旋流的条件为：

$$\frac{\partial u_y}{\partial x}=\frac{\partial u_x}{\partial y} \tag{3-51}$$

上式是 $u_x\mathrm{d}x+u_y\mathrm{d}y$ 成为某一函数 $\varphi(x,y)$ 的全微分的必要和充分条件，函数 $\varphi(x,y)$ 称为流速势函数（简称流速势），也即存在：

$$u_x\mathrm{d}x+u_y\mathrm{d}y=\mathrm{d}\varphi=\frac{\partial\varphi}{\partial x}\mathrm{d}x+\frac{\partial\varphi}{\partial y}\mathrm{d}y \tag{3-52}$$

或

$$u_x=\frac{\partial\varphi}{\partial x},\quad u_y=\frac{\partial\varphi}{\partial y} \tag{3-53}$$

由连续性微分方程式（3-26）得平面流的连续性方程：

$$\frac{\partial u_x}{\partial y}+\frac{\partial u_y}{\partial x}=0 \tag{3-54}$$

将式（3-53）代入式（3-54）得：

$$\frac{\partial^2\varphi}{\partial x^2}+\frac{\partial^2\varphi}{\partial y^2}=\nabla^2\varphi=\Delta\varphi=0 \tag{3-55}$$

式（3-55）称为拉普拉斯方程，Δ(或∇^2)$=\frac{\partial^2}{\partial x^2}+\frac{\partial^2}{\partial y^2}$称为拉普拉斯算子（符）。满足拉普拉斯方程的函数称为调和函数，所以流速势函数是调和函数，流速势函数具有调和函数的一切性质。

3.8.2 流函数

由式（3-16）知，二元平面流的流线方程为：

$$\frac{\mathrm{d}x}{u_x}=\frac{\mathrm{d}y}{u_y} \tag{3-56}$$

或

$$u_x\mathrm{d}y-u_y\mathrm{d}x=0 \tag{3-57}$$

根据曲线积分定理，连续性微分方程式（3-54）是 $u_x\mathrm{d}y-u_y\mathrm{d}x$ 能成为某一函数 $\psi(x,y)$ 的全微分的必要和充分条件，函数 $\psi(x,y)$ 称为流函数，也即存在：

$$\mathrm{d}\psi=u_x\mathrm{d}y-u_y\mathrm{d}x \tag{3-58}$$

或

$$u_x=\frac{\partial\psi}{\partial y},\quad u_y=-\frac{\partial\psi}{\partial x} \tag{3-59}$$

由流函数的引出条件可知，凡是不可压缩流体的平面流动，连续性微分方程成立，不论无旋流动或有旋流动，都存在流函数，而只有无旋流动才有流速势函数，所以流函数要比流速势函数更具有普遍性。

流函数的主要性质：

（1）等值流函数线为流线。将流线方程式（3-56）代入式（3-58）得：

$$\mathrm{d}\psi=u_x\mathrm{d}y-u_y\mathrm{d}x=0,\quad \psi=c$$

（2）任意两条流线之间通过的单宽流量等于该两条流线上流函数的差值。

（3）平面无旋流动，流函数是调和函数。将式（3-59）代入式（3-54）得：

$$\frac{\partial^2\psi}{\partial x^2}+\frac{\partial^2\psi}{\partial y^2}=\nabla^2\psi=\Delta\psi=0$$

即满足拉普拉斯方程，所以流函数也是调和函数，与流速势函数是共轭调和函数。

（4）平面无旋流动的等势线与等流函数线（流线）正交。对于平面无旋流，同时存在流速势和流函数，两者的等值函数线方程分别为：

$$d\varphi = u_x dx + u_y dy = 0$$
$$d\psi = u_x dy - u_y dx = 0$$

在同一交叉点处两条线的斜率分别为：

$$m_1 = \frac{dy}{dx} = \frac{u_y}{u_x}, \quad m_2 = \frac{dy}{dx} = -\frac{u_x}{u_y}$$

$$m_1 m_2 = \frac{u_y}{u_x}\left(-\frac{u_x}{u_y}\right) = -1$$

说明流函数线（流线）与等势线正交。因流线与过流断面正交，故等势线也就是过流断面线。

3.8.3 势流叠加概念

势流的一个重要特性是可叠加性。由于描述平面无旋流动的拉普拉斯方程是线性方程，几个平面无旋流动的流速势和流函数相叠加得到新的流速势和流函数，仍然满足拉普拉斯方程，因此叠加后得到新的平面无旋流动，新无旋流动的速度是原无旋流动速度的矢量和。即：

$$\varphi = \varphi_1 + \varphi_2 + \varphi_3 + \cdots\cdots \tag{3-60}$$

$$\psi = \psi_1 + \psi_2 + \psi_3 + \cdots\cdots \tag{3-61}$$

$$\boldsymbol{u} = \boldsymbol{u}_1 + \boldsymbol{u}_2 + \boldsymbol{u}_3 + \cdots\cdots \tag{3-62}$$

3.8.4 流网

在恒定平面势流中，存在等势线和流线两族曲线，两者构成的正交网络称为流网。图 3-27 是几种简单的平面势流流网图。

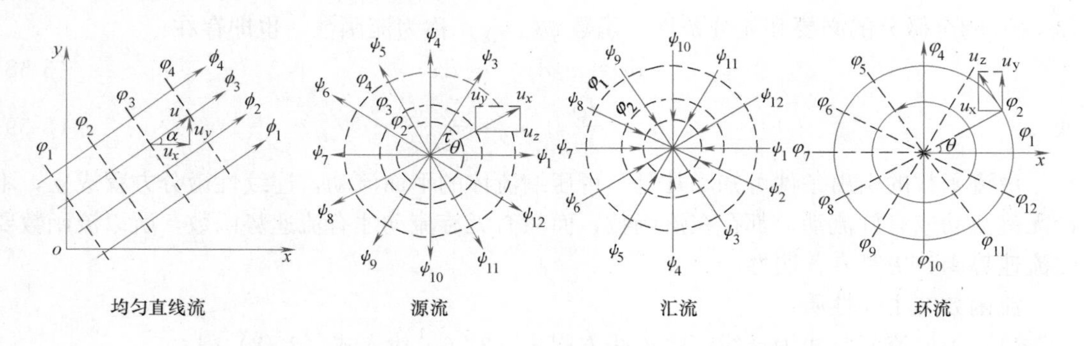

图 3-27 几种简单的平面势流

【例 3-9】 已知不可压缩流体的流场为：$u_x = x^2 - y^2$，$u_y = -2xy$，$u_z = 0$。试问该流场是否满足连续性方程？是否为平面无旋流动？求流速势函数和流函数。

【解】 $\frac{\partial u_x}{\partial x} + \frac{\partial u_y}{\partial y} + \frac{\partial u_z}{\partial z} = 2x - 2x = 0$，满足连续性方程；

$\omega_z = \frac{\partial u_x}{\partial y} - \frac{\partial u_y}{\partial x} = -2y - (-2y) = 0$，运动要素与 z 无关，流动为平面无旋流动；

$$d\varphi=u_x dx+u_y dy=(x^2-y^2)dx-2xydy=x^2dx-(y^2dx-2xydy)$$

$$\varphi=\int(x^2dx-(y^2dx-2xydy))=\int\left(d\left(\frac{1}{3}x^3\right)-d(xy^2)\right)=\frac{1}{3}x^3-xy^2+c_1$$

$$d\psi=u_x dy-u_y dx=(x^2-y^2)dy+2xydx=(x^2dy+2xydx-y^2dy)$$

$$\psi=\int(x^2dy+2xydx-y^2dy)=\int\left(d(xy^2)-d\left(\frac{1}{3}y^3\right)\right)=x^2y-\frac{1}{3}y^3+c_2$$

本章小结

描述物体运动的方法有拉格朗日法和欧拉法两种，应用流体运动的描述一般采用欧拉法。

流体微团的运动过程可分解为移动、变形运动（包括线变形和角变形）和旋转运动；流体运动的加速度是由位移加速度和当地加速度两部分所组成。

运动要素与时间无关的流动为恒定流，恒定流中流线与迹线重合；流线为相互平行的流动为均匀流，近似平行的为渐变流；在引入断面平均流速后，均匀流或渐变流断面上各点能量相同，三元流被简化为一元流；元流的极限是流线，总流是元流之和。

连续性方程、能量方程和动量方程是流体力学的三大基本方程，是质量守恒定律、能量守恒定律及其相互转换以及动量守恒定律在流体运动中的体现形式，要理解方程中各项的物理意义以及能量方程中各项的几何意义。三大方程联合求解，可以解决工程流体力学中的基本问题。应用时要注意三大方程的适用条件和注意事项。

要掌握测压管水头线与总水头线间的关系、沿流程变化趋势及绘制。

了解平面势流的几个基本概念。

思考与练习题

3-1 流体质点便于跟踪观察吗？

3-2 流体质点运动过程有几种形式？

3-3 加速度与位置变化有无关联？

3-4 流线可以是折线吗？什么情况下流线就是迹线？

3-5 为了便于讨论和简化分析流体流动过程，欧拉法引入了哪些概念？

3-6 什么概念使得均匀流及渐变流断面上各点总机械能相等？

3-7 三大方程是否只适用于不可压缩流体的运动？各自有哪些适用条件？

3-8 连续性方程是否只与流体质量有关而与力无关？

3-9 两个没有能量交换的流体质点间是否存在伯努利方程关系？

3-10 在讨论动量方程时，控制体上的合外力包不包括控制体本身的重力？

3-11 实际流体的总水头线为什么沿程是下降的？测压管水头线又如何？

3-12 已知二维流动，$u_x=x+t$，$u_y=-y+t$，试求 $t=1$ 时流体质点在（-1，-1）处的加速度。

3-13 已知二维流动，$u_x=Kx$，$u_y=-Ky$，式中 K 为常数，$K\neq0$，试求该流场

的加速度。

3-14　已知流场中的速度分布为 $u_x = yz + t$、$u_y = xz - t$、$u_z = xy$，判断该流动是否为恒定流，并求出流体质点在通过流场中点（1，1，1）时的加速度。

3-15　已知平面流场内的速度分布为：$u_x = x^2 + xy$，$u_y = 2xy^2 + 5y$。求在点（1，−1）处流体微团的线变形速度、角变形速度和旋转角速度。

3-16　已知流体流动的流速场为：$u_x = \frac{cx}{x^2 + y^2}$，$u_y = \frac{cy}{x^2 + y^2}$，$u_z = 0$。试判断该流动是无旋流动还是有旋流动。

3-17　已知二维流动，$u_x = 2x + t^2$，$u_y = -2y + t^2$，试求 $t = 1$ 时通过点（1，1）的流线方程。

3-18　已知二维恒定流动，$u_x = \frac{K}{x}$，$u_y = -\frac{K}{y}$，式中 K 为常数，$K \neq 0$，试求点（3，3）的流线方程。

3-19　直径 d 为 100mm 的输水管中有一变截面管段，如图 3-28 所示，其最小截面的直径 d_0 为 50mm，若测得管中流量 $Q = 10\text{L/s}$，试求输水管的断面平均流速 v 和最小截面处的平均流速 v_0。

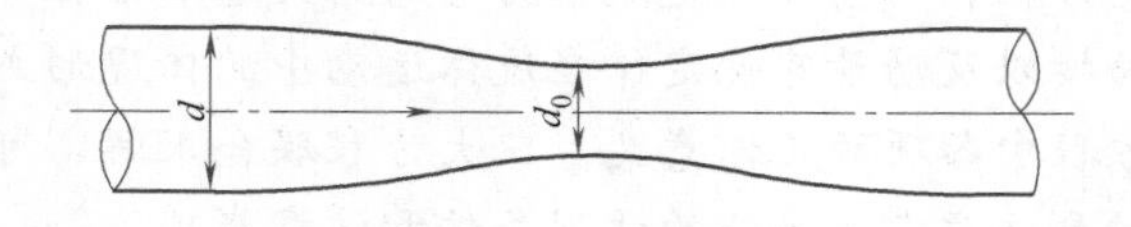

图 3-28　题 3-19 图

3-20　送风管的断面为 50cm×50cm，通过 a、b、c、d 四个送风口向室内送风，如图 3-29 所示。已知送风口断面均为 40cm×40cm，气体平均速度均为 5m/s，试求通过送风管过流断面 1-1、2-2 的流量和流速。

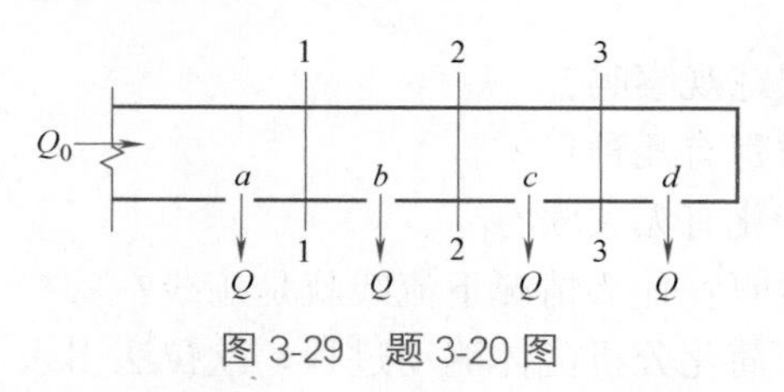

图 3-29　题 3-20 图

3-21　有一过流断面为矩形的人工渠道，其宽度 B 为 1m，如图 3-30 所示。已知断面

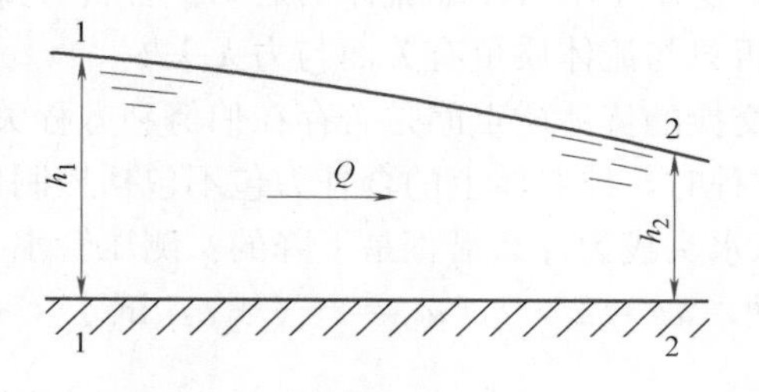

图 3-30　题 3-21 图

1-1 和 2-2 处的水深 h_1、h_2 分别为 0.4m 和 0.2m，若断面 2-2 的平均流速为 5m/s，试求通过断面 1-1 的平均流速 v_1 和流量。

3-22　输水管通过三通形成分叉流，如图 3-31 所示。已知管径 $d_0=d_1=200\text{mm}$，$d_2=100\text{mm}$，若断面平均流速 $v_0=3\text{m/s}$，$v_1=2\text{m/s}$，试求分叉支管流速 v_2 和流量 Q_2。

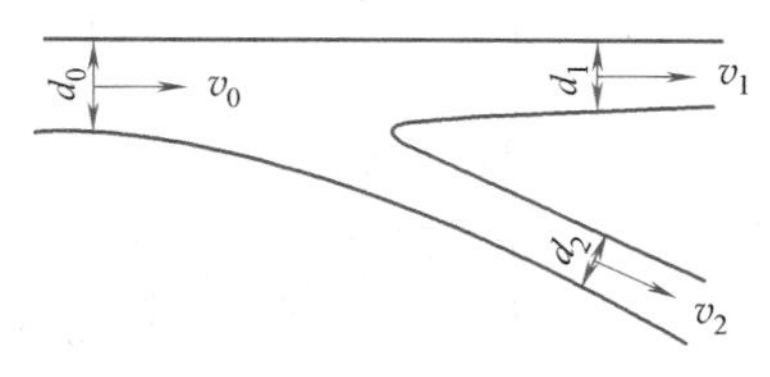

图 3-31　题 3-22 图

3-23　正三角形断面管道（边长为 a），试求其水力半径 R。

3-24　正方形形断面管道（边长为 a），试求其水力半径 R。

3-25　不可压缩流体的速度分量为：$u_x=x^2-y^2$，$u_y=-2xy$，$u_z=0$。试确定该流动是否满足连续性方程，是否为无旋流动。

3-26　试判断对于空间不可压缩液体，流场为 $u_x=x^2+xy-y^2$、$u_y=x^2+y^2$、$u_z=0$ 的流动是否连续。

3-27　设有一管路如图 3-32 所示，已知 A 点处的管径 $d_A=0.2\text{m}$，压强 $p_A=70\text{kPa}$；B 点处的管径 $d_B=0.4\text{m}$，压强 $p_B=40\text{kPa}$，流速 $v_B=1\text{m/s}$；A、B 两点间的高程差 $\Delta z=1$ m。试判别 A、B 两点间的水流方向，并求出其间的能量损失 h_w。

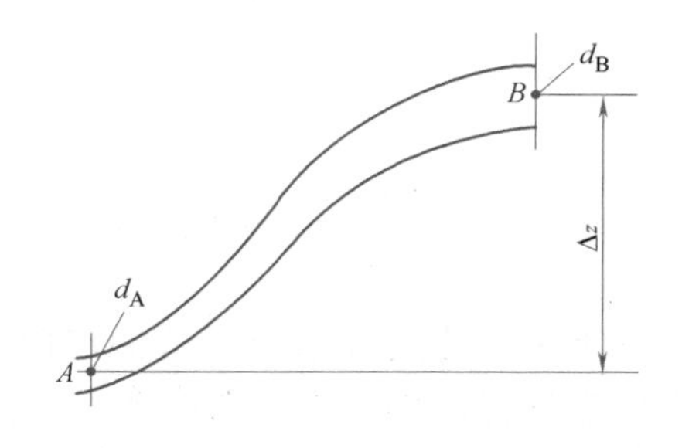

图 3-32　题 3-27 图

3-28　如图 3-33 所示，油管的直径 $d=8\text{mm}$，通过流量 $Q=77\text{cm}^3/\text{s}$，在长度 $l=2\text{m}$ 的管段两端，水银压差计读值 $h_p=9.6\text{cm}$，油的密度 $\rho=0.9\times10^3\text{kg/m}^3$，水银的密度 $\rho_p=13.6\times10^3\text{kg/m}^3$，求断面平均流速和沿程损失。

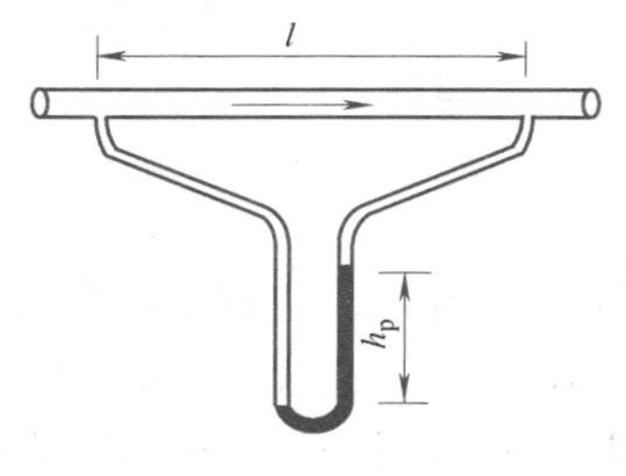

图 3-33　题 3-28 图

3-29 如图 3-34 所示，水从水箱经管路流出，管路上设阀门，已知 $L=6\text{m}$、$\alpha=30°$、$H=5\text{m}$，B 点位于出口断面形心点。假设不考虑能量损失，以 O-O 面为基准面，试问：阀门打开时，A、B 的位置水头、压强水头、测压管水头及总水头各是多少？

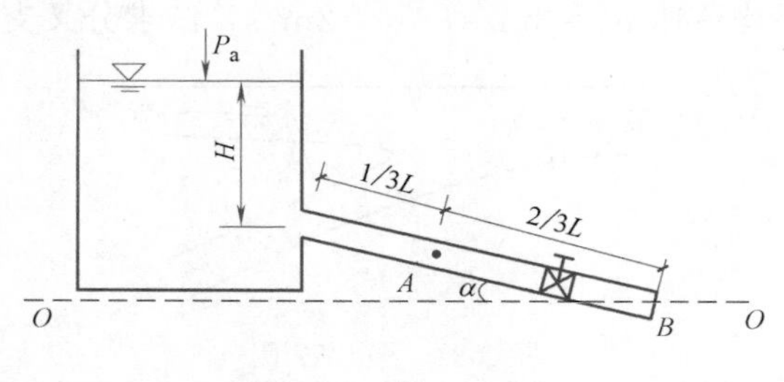

图 3-34 题 3-29 图

3-30 水流由水塔经铅垂圆管喷流入大气，如图 3-35 所示。已知 $H=7\text{m}$，$d_1=100\text{mm}$，出口喷嘴直径 $d_2=60\text{mm}$，不计能量损失，试求管内流量 Q。

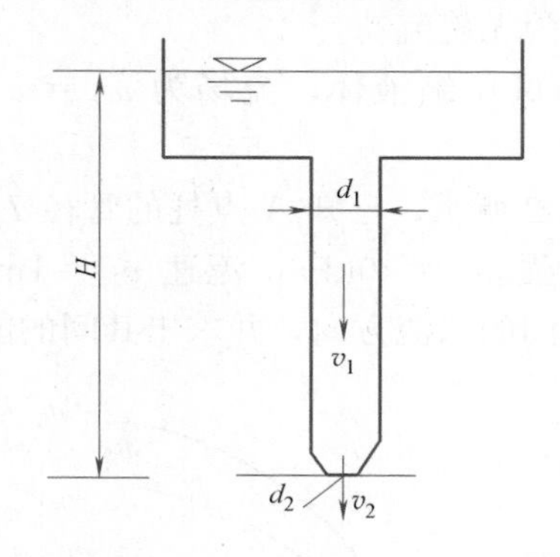

图 3-35 题 3-30 图

3-31 如图 3-36 所示，水流由水箱经等直径管道恒定出流，已知 $d=5\text{cm}$，$H=5\text{m}$，水箱自由液面至射流出口之间管段的全部水头损失 $h_w=1\text{m}$，试求管道中的流速和流量，并定性地画出总水头线和测压管水头线。

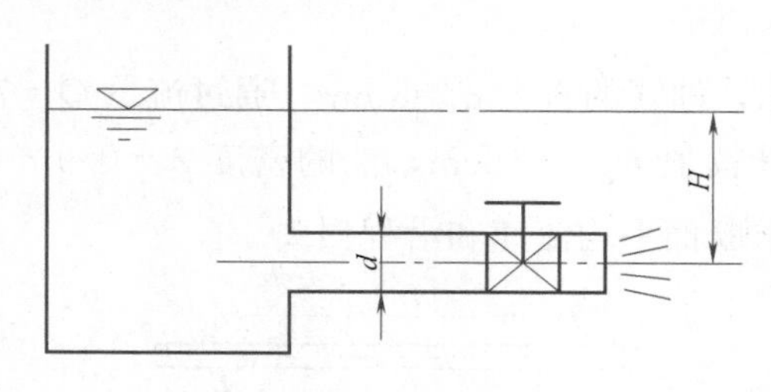

图 3-36 题 3-31 图

3-32 有一密闭容器，如图 3-37 所示，液面上的压强为 0.5 工程大气压，现在容器底部接一段管道，管长 l 为 4.0m，与水平面成30°角，出口断面直径 d 为 50mm，若管道进口断面中心位于水下深度 H 为 5m，管道系统总水头损失 $h_w=2.3\text{m}$，求管道的流量 Q。

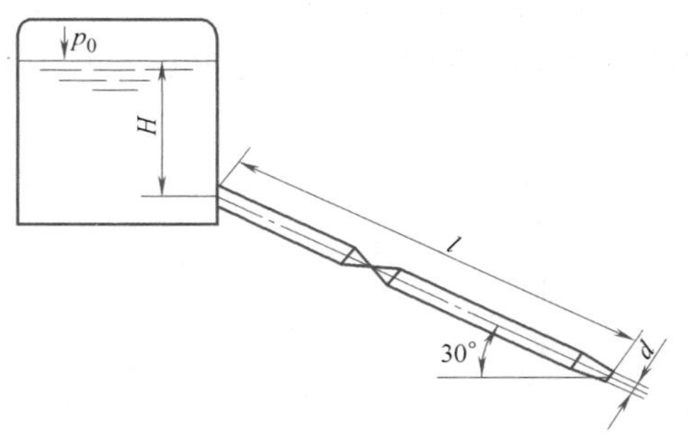

图 3-37　题 3-32 图

3-33　如图 3-38 所示，管道通过的流量 $Q=9\text{L/s}$，若测得测压管水头差 $h=100.8\text{cm}$，直径 $d_2=5\text{cm}$，不考虑能量损失，试确定管径 d_1。

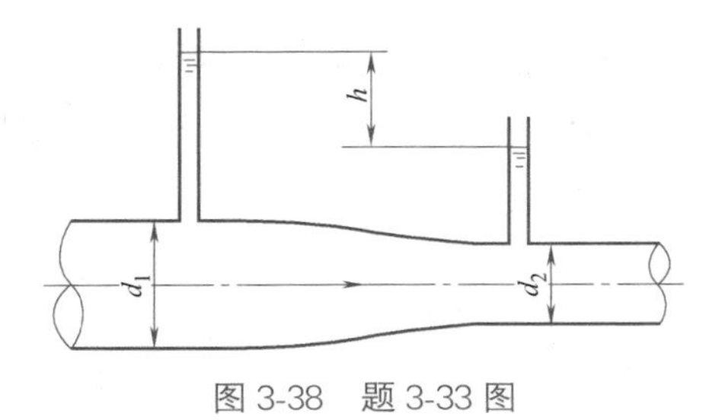

图 3-38　题 3-33 图

3-34　一直径 $d=100\text{mm}$ 的管道从水箱中引出，如图 3-39 所示。若管道系统总水头损失为 3m，需要从水箱中流出的流量为 $Q=30\text{L/s}$，问水箱中的水位与管道出口断面中心的高差 H 应保持多大?

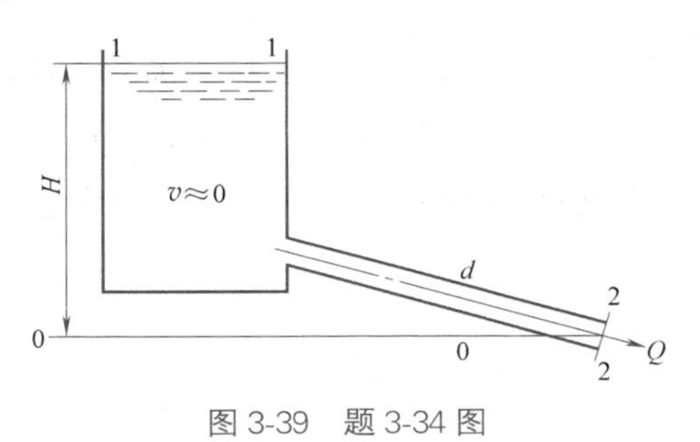

图 3-39　题 3-34 图

3-35　如图 3-40 所示，一水平变截面管道，管道进口直径 d_1 为 10cm，出口直径 $d_2=5\text{cm}$，已知进口断面平均流速 $v_1=1.4\text{m/s}$，压强 p_1 为 0.6 工程大气压。若不考虑能量损失，试求管道出口断面的压强 p_2。

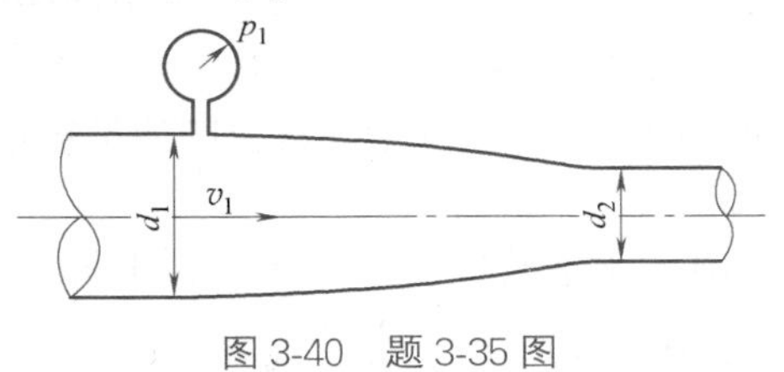

图 3-40　题 3-35 图

3-36　如图 3-41 所示，密度 $\rho'=1.2\text{kg/m}^3$ 的空气，用风机吸入直径为 10cm 的吸风管道，在喇叭形进口处测得水柱吸上高度为 $h_0=12\text{mm}$。不计能量损失，试求流入管道的空气流量。

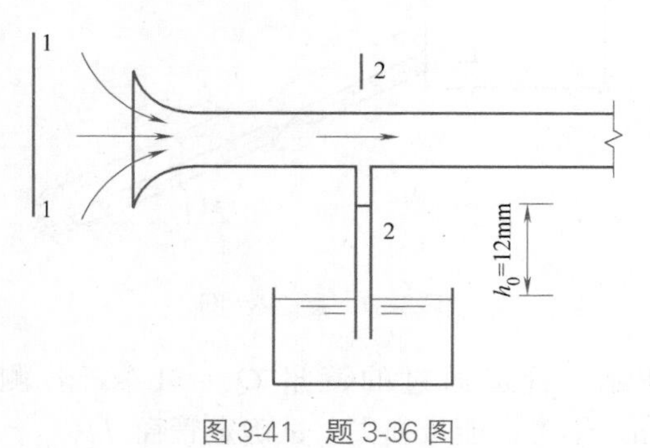

图 3-41　题 3-36 图

3-37　如图 3-42 所示，一水平放置的渐缩管，水从大直径 d_1 断面流向小直径 d_2 断面。已知 $d_1=200\text{mm}$，$p_1=40\text{kN/m}^2$，$v_1=2\text{m/s}$，$d_2=100\text{mm}$ 不计摩擦损失，试求水流对渐缩管的轴向推力。

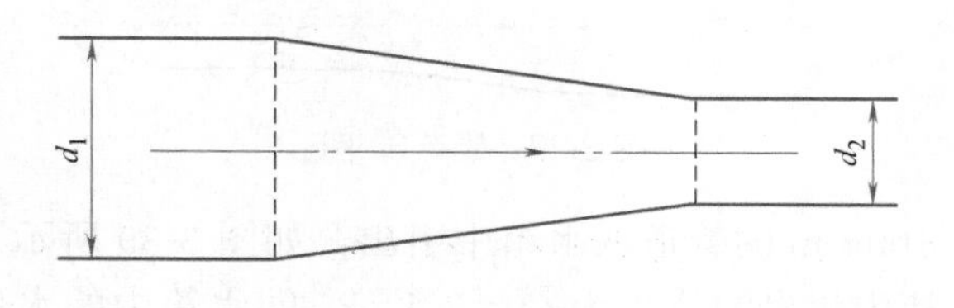

图 3-42　题 3-37 图

3-38　某水平管路直径 $d_1=7.5\text{cm}$，末端连接一渐缩喷嘴通大气，如图 3-43 所示，喷嘴出口直径 $d_2=2.0\text{cm}$。用压力表测得管路与喷嘴接头处的压强 $p=49\text{kN/m}^2$，管路内流速 $v_1=0.706\text{m/s}$。求水流对喷嘴的水平作用力 F（可取动量校正系数为 1）。

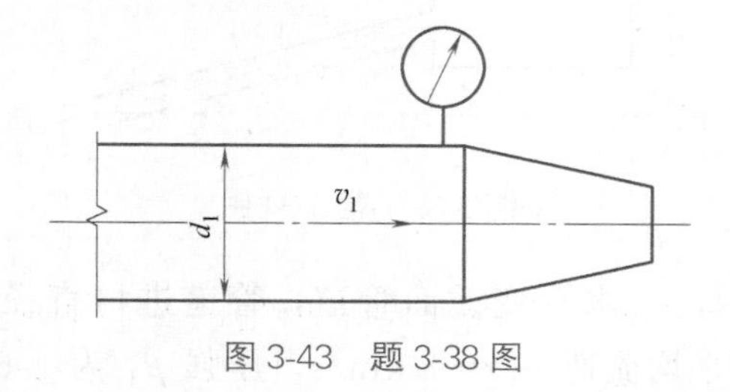

图 3-43　题 3-38 图

3-39　设管路中有一段水平（xoy 平面内）放置的等管径弯管，如图 3-44 所示。已知管径 $d=0.2\text{m}$，弯管与 x 轴的夹角 $\alpha=45°$，管中过流断面 1-1 的平均流速 $v_1=4\text{m/s}$，其形心处的相对压强 $p_1=9.81\times10^4\text{Pa}$，若不计管流的能量损失，试求水流对弯管的作用力 R。

3-40　如图 3-45 所示，有一水平放置的三通水管，干管 $d_1=1200\text{mm}$，两支管 $d_2=d_3=800\text{mm}$，$\theta=45°$，干管 $Q_1=2\text{m}^3/\text{s}$，支管流量 $Q_2=Q_3$，断面 1-1 处的动水压强

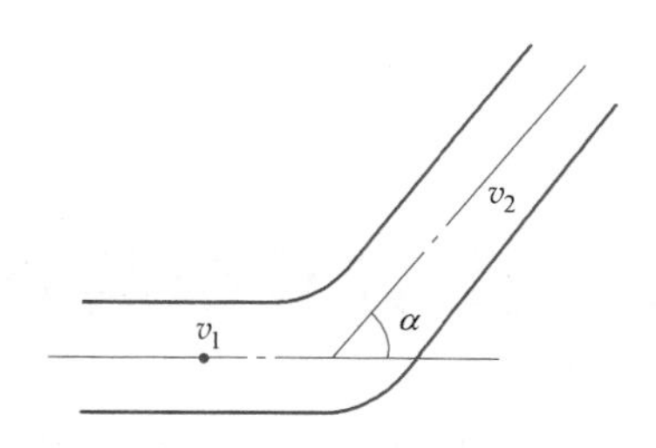

图 3-44　题 3-39 图

$p_1=100\text{kN/m}^2$，断面 1-1 到 2-2（或 3-3）的水头损失 $h_w=\frac{v_1^2}{2g}$，求水流作用于支墩的力。

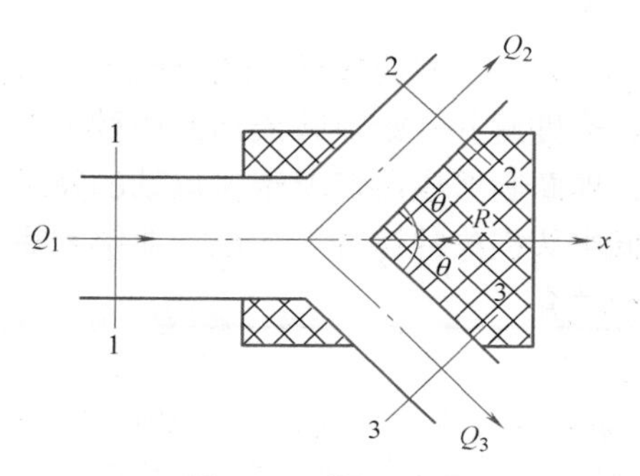

图 3-45　题 3-40 图

3-41　已知不可压缩流体的流场为：$u_x=a$，$u_y=b$，$u_z=0$，试问该流场是否满足连续性方程？是否为平面无旋流动？求流速势函数和流函数。

3-42　已知不可压缩流体的流场为：$u_x=ax$，$u_y=-ay$，$u_z=0$，试问该流场是否满足连续性方程？是否为平面无旋流动？求流速势函数和流函数。

第 3 章课后习题详解

第 4 章 流动形态与水头损失

本章要点及学习目标

本章要点：主要介绍流体流动阻力及水头损失的形式、流体流动的形态（雷诺实验）及与水头损失间的关系、切应力与水头损失之间的关系、影响沿程水头损失的因素及关系（尼古拉兹实验）、水头损失的计算公式、降低水头损失的途径与措施、风荷载的确定及绕流阻力的分析计算。

学习目标：通过本章的学习，学生应理解流体流动过程中克服阻力的类型与相应水头损失的形式；通过雷诺实验理解并判断流体流动的两种形态及工程意义；掌握均匀流基本方程式的应用及意义；理解圆管中层流及紊流运动的特征；能够利用实验的方法测定水头损失系数；了解降低水头损失的途径与措施；能够利用计算公式及图表进行水头损失、风荷载及绕流阻力的计算。

实际流体都具有黏性，在流动过程中，流体间及和边界之间必然会产生流动阻力，流体的一部分机械能克服阻力做功并将不可逆地转化为热能而耗散。这在土木工程中也是经常碰到的问题，例如：泵送混凝土在输送管道中流动时受管壁的摩擦会损失部分能量，从而对泵送混凝土的流动性提出了一定的要求；高层建筑在遭受大风时，气体流动受到建筑物的阻挡，使建筑物产生一定的变形，也会损失部分能量，从而对建筑物的安全性提出了一定的要求。

本章主要阐述流体在管道内水头损失 h_w 以及风荷载计算的基本方法。

4.1 流动阻力和水头损失分类

流体的黏滞性以及边界对流体的约束分别是引起水头损失的内因和外因，根据流动边界情况的不同，流动阻力分为沿程阻力和局部阻力，对应的水头损失称为沿程水头损失和局部水头损失，为了量纲统一，一般表示为流速水头的倍数。

4.1.1 沿程阻力与沿程水头损失

1. 沿程阻力

管道边界沿程无变化（边壁形状、尺寸、流动方向均无变化）的均匀流段上，因流体的黏性和管壁的粗糙产生的流动阻力称为沿程阻力（或摩擦阻力，包括流体内部的内摩擦力及流体和管壁间的摩擦力，统称为黏性阻力）。

2. 沿程水头损失

克服沿程阻力做功而引起的能量损失，称为沿程水头损失。沿程水头损失均匀分布在整个流段上，一般用 h_f 表示。流体在断面平均流速不变的长直管中流动引起的就是沿程水头损失。如图 4-1 所示的管道流动，1-2、2-3、3-4 各段的边界沿程无变化只有沿程阻力，即 h_{f12}、h_{f23}、h_{f34}。

沿程水头损失的计算公式为达西-魏斯巴赫（Darcy-Weisbach）公式，也可通过量纲分析得出：

$$h_f=f\left(Re,\frac{\kappa}{d}\right)\frac{l}{d}\frac{v^2}{2g}=\lambda\frac{l}{d}\frac{v^2}{2g} \tag{4-1}$$

式中 h_f——管段的沿程水头损失；

l——管段长度；

d——管段管径；

v——管段的断面平均流速；

κ——管内壁突出粗糙度；

$\frac{\kappa}{d}$——管内壁突出相对粗糙度；

λ——沿程阻力系数，$\lambda=f\left(Re,\frac{\kappa}{d}\right)$。

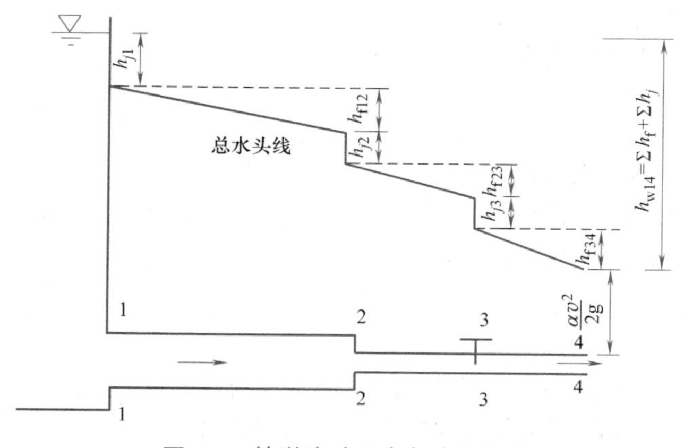

图 4-1 管道流动阻力与水头损失

式（4-1）适用于所有均匀流，但主要用于克服黏性起主导作用的有压管流；而对于重力起主导作用的无压均匀流（如第 7 章中明渠、非满流管流），则采用变换后的谢才公式。

4.1.2 局部阻力与局部水头损失

1. 局部阻力

如图 4-2 所示，管道局部边界的形状或大小急剧变化，使局部区段上流体流速的大小和方向随之发生变化，流线发生弯曲并产生旋涡，从而集中产生的流动阻力称为局部阻力（主要为形状阻力，黏性阻力很小）。在图 4-1 中，管道入口的 1 处、管径突然缩小的 2 处及阀门的 3 处产生了集中的局部阻力。

2. 局部水头损失

流体克服局部阻力做功而引起的能量损失称为局部水头损失，用 h_j 表示。图 4-1 中

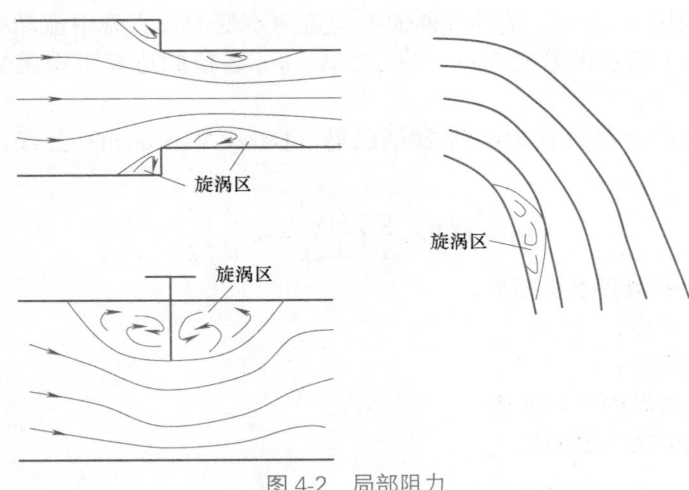

图 4-2 局部阻力

h_{j1}、h_{j2}、h_{j3} 是对应管道入口的 1 处、管径突然缩小的 2 处及阀门的 3 处的局部水头损失。比如井点降水中发生在管道入口、异径管、弯管、三通、阀门等各种管件处的水头损失就属于局部水头损失。

局部水头损失的计算公式为：

$$h_j=\zeta \frac{v^2}{2g} \tag{4-2}$$

式中 h_j——管段的局部水头损失；

ζ——管段局部阻力系数；

v——管段的断面平均流速。

4.1.3 管路的总水头损失

任意一条管路都可能是由几根管段及几种配件相连接，如图 4-1 中的整个管道的水头损失 h_w 具有叠加性，也即等于各管段的沿程水头损失和所有的局部水头损失的总和。

$$h_w=\sum h_f+\sum h_j=h_{f12}+h_{f23}+h_{f34}+h_{j1}+h_{j2}+h_{j3}+h_{j4} \tag{4-3}$$

4.2 切应力与沿程水头损失的关系

流体黏性是引起摩擦阻力产生沿程水头损失的主要原因，当摩擦阻力用应力表示时，切应力就成为黏性在流动过程中的体现。

4.2.1 均匀流动的基本方程式

图 4-3 所示为一均匀流段，在该流段上只存在沿程水头损失。该均匀流可视为圆管满流，也可视为具有自由液面的无压流。取过流断面 1-1 与 2-2，并列两断面能量方程有：

$$z_1+\frac{p_1}{\gamma}+\frac{v_1^2}{2g}=z_2+\frac{p_2}{\gamma}+\frac{v_2^2}{2g}+h_f$$

即：

$$h_f=\left(z_1+\frac{p_1}{\gamma}\right)-\left(z_2+\frac{p_2}{\gamma}\right) \tag{4-4}$$

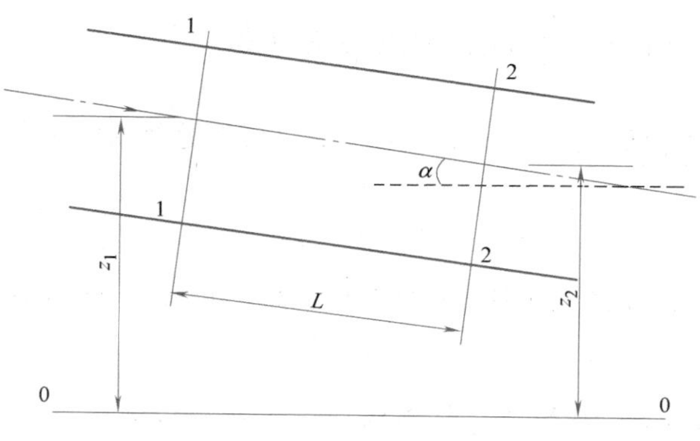

图 4-3 均匀流动

对于 1-1-2-2-1 控制体，其受力（包括两端动水压力、流体控制面与边界之间的摩擦力及流体控制体重量沿流程方向的分力）如图 4-4 所示。由于是均匀流，所以合力为零，故有：

$$P_1 - P_2 + G\sin\alpha - T_0 = 0$$

即：

$$Ap_1 - Ap_2 + \rho g A l \sin\alpha - l\chi\tau_0 = 0$$

或

$$Ap_1 - Ap_2 + \rho g A(z_1 - z_2) - l\chi\tau_0 = 0$$

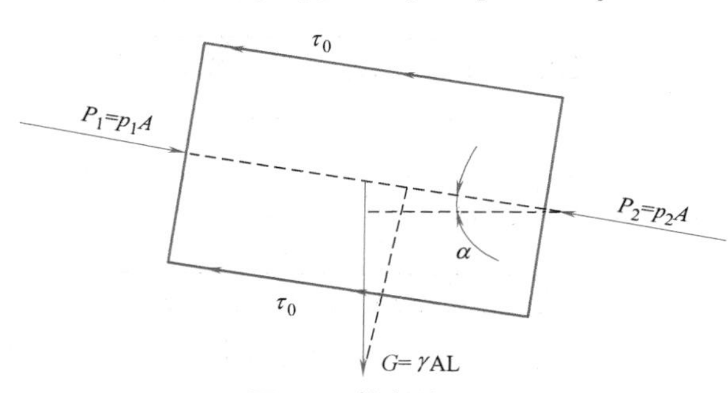

图 4-4 控制体受力

整理得：

$$\left(z_1 + \frac{p_1}{\rho g}\right) - \left(z_2 + \frac{p_2}{\rho g}\right) = \frac{l\chi}{A} \cdot \frac{\tau_0}{\rho g} \tag{4-5}$$

将式（4-4）代入得：

$$h_f = \frac{l\chi}{A} \cdot \frac{\tau_0}{\rho g} = \frac{l}{R} \cdot \frac{\tau_0}{\rho g}$$

或

$$\tau_0 = \rho g R \cdot \frac{h_f}{l} = \rho g R J \tag{4-6}$$

式中 τ_0——边壁处的切应力；

χ——湿周；

R——水力半径；

J——水力坡度，$J = \frac{h_f}{l}$。

式（4-6）给出了均匀流沿程水头损失与切应力的基本关系，称为均匀流动的基本方程式。由推导过程可知，该式适用于所有状态下的均匀流。

4.2.2 均匀流动圆管过流断面上切应力的分布

如图 4-3 所示，为圆管均匀流，则由 $R=\frac{r_0}{2}$ 可得管壁处的切应力为：

$$\tau_0=\rho g \frac{r_0}{2} J \tag{4-7}$$

对于图 4-5 半径为 r 的同心圆柱流束的均匀流动方程式同样可表示为：

$$\tau=\rho g R' J \tag{4-8}$$

流束表面上的应力 τ，由 $R'=\frac{r}{2}$ 代入式（4-8）可以得出：

$$\tau=\rho g \frac{r}{2} J \tag{4-9}$$

式（4-9）与式（4-8）相比得：

$$\tau=\frac{r}{r_0}\tau_0 \tag{4-10}$$

式（4-10）表明圆管均匀流过流断面上剪应力呈直线分布，管轴处 $\tau=0$，管壁处剪应力达最大 $\tau=\tau_0$（图 4-5）。

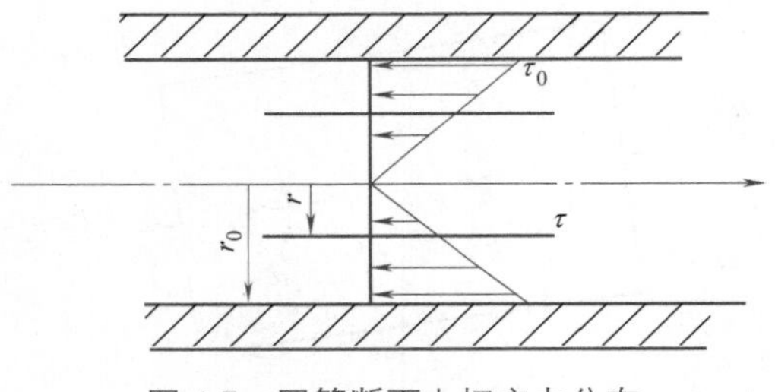

图 4-5 圆管断面上切应力分布

4.3 雷诺实验与流态

早在 19 世纪 30 年代人们就已经发现水头损失和流速之间有一定的关系。1883 年，英国物理学家雷诺经过实验研究发现，水头损失规律的不同，主要是因为黏性流体存在着两种结构不同的流态：层流和紊流。

4.3.1 雷诺实验

雷诺实验揭示了流体运动具有层流与紊流两种流态，是流体力学中的一个经典实验，其实验装置如图 4-6 所示。由水箱 A 引出玻璃管 B，管的末端装有阀门 D，在水箱上部的容器 C 中装有密度和水接近的红颜色水，打开阀门 E，红颜色水就可经过细管 F 流入 B 管中。

实验时保持水箱内水位恒定，缓慢开启阀门 D，使玻璃管内水流保持较低流速。再打开阀门 E，红颜色水经细管 F 流入 B 管中，这时玻璃管 B 内的红颜色水成一条界限分明的纤流，与周围清水不相混合（图 4-6b），表明玻璃管 B 中的水是一层层的层状流动，

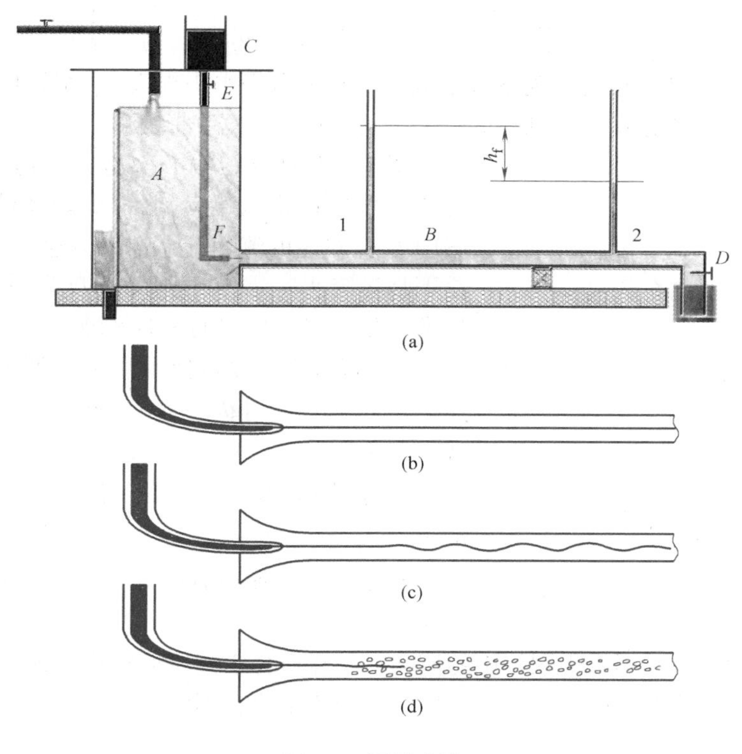

图 4-6 雷诺实验

各层质点互不掺混，这种流动状态称为层流。逐渐开大阀门 D，玻璃管 B 内水的流速增大到某一临界值 v_c'时，红颜色水纤流出现波动（图 4-6c）。再开大阀门 D，红颜色水纤流破散并与周围清水混合，使玻璃管 B 的整个断面都变成红颜色（图 4-6d），表明此时质点的运动极不规则，各流层的液体质点形成涡体，在流动过程中，互相混掺，这种流动状态称为紊流或湍流。

将以上的实验过程按相反的顺序进行，也就是，先开大阀门 D，使玻璃管 B 内水流为紊流，然后逐渐关小阀门 D，则发现前面的实验现象也是按相反的顺序重演，只是由紊流转变成为层流的流速 v_c 小于由层流转变成为紊流的流速 v_c'。

转变流态的流速 v_c'和 v_c 分别称为上临界流速和下临界流速，通过雷诺实验发现 v_c'是不稳定的，受起始扰动的影响很大。在水箱水位恒定、管道入口平顺、管壁光滑、阀门开启轻缓的前提下，v_c'可比 v_c 大很多。然而 v_c 是稳定的，不受起始扰动的影响，对任何起始紊流，当流速 v 小于 v_c，只要管道足够长，流动最终发展为层流。在实验流动中，扰动难以避免，实际上把 v_c 作为流态转变的临界流速。$v<v_c$，流动是层流；$v>v_c$，流动是紊流。

4.3.2 流态与沿程水头损失

为了研究不同流态的沿程水头损失规律，在图 4-6 所示的实验管道中，选取 1、2 处设置测压管，并列 1、2 断面的伯努利方程，得：

$$h_f=\left(z_1+\frac{p_1}{\rho g}+\frac{\alpha_1 v_1^2}{2g}\right)-\left(z_2+\frac{p_2}{\rho g}+\frac{\alpha_2 v_2^2}{2g}\right)=\frac{p_1}{\rho g}-\frac{p_2}{\rho g}$$

改变阀门 D 的开启程度，观察管中流态，测量沿程水头损失 h_f（测压管水头差）和计算出相应断面平均流速 v，绘制如图 4-7 所示的 v-h_f 关系曲线。

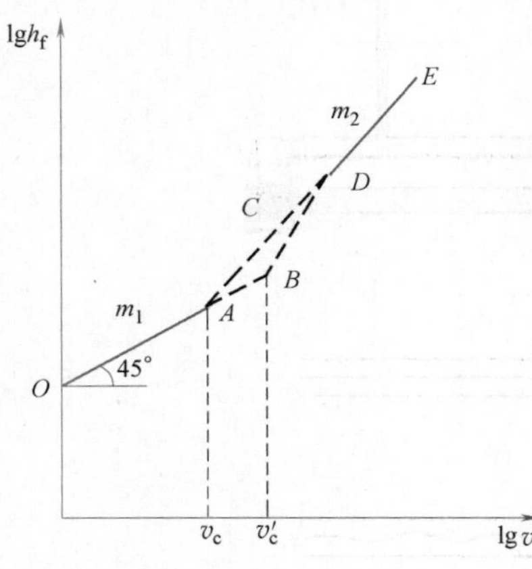

图 4-7 流速与沿程水头损失的关系

图 4-7 中曲线 $OABDE$ 是在流速由小变大时获得的，当流速由大变小时的实验曲线为 $EDCAO$。图中 B 点对应的流速即上临界流速 v_c'，A 点对应的是下临界流速 v_c。ACD 段和 BD 段试验点分布比较散乱，是流态不稳定的过渡区域。

OA 段和 DE 段近似为直线，则有：

$$\lg h_f=\lg k+m\lg \nu$$

或
$$h_f=kv^m \tag{4-11}$$

对于 OA 层流段有 $\theta_1=45°$，$m=1$，即 $h_f \propto v^{1.0}$。

对于 DE 紊流段有 $\theta_2>45°$，$m=1.75\sim2.0$，即 $h_f \propto v^{1.75\sim2.0}$。

雷诺实验的结果并不限于圆管中的流动，同样适合于其他形状边界的流动，也适合于其他液体和气体。流态不同，沿程水头损失的变化规律也不同。

4.3.3 流态的判断

1. 临界雷诺数与雷诺数

雷诺实验发现，临界流速 $v_c=f(d,\rho,\mu)$，由第 1 章量纲分析可得：

$$v_c=Re_c\frac{\mu}{\rho d}$$

或
$$Re_c=\frac{v_c\rho d}{\mu}=\frac{v_c d}{\nu} \tag{4-12}$$

式中 v_c——临界流速；与流体的密度 ρ 和管径 d 成反比，与流体的动力黏性系数 μ 成正比；

ρ——流体的密度；

d——管路管径；

μ——流体的动力黏性系数，$\mu=\rho\nu$；

ν——流体的运动黏性系数；

Re_c——比例常数，不随管径大小和流体物性（ρ、μ）变化的无量纲数，也称为下临界雷诺数，实用上称为临界雷诺数；实验证明圆管中流体的临界雷诺数 $Re_c=2300$。

2. 流动状态的判断

因为流态不同，沿程阻力和水头损失的规律不同，所以，计算水头损失之前，需要对流态作出判断。

对于圆管内的流动，其管流的实际雷诺数为：

$$Re=\frac{vd}{\nu} \tag{4-13}$$

与临界雷诺数进行比较，就可判断流态：

$Re<Re_c$，即 $v<v_c$，流动是层流；

$Re>Re_c$，即 $v>v_c$，流动是紊流；

$Re=Re_c$，即 $v=v_c$，流动是临界流。

对于明渠水流和非圆断面管流，同样可以用雷诺数来判别流态。用第 3 章讲到的水力半径 $R=\frac{d}{4}$代替圆管雷诺数中的 d 得到相应的实际和临界雷诺数：

$$Re_R=\frac{vR}{\nu} \tag{4-14}$$

$$Re_{c\cdot R}=\frac{vR}{\nu}=575$$

即 $Re<575$，流动是层流；$Re>575$，流动是紊流；$Re=575$，流动是临界流。

3. 雷诺数的物理意义

这里的雷诺数与第 1 章模型设计中讲到的雷诺数是一致的。雷诺数之所以能判别流态，是因为它反映了惯性力和黏性力的对比关系。当 $Re<Re_c$ 时，流动受黏性作用控制，使流体受扰动所引起的紊动衰减，流动保持为层流；随着 Re 增大，黏性作用逐渐减弱，惯性对紊动的激励增强，到 $Re>Re_c$ 时，流动受惯性作用控制转变为紊流。

4. 流态的工程应用

流体流态除了影响水头损失，还有其他应用。紊流将引起流体微团之间的质量、动量和能量的交换，从而产生了紊流扩散、紊流摩阻和紊流热传导等。因目的不同，对紊流的紊动要求亦不同。当流体需要完全混合或与边界充分接触进行均质均温或散热吸热时，流体流动的紊动越大越好，比如混合池的流动、散热设备中的流体流动；而在流动过程中为了避免上下流层间的交换和扰动时，就希望紊动越小越好，流态最好为层流，如市政水处理中沉淀池内的流动等。因此，流态在实际应用中有着非常重要的工程意义。

【例 4-1】 基坑井点降水时有直径 $d=20\text{mm}$ 的水管，流速 $v=1.5\text{m/s}$，水温是 10℃。试求：(1) 判别流态；(2) 若水流保持层流，其最大流速是多少？

【解】 (1) 判别流态

当水温为 10℃时，由表 1-5 查得水的运动黏度 $\nu=1.31\times10^{-6}\text{m}^2/\text{s}$，则管中水流的雷诺数：

$$Re=\frac{vd}{\nu}=\frac{1.5\times0.02}{1.31\times10^{-6}}=229001>2300$$

故此水流为紊流。

(2) 若水流保持层流，最大流速就是临界流速：

$$v_c=\frac{Re_c\nu}{d}=\frac{2300\times1.31\times10^{-6}}{0.02}=0.15\text{m/s}$$

答：该管水流为层流，水流保持层流的最大流速是 $v_c=0.15\text{m/s}$。

4.4 圆管中的层流运动

实际工程及自然界中的流体流动一般为紊流，层流运动只存在于水流流速非常小或管径很细的某些特殊水流运动情况。阻尼管、润滑油管、原油输油管内的低速流动，高黏流体的流动也属于层流运动。

4.4.1 流速分布

对于圆管来说，层流各流层质点互不掺混，各层质点沿平行管轴线方向运动，与管壁接触的一层速度为零，管轴线上速度最大，整个管流如同无数薄壁圆筒一个套着一个滑动，如图 4-8 所示。

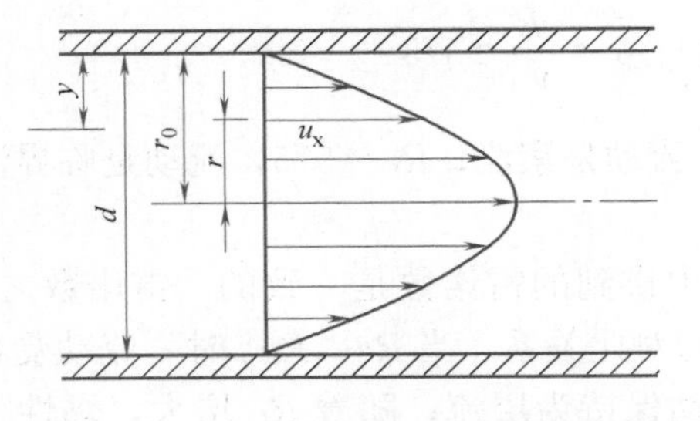

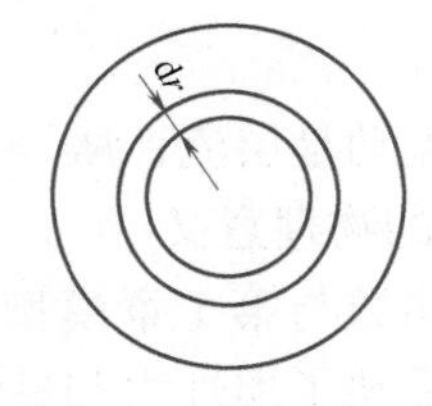

图 4-8 圆管层流流速分布

研究认为各流层间切应力满足牛顿内摩擦定律，即：

$$\tau=\mu\frac{\mathrm{d}u}{\mathrm{d}y}$$

距管轴 r 处的点距管壁的距离 y 之间有 $y=r_0-r$，则 $\mathrm{d}r=-\mathrm{d}y$，即：

$$\tau=-\mu\frac{\mathrm{d}u}{\mathrm{d}r} \tag{4-15}$$

将式（4-9）代入式（4-15）得：

$$-\mu\frac{\mathrm{d}u}{\mathrm{d}r}=\rho g\frac{r}{2}J$$

或

$$\mathrm{d}u=-\frac{\rho gJ}{2\mu}r\,\mathrm{d}r$$

由于 ρg 和 μ 是常数，且在均匀流过流断面上 J 也是常数，故积分上式得：

$$u=-\frac{\rho gJ}{4\mu}r^2+c$$

其中积分常数 c 由边界条件确定：$r=r_0$ 时，$u=0$，得 $c=\frac{\rho gJ}{4\mu}r_0^2$。代入上式有：

$$u=\frac{\rho gJ}{4\mu}(r_0^2-r^2) \tag{4-16}$$

式（4-16）即为圆管层流的流速分布式，表明圆管层流运动的过流断面上流速呈以管轴线为中心的抛物体分布。

4.4.2 圆管层流的特征

1. 最大流速

将 $r=0$ 代入式（4-16），得管轴处最大流速：

$$u_{max}=\frac{\rho gJ}{4\mu}r_0^2 \tag{4-17}$$

2. 断面平均流速

断面流量：
$$Q=\int_A u\mathrm{d}A=\int_0^{r_0}\frac{\rho gJ}{4\mu}(r_0^2-r^2)2\pi r\mathrm{d}r=\frac{\rho gJ}{8\mu}\pi r_0^4$$

断面平均流速：
$$v=\frac{Q}{A}=\frac{\rho gJ}{8\mu}r_0^2 \tag{4-18}$$

3. 圆管层流的特征

比较式（4-17）和式（4-18）得：

$$v=\frac{1}{2}u_{max}$$

即圆管层流的断面平均流速是最大流速的一半，可见层流的过流断面上流速分布极不均匀。其动能和动量修正系数由定义可求出分别为 $\alpha=2$、$\beta=1.33$。

4.4.3 圆管层流中的沿程阻力系数

将 $J=\frac{h_f}{l}$ 代入式（4-18）并整理得：

$$h_f=\frac{32\mu l}{\rho gd^2}v \tag{4-19}$$

或
$$h_f=\frac{32\mu l}{\rho gd^2}v=\frac{64}{Re}\cdot\frac{l}{d}\cdot\frac{v^2}{2g}=\lambda\frac{l}{d}\cdot\frac{v^2}{2g} \tag{4-20}$$

式（4-19）表明，圆管层流中的水头损失与断面平均流速的一次方成正比，这与雷诺实验相印证。

式（4-20）表明，用均匀流沿程水头损失通用公式计算时，层流沿程水头损失系数为：

$$\lambda=\frac{64}{Re} \tag{4-21}$$

即只与管内雷诺数有关，而与管壁的粗糙度无关。

4.5 紊流运动

实际工程及自然界中的如混凝土的管道输送、水在管道及河渠中的流动以及近地风的流动等一般都为紊流，可见紊流具有普遍性。

4.5.1 紊流运动特性与时均化

1. 紊流运动特性

紊流是当黏性流体流动的雷诺数大到一定程度（大于临界雷诺数）后产生的一种流动

特性。紊流中流体质点的运动极不规则，各层质点相互掺混，使得空间各点的运动要素以无规则随机脉动的形式运动，如图 4-9 所示，这种现象称为紊流脉动，是紊流流动所具有的运动特征。紊流可分为如下三种：

1）均匀各向同性紊流。流场中任一空间点上不同方向上的紊流特性都相同，主要存在于如大气层这样无限大流场或远离边界的流场。

2）自由剪切紊流。边界为自由面且不受固体边壁限制的紊流。如自由射流、绕流中的尾流等，在自由面上与周围介质发生剪切卷吸混掺。

3）有壁剪切紊流。在固体边壁限制发展下的紊流、管内紊流及绕流边界层等均属有壁剪切紊流。

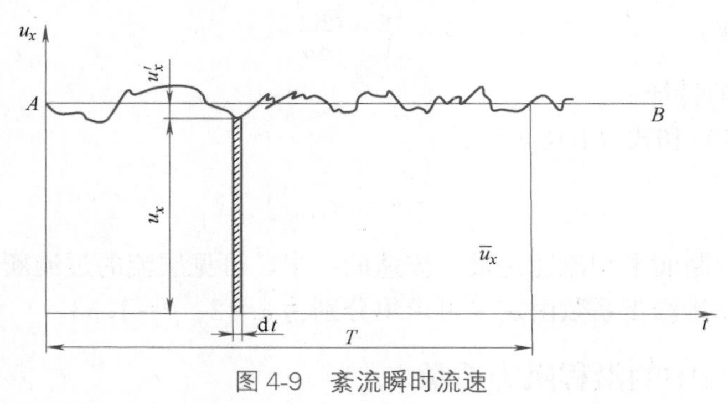

图 4-9 紊流瞬时流速

2. 紊流运动要素时均化

图 4-9 是实测平面流动中一个空间点上沿流动方向（x 方向）瞬时流速 u_x 随时间的变化曲线。虽然 u_x 随时间无规律地变化，但始终围绕某一值 $\bar{u}_x$ 上下跳动，即它的时间平均值 $\bar{u}_x$ 是不变的，这个 $\bar{u}_x$ 被称为速度时均值。即：

$$\bar{u}_x = \frac{1}{T}\int_0^T u_x \mathrm{d}t \tag{4-22}$$

只要时段 T 足够长，$\bar{u}_x$ 便与 T 的长短无关，$\bar{u}_x$ 就是该点 x 方向的时均速度。

瞬时流速 u_x 与时均值 $\bar{u}_x$ 之差即为脉动值 u'_x，三者的关系为：

$$u_x = \bar{u}_x + u'_x \tag{4-23}$$

或紊流运动要素中存在：紊流瞬时值＝紊流时均值＋紊流脉动值。

过流断面平均速度为：

$$v = \frac{1}{A}\int_A \bar{u}\mathrm{d}A \tag{4-24}$$

在时段 T 内各向的脉动值代数和为零，即：

$$\bar{u}'_x = \frac{1}{T}\int_0^{\mathrm{T}} u'_x \mathrm{d}t = 0, \bar{u}'_y = 0, \bar{u}'_z = 0$$

从严格的理论意义来说，紊流不属于恒定流范畴。但工程上关注的是宏观时均流动，这样，紊流便可根据时均流动参数是否随时间变化，分为时均恒定流和时均非恒定流。紊流时均恒定流就可应用前面讲到的有关恒定流的理论。为了简便起见，应用时均值时不再标以时均符号，仍然沿用前面约定俗成的符号。需要指出的是，掺混和脉动是紊流运动的特征，这一特征并不因采用时均化而消失。紊流切应力产生、过流断面上的流速分布等问题仍须从紊流运动特征来研究。

4.5.2 紊流切应力及流速分布

1. 紊流切应力

平面恒定均匀紊流按时均化方法可以分解成时均流动和脉动流动的叠加，即紊动时均切应力看作是由两部分所组成：第一部分为由相邻两流层间时间平均流速相对运动所产生的黏性切应力 $\bar{\tau}_1$；第二部分为纯粹由脉动流速所产生的附加切应力 $\bar{\tau}_2$。

黏性切应力是由时均流层相对运动而产生的，符合牛顿内摩擦定律：

$$\bar{\tau}_1=\mu\frac{d\bar{u}}{dy} \tag{4-25}$$

式中 $\frac{d\bar{u}}{dy}$——时均流速梯度。

附加切应力是由紊流脉动、上下层质点相互掺混及动量交换引起。其计算依据是普朗特混合长理论，即：

$$\bar{\tau}_2=-\rho\overline{u'_x u'_y}=\rho l^2\left(\frac{du}{dy}\right)^2 \tag{4-26}$$

故：

$$\tau=\bar{\tau}_1+\bar{\tau}_2=\mu\frac{d\bar{u}}{dy}+\rho l^2\left(\frac{du}{dy}\right)^2 \tag{4-27}$$

式中 $\overline{u'_x u'_y}$——脉动速度乘积的时均值；

l——混合长度，与脉动幅度有关。

式中两部分切应力所占比重随紊动情况而异。当雷诺数较小、紊流脉动较弱时，$\bar{\tau}_1$ 占主导地位；随着雷诺数增大、紊流脉动加剧，$\bar{\tau}_2$ 不断增大。当雷诺数很大，紊动充分发展，$\bar{\tau}_1\ll\bar{\tau}_2$，剪应力 τ 只考虑紊流附加切应力，并认为壁面附近切应力 $\bar{\tau}=\tau_0$（壁面切应力）。

$$\tau_0=\rho l^2\left(\frac{du}{dy}\right)^2=\rho(ky)^2\left(\frac{du}{dy}\right)^2 \tag{4-28}$$

式中 y——距圆管壁的距离；

k——通用常数，由实验确定。

2. 流速分布

由式（4-28）有：

$$du=\frac{1}{\kappa}\sqrt{\frac{\tau_0}{\rho}}\frac{dy}{y}$$

对上式积分得：

$$u=\frac{1}{k}\sqrt{\frac{\tau_0}{\rho}}\ln y+c=\frac{1}{k}v_*\ln y+c \tag{4-29}$$

式中 v_*——剪切速度，$v_*=\sqrt{\frac{\tau_0}{\rho}}$，具有速度量纲，是个常数。

式（4-29）可以推广为圆管紊流过流断面上的速度分布，称为普朗特-卡门对数分布律。

紊流中由于液体质点相互混掺，互相碰撞，因而产生了液体内部各质点间的动量传递，造成断面流速分布较层流均匀化，如图 4-10 所示。

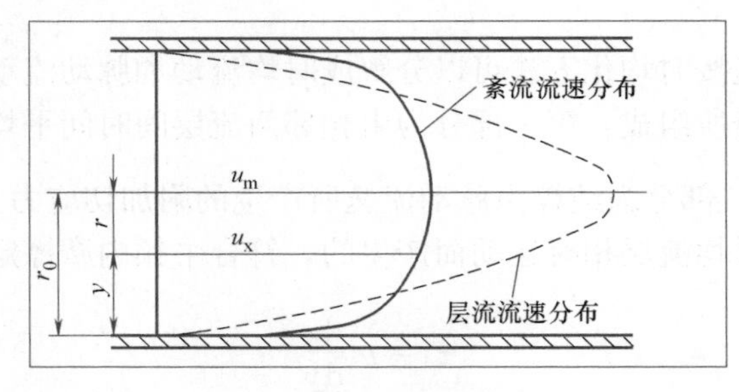

图 4-10 圆管中的流速分布

4.5.3 黏性底层

1. 黏性底层

黏性流体在壁面上无滑移，使得紧靠壁面很薄的流层内速度由零很快增至一定值。受壁面的限制，脉动运动几乎完全消失，黏性起主导作用，基本保持着层流状态，这一薄层称为黏性底层，如图 4-11 所示。

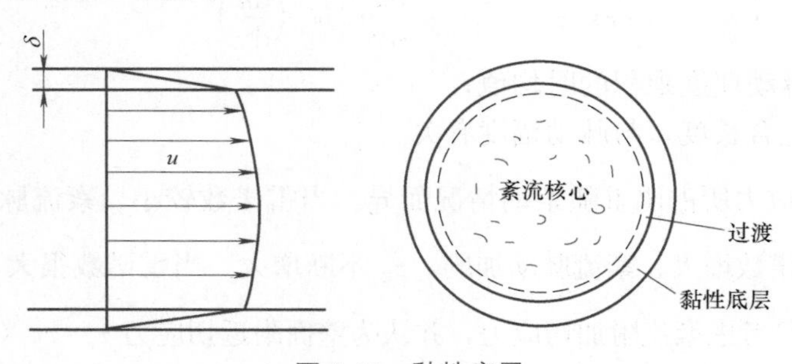

图 4-11 黏性底层

圆管内壁黏性底层厚度：

$$\delta=\frac{32.8d}{Re\sqrt{\lambda}} \tag{4-30}$$

式中 δ——黏性底层厚度；

d——圆管直径；

Re——雷诺数；

λ——沿程阻力系数。

可见，黏性底层厚度 δ 随雷诺数 Re 的增大而减小，一般厚度不到 1mm。

2. 紊流管区的划分

如图 4-11 所示，紊流管区可划分为黏性底层区、紊流充分发展的中心区及由黏性底层区到紊流充分发展中心区的过渡区。同时，根据管壁突出粗糙度 κ 与黏性底层厚度 δ 的相对关系将管壁分为水力光滑壁面、过渡粗糙壁面和水力粗糙壁面，如图 4-12 所示。

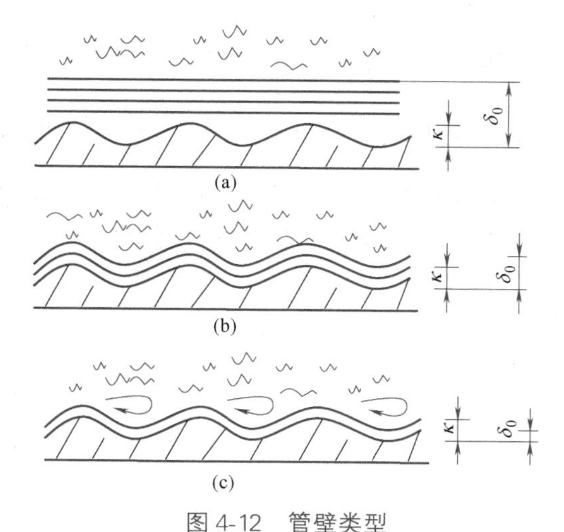

图 4-12 管壁类型

(a) 水力光滑壁面；(b) 过渡粗糙壁面；(c) 水力粗糙壁面

4.6 紊流沿程水头损失计算

沿程水头损失通用计算公式为式（4-1），显然沿程水头损失计算的关键是确定沿程阻力系数 λ。对于层流的 λ 可以严格地从理论上推导出来式（4-21），但由于紊流的复杂性，一般通过实验结合经验的方式予以分析得出。

4.6.1 尼古拉兹实验

由式（4-1）知，沿程阻力系数 λ 的影响因素除和流动状况（由雷诺数 Re 表征）有关外，还和壁面相对粗糙 $\frac{\kappa}{d}$ 有关。壁面粗糙一般包括粗糙突起的高度、形状、疏密和排列等因素。为便于分析粗糙的影响，1933 年，德国工程师尼古拉兹将经过筛选的均匀砂粒紧密地粘贴在管壁内表面，做成人工粗糙管（图 4-13），进行了沿程阻力系数的测定实验，即尼古拉兹实验，实验装置如图 4-14 所示。

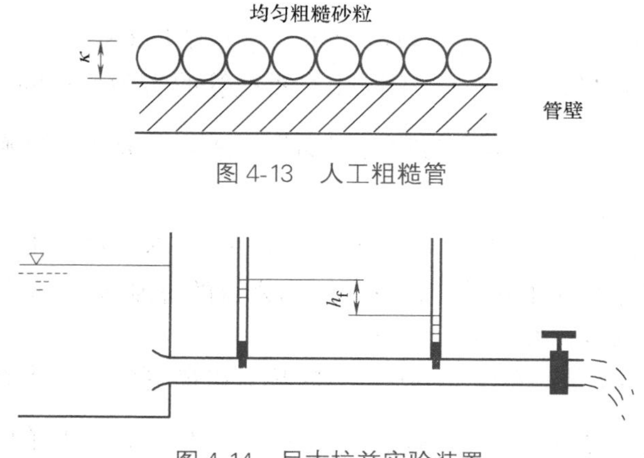

图 4-13 人工粗糙管

图 4-14 尼古拉兹实验装置

实验管道相对粗糙的变化范围为$\frac{\kappa}{d}=\frac{1}{30}\sim\frac{1}{1014}$，对每根管道实测不同流量的断面平均流速 v 和沿程水头损失 h_{f}，由 $Re=\frac{vd}{\nu}$、$\lambda=\frac{d}{l}\frac{2g}{v^2}h_{\mathrm{f}}$ 分别算出 Re 和 λ 值，将点绘在对数坐标纸上，得 $\lambda=f(Re,\kappa/d)$ 曲线，即尼古拉兹曲线图，如图 4-15 所示。尼古拉兹实验装置完全可以用于实际工业管道沿程阻力系数的测定。

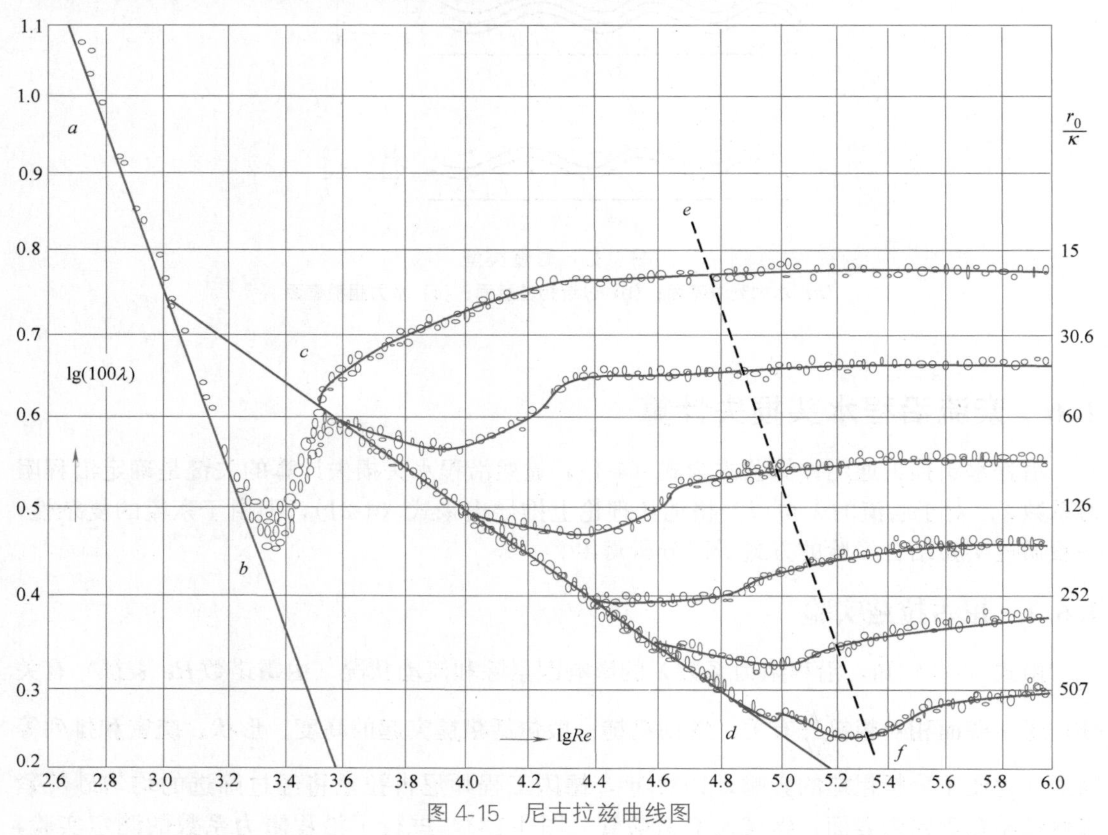

图 4-15 尼古拉兹曲线图

4.6.2 尼古拉兹实验曲线分析

根据 λ 的变化特征，图 4-15 尼古拉兹曲线可分为五个区域。

1）层流区（ab 线，$Re<2300$）。不同相对粗糙管的实验点在同一直线上，粗糙度 κ 完全淹没在黏性底层之下，表明 λ 与相对粗糙$\frac{\kappa}{d}$无关，只是 Re 的函数，并符合 $\lambda=\frac{64}{Re}$（通过解 ab 直线方程可得）。

2）层流向紊流过渡区（bc 线，$Re=2300\sim4000$）。不同相对粗糙管的实验点均落在 bc 条带区域，属于极不稳定的过渡流态（层流与紊流的过渡区），不仅实验点散乱，而且分布范围很窄，实用意义不大，不予讨论。

3）紊流光滑区（cd 线，$Re>4000$）。不同相对粗糙管的实验点在同一直线上，粗糙度 κ 被淹没在黏性底层之下，λ 与相对粗糙$\frac{\kappa}{d}$无关，仍然只是 Re 的函数。随着 Re 的增大，$\frac{\kappa}{d}$大的管道，实验点在 Re 较低时便偏离此线，而$\frac{\kappa}{d}$小的管道，在 Re 较大时才偏离。

4）紊流过渡区（cd、ef 之间的曲线族）。不同相对粗糙管的实验点分别落在不同的曲线上，粗糙度 κ 已突出在黏性底层之外，表明 λ 既与相对粗糙$\frac{\kappa}{d}$有关，也与 Re 有关。

5）紊流粗糙区（ef 右侧水平的直线族）。不同相对粗糙管的实验点分别落在不同的水平直线上，粗糙度 κ 基本完全突出在黏性底层之外，表明 λ 只与相对粗糙$\frac{\kappa}{d}$有关，而与 Re 无关。在这个阻力区，对于一定的管道，λ 是常数，则由达西公式 $h_f=\lambda\frac{l}{d}\frac{v^2}{2g}$可以看出，沿程水头损失与流速平方成正比，故紊流粗糙区又称为阻力平方区；又由于在该区，只要满足雷诺准则就可实现模型与原型的流动相似，此时，雷诺数已无影响，故该区也称为模型自动相似区，即在该区域内，任何模型尺寸的设计，其结果均满足原型。

综上所述，流体流动随雷诺数的增大，流动会逐渐经历层流、层流紊流过渡区、紊流光滑区、紊流过渡区和紊流粗糙区两大流态五个区域。

4.6.3　紊流沿程阻力系数的计算公式

1. 尼古拉兹人工试验管道与工业管道的区别

由于尼古拉兹实验用的是人工均匀粗糙度，与实际凹凸不齐的工业管道是有区别的，但根据黏性底层是否影响，两者有如下特征。

1）光滑管区。管壁粗糙度均完全淹没在黏性底层之下，均在光滑管上流动，故两者一致。

2）粗糙管区。人工管道和工业管道两者接近，只是粗糙度不同，对粗糙度进行修正即可。为此，引入当量粗糙度：相同直径下，沿程阻力系数相等的人工管道粗糙度即为工业管道的当量粗糙度，见表 4-1。

常用工业管道的当量粗糙　　表 4-1

管道材料	κ^*（mm）	管道材料	κ^*（mm）
新氯乙烯管	0～0.002	镀锌钢管	0.15
铅管、铜管、玻璃管	0.01	新铸铁管	0.15～0.5
钢管	0.046	旧铸铁管	1～1.5
涂沥青铸铁管	0.12	混凝土管	0.3～3.0

注：κ^* 是把直径相同、紊流粗糙区 λ 值相等的人工粗糙管的粗糙突起高度定义为该管材工业管道的当量粗糙。

3）过渡区。实验与实际相差甚远，实验结果不适用实际的工业管道。

2. 紊流各区阻力系数的计算公式

主要有经验公式和半经验公式。

1）紊流光滑区

（1）半经验公式

$$\frac{1}{\sqrt{\lambda}}=2\lg\frac{Re\sqrt{\lambda}}{2.51} \tag{4-31}$$

（2）经验公式——布拉修斯公式

1913 年德国水利学家布拉修斯在总结前人实验资料的基础上提出的紊流光滑区经验

公式（$Re<10^{-5}$ 范围内，精度较高），也可解图 4-15cd 直线方程得到：

$$\lambda=\frac{0.3164}{Re^{0.25}} \tag{4-32}$$

2）紊流粗糙区

（1）半经验公式

$$\frac{1}{\sqrt{\lambda}}=2\lg\frac{3.7d}{\kappa^*} \tag{4-33}$$

（2）经验公式——希弗林松公式

$$\lambda=0.11\left(\frac{\kappa^*}{d}\right)^{0.25} \tag{4-34}$$

3）紊流过渡区

一般采用柯列勃洛克公式：

$$\frac{1}{\sqrt{\lambda}}=-2\lg\left(\frac{\kappa}{3.7d}+\frac{2.51}{Re\sqrt{\lambda}}\right) \tag{4-35}$$

式中根据 Re 值的大小，可以分别近似变换为光滑区公式（4-31）和粗糙区公式（4-33）。因此，柯列勃洛克公式实际上可用于紊流的三个阻力区。

3. 莫迪图

由于式（4-35）计算复杂（随着现代计算机技术的发展，柯列勃洛克公式可直接求解），莫迪在实验基础上绘出适用于所有流区的图 4-16 所示的莫迪图，可直接通过雷诺数 Re 和相对粗糙度$\frac{\kappa}{d}$由该图查出流动所属流区和对应的沿程阻力系数λ。

这里介绍的是应用流体力学中的基本公式，在不同专业的流体输送中会有一些经修正或变换后的各自惯用的专业性计算公式。

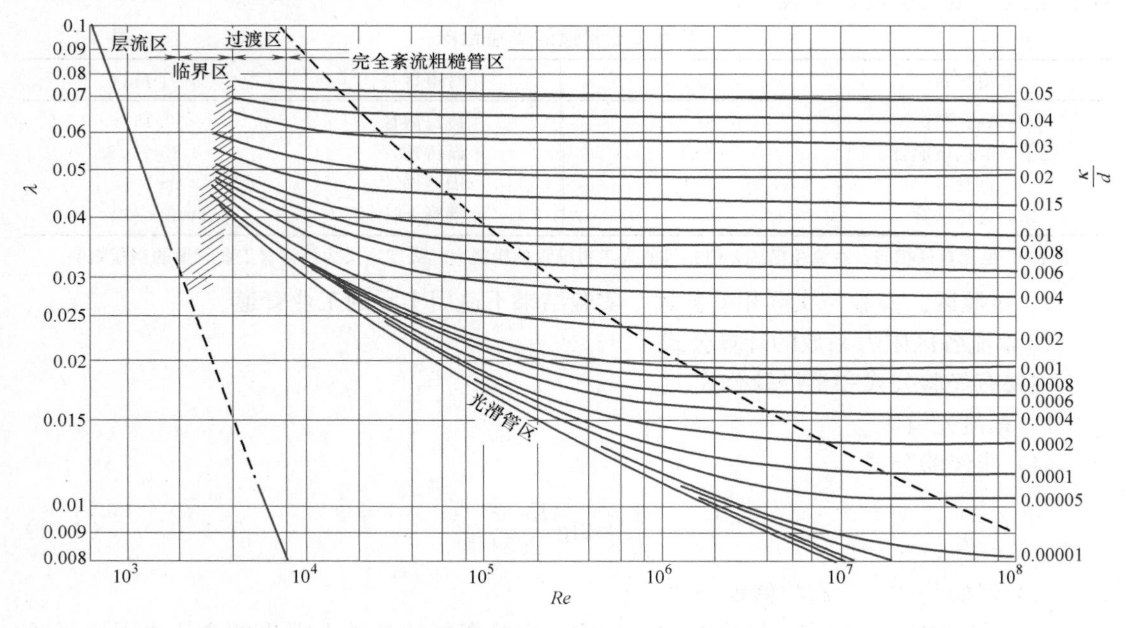

图 4-16 莫迪图

【例 4-2】 有一输送石油的管道，直径 $d=300\text{mm}$，长 $l=4500\text{m}$，通过的流量 $Q=146\text{m}^3/\text{h}$，若夏季石油的运动黏度为 $\nu=0.36\times10^{-4}\text{m}^2/\text{s}$，试求管内的沿程水头损失。

【解】 首先判断流动所处的区域：

$$v=\frac{4Q}{\pi d^2}=\frac{4\times146}{3600\times3.14\times0.3^2}=0.57\text{m/s}$$

$$Re=\frac{vd}{\nu}=\frac{0.57\times0.3}{0.36\times10^{-4}}=4750\in(4000,10^5)$$，为紊流光滑区。

利用布拉休斯公式计算：$\lambda=\frac{0.3164}{Re^{0.25}}=\frac{0.3164}{4750^{0.25}}=0.04$。

$$h_f=\lambda\frac{l}{d}\frac{v^2}{2g}=0.04\times\frac{4500}{0.3}\times\frac{0.57^2}{2\times9.81}=9.94\text{m}$$

【例 4-3】 一输送空气（$t=20℃$，$\nu=1.5\times10^{-5}\text{m}^2/\text{s}$）的旧钢管管道，取管壁粗糙度 $\kappa=1\text{mm}$，管道长 $l=400\text{m}$，管径 $d=250\text{mm}$，管道内通过的流量为 $Q=0.96\text{m}^3/\text{s}$，试求该管道内的沿程水头损失。（用莫迪图计算）

【解】 $v=\frac{4Q}{\pi d^2}=\frac{4\times0.96}{3.14\times0.25^2}=19.6\text{m/s}$

$$Re=\frac{vd}{\nu}=\frac{19.6\times0.25}{1.5\times10^{-5}}=326667,\quad \frac{\kappa}{d}=\frac{1}{250}=0.004$$

由莫迪图查得：$\lambda=0.029$。

$$h_f=\lambda\frac{l}{d}\frac{v^2}{2g}\times=0.029\times\frac{400}{0.25}\times\frac{19.6^2}{2\times9.81}=908.5\text{m}$$

4.7 局部水头损失计算

实际管道和渠道中，一般都设有弯管、变径管、分岔管、量水表、控制阀门或拦污格栅等设备。流体流经这些设备时，均匀流动受到集中的局部阻力影响，流速的大小、方向或分布发生急剧变化，引起局部水头损失。由于局部阻力的强烈扰动，流动在较小的雷诺数时就达到充分紊动，也即几乎所有局部阻力处的流态均为紊流。

4.7.1 局部水头损失的计算公式

局部水头损失计算公式为前述式（4-2），即：

$$h_j=\zeta\frac{v^2}{2g}$$

局部阻力的形式繁多，流动现象复杂，故局部水头损失系数 ζ 多由实验确定。

4.7.2 几种典型的局部水头损失系数

1. 突然扩大管

对于图 4-17 所示的突然扩大管，在一定的假设条件下，通过联立求解 1-1 和 2-2 两断面连续性方程、伯努利方程及两断面间流体控制体的动量方程，可得：

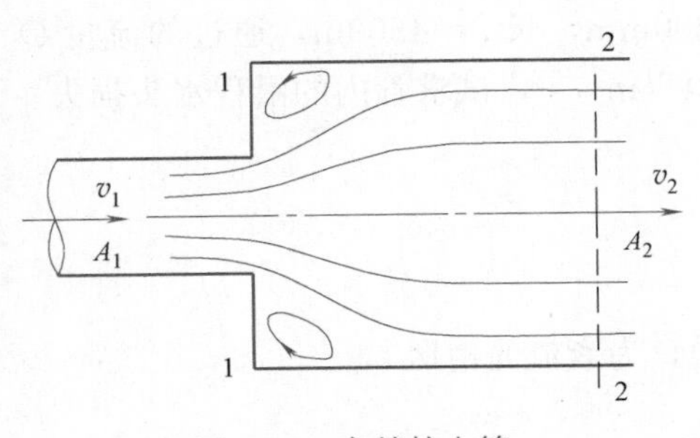

图 4-17 突然扩大管

$$h_j=\frac{(v_1-v_2)^2}{2g} \tag{4-36}$$

或

$$h_j=\left(1-\frac{A_1}{A_2}\right)^2\frac{v_1^2}{2g}=\zeta_1\frac{v_1^2}{2g} \tag{4-37}$$

$$h_j=\left(\frac{A_2}{A_1}-1\right)^2\frac{v_2^2}{2g}=\zeta_2\frac{v_2^2}{2g} \tag{4-38}$$

也即突然扩大的局部水头损失系数为：

$$\zeta_1=\left(1-\frac{A_1}{A_2}\right)^2 \tag{4-39}$$

或

$$\zeta_2=\left(\frac{A_2}{A_1}-1\right)^2 \tag{4-40}$$

以上两个局部水头损失系数分别与突然扩大前、后两个断面的平均速度对应，应用时应注意。

当流体在淹没情况下流入断面很大的容器时（图 4-18），因$\frac{A_1}{A_2}\approx 0$，则$\zeta=1$。

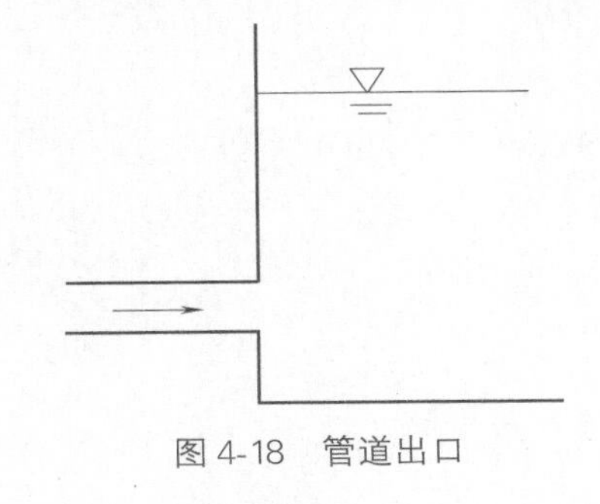

图 4-18 管道出口

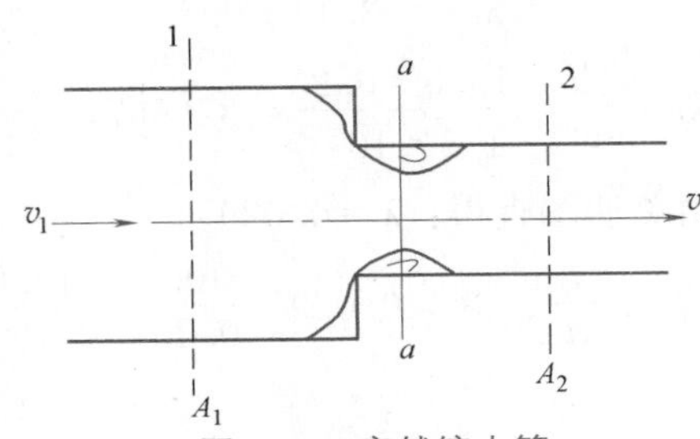

图 4-19 突然缩小管

2. 突然缩小管

突然缩小管的局部水头损失系数决定于收缩面积比$\frac{A_2}{A_1}$，并与收缩后断面平均流速v_2相对应，主要发生在细管内收缩断面a-a附近的漩涡区（图 4-19），其计算公式如下：

$$\zeta=0.5\left(1-\frac{A_2}{A_1}\right) \tag{4-41}$$

当流体由断面很大的容器流入管道时，$\frac{A_2}{A_1}\approx 0$，则$\zeta=0.5$，称为管道入口损失系数，如图 4-20 所示。

其他局部水头损失系数可查阅相关文献表格。

局部水头损失系数是在局部阻力前后足够长直线段的范围内测定的，因此，当两个局部阻力很近时，不能简单叠加，而应加以修正。

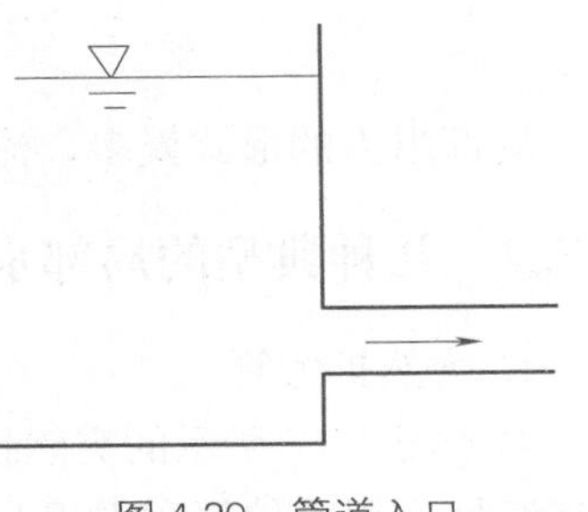

图 4-20 管道入口

【例 4-4】 如图 4-21 所示，一密闭油箱向开式油箱输油，密闭油箱里油面压强为$p=9600\ \mathrm{N/m^2}$（表压），管长$l=12\mathrm{m}$，管径$d=12\mathrm{mm}$，油的运动黏度$\nu=1.5\times10^{-5}\ \mathrm{m^2/s}$，密度$\rho=$

820 kg/m^3，弯头局部损失系数 $\zeta_1=0.9$，管道出口局部损失系数 $\zeta_2=1.0$，管道入口局部损失系数 $\zeta_3=0.5$，输油流量 $Q=0.2\times10^{-3}$ m^3/s，求油箱水头 H。

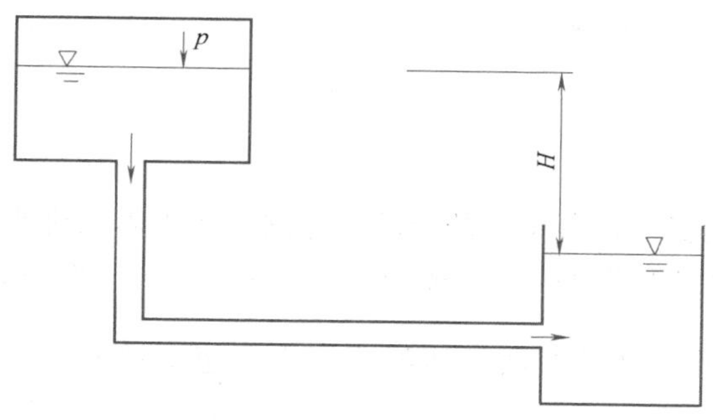

图 4-21 【例 4-4】用图

【解】 建立密闭油箱液面与开式油箱液面之间的伯努利方程：

$$z_1+\frac{p_1}{\rho g}+\frac{v_1^2}{2g}=z_2+\frac{p_2}{\rho g}+\frac{v_2^2}{2g}+h_w$$

将 $z_1=H$，$z_2=0$，$v_1=v_2=0$，$p_2=0$ 代入，得：

$$H=h_w-\frac{p_1}{\rho g} \tag{1}$$

又：

$$v=\frac{4Q}{\pi d^2}=\frac{4\times0.2\times10^{-3}}{3.14\times0.012^2}=1.77\text{m/s}$$

则：

$$Re=\frac{vd}{\upsilon}=\frac{1.77\times0.012}{1.5\times10^{-5}}=1416<2300$$

可知管内流态为层流，$\lambda=\frac{64}{Re}=\frac{64}{1416}=0.045$。

又：

$$h_w=h_f+h_j=\left(\lambda\frac{l}{d}+\zeta_1+\zeta_2+\zeta_3\right)\frac{v^2}{2g} \tag{2}$$

将 $p_1=9600$ N/m^2 代入式（1），与式（2）联立得：

$$H=\left(0.045\times\frac{12}{0.012}+0.9+1.0+0.5\right)\times\frac{1.77^2}{2\times9.81}-\frac{9600}{820\times9.81}=6.38\text{m}$$

4.8　减小阻力的措施

减小流体流动阻力、降低能量损失是工程设计中长期以来追求的目的。降低沿程阻力的措施一般来说有两个途径：一是减少流体中的杂质颗粒或添加某种物质，降低流体的黏性，降低内摩擦阻力；二是减小管壁粗糙度，如新型管材具有非常光滑的内表面。降低局部阻力的措施主要是降低形状阻力，使流线与边界相贴，避免边界层分离、避免漩涡或二次回流，如渐缩管、圆转角、紊流整流等。

4.9　边界层概念与绕流阻力

前面主要讨论了流体在管道内的流动，即内流问题。本节将介绍流体绕物体表面的运动，即外流问题。桥梁工程中河水绕过桥墩、建筑工程中风绕过建筑物等流体绕过静止物体的运动，船舶在水中航行、飞机在大气中飞行以及粉尘或泥沙在空气或水中沉降等流体和物体间相对运动都属于绕流运动。

4.9.1 边界层概念

1. 边界层

图4-22是等速均匀流绕过薄平板的流动示意图。当流体以流速 u_0 经过平板时，紧贴壁面的一层流体因黏性作用而黏附在平板表面，速度 $u_x=0$。而沿壁面法线方向的速度很快增大到 $u_x \approx u_0$。因此，贴近壁面很薄的流层内，速度梯度 $\frac{du_x}{dy}$ 很大，黏性作用明显。也即在大雷诺数下，当流体流经固体壁或物体在流场中运动时，紧靠物体表面流速从零急剧增加到与来流速度相同数量级的薄层称为附面层或边界层。在平板前缘，边界层的厚度为零，随着流体沿平板流动距离的增加，边界层随之逐渐增厚。

各断面流速沿法线方向由零增加到 $u_x=0.99u_0$ 处的距离定义为边界层的名义厚度，以 δ 表示。显然，δ 是由平板前缘算起的距离 x 的函数，即 $\delta=\delta(x)$。各 $u_x=0.99u_0$ 点的连线（面）将流场分为势流区和边界层，势流区流体作理想流体的无旋流动，边界层内流体作黏性有旋流动。

边界层内的流动是黏性流动，存在层流和紊流两种流态。在边界层的前部，由于厚度很薄，速度梯度很大，流动受黏滞力控制，边界层内是层流。随着流动距离的增大，边界层的厚度也增大，速度梯度逐渐减小，黏滞力的影响减小，最终在 $\delta=\delta_c$ 处转变为紊流。

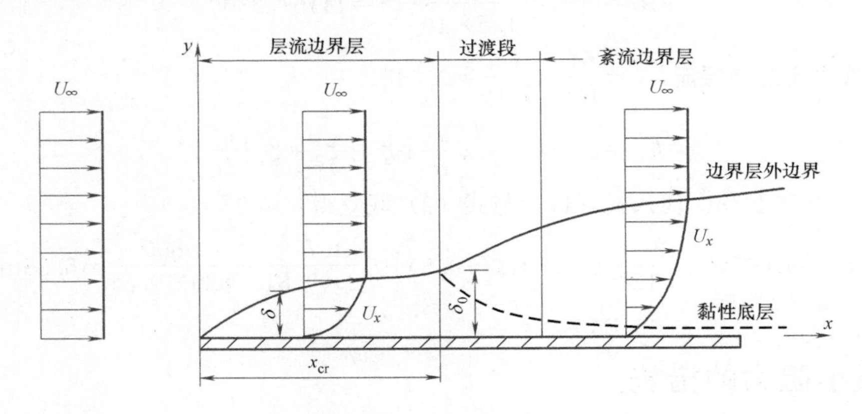

图4-22 平板绕流边界层

2. 边界层特征

1）与物体的长度相比，边界层的厚度很薄。

2）沿边界层厚度的速度梯度很大。

3）边界层沿着流体流动的方向逐渐增厚。

4）边界层中同一截面上的各点压强相等，并等于该截面上边界层外边界上的压强——压力穿过边界层不变。

5）在边界层内黏滞力和惯性力是同一数量级的。

6）边界层内流体的流动存在层流和紊流两种流动状态。

3. 管流边界层

如图 4-23 所示，管流入口存在边界层，沿流向边界层厚度逐渐增加到管道半径处，随后流体作满管的黏性有旋流动。

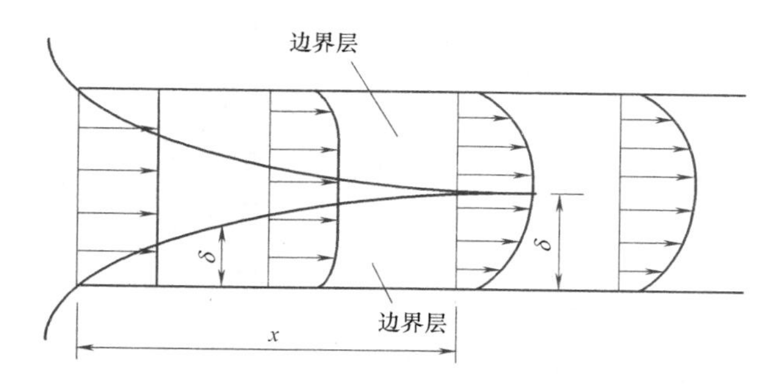

图 4-23　管流入口处的边界层

4.9.2　曲面边界层的分离

1. 边界层分离现象

以绕无限长圆柱体为例，如图 4-24 所示。当流体沿曲面壁流动时，在 DE 段由于流动受壁面阻碍和挤压，边界层外边界上的流速沿程增加 $\frac{\partial u}{\partial x}>0$，压强沿程减小 $\frac{\partial p}{\partial x}<0$。因流动在顺压梯度作用下，紧靠壁面的流体克服近壁处摩擦阻力后，所剩动能使其继续流动。当流体流过 E 点后，因壁面的走向变化，使流动区域扩大，边界层外边界上的流速沿程减小 $\frac{\partial u}{\partial x}<0$，压强沿程增大 $\frac{\partial p}{\partial x}>0$。流动受逆压梯度作用，紧靠壁面的流体要克服近壁处摩擦阻力和逆压梯度作用，流速沿程迅速减缓，在 S 点流速梯度为零，S 点的下游靠近壁面的流体，在逆压梯度作用下反向回流，使主流脱离壁面，形成漩涡区，这就是曲面边界层的分离，S 点称为边界层的分离点。

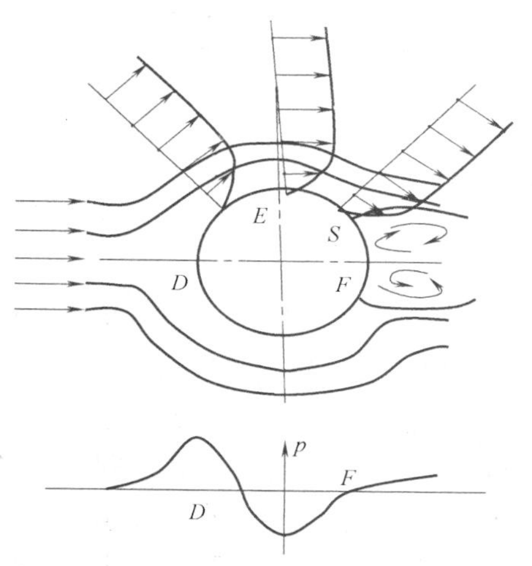

图 4-24　曲面边界层的分离

边界层的分离及分离点的位置和物体形状及边界层流动状态有关，首先要存在逆压梯度区，其次壁面或黏性对流动有阻滞作用；层流边界层容易分离，紊流边界层不易分离，分离点 S 将后移、尾迹变窄。

2. 卡门涡街现象

当流体绕过圆柱体流动时，圆柱体后半部分的流体处于减速增压区，边界层要发生分离，并随雷诺数的增大绕流将依次发生如图 4-25 所示的现象。即围流区、尾迹区、振荡区、卡门涡街区，紊流尾迹中的旋涡明显的再现或重组。

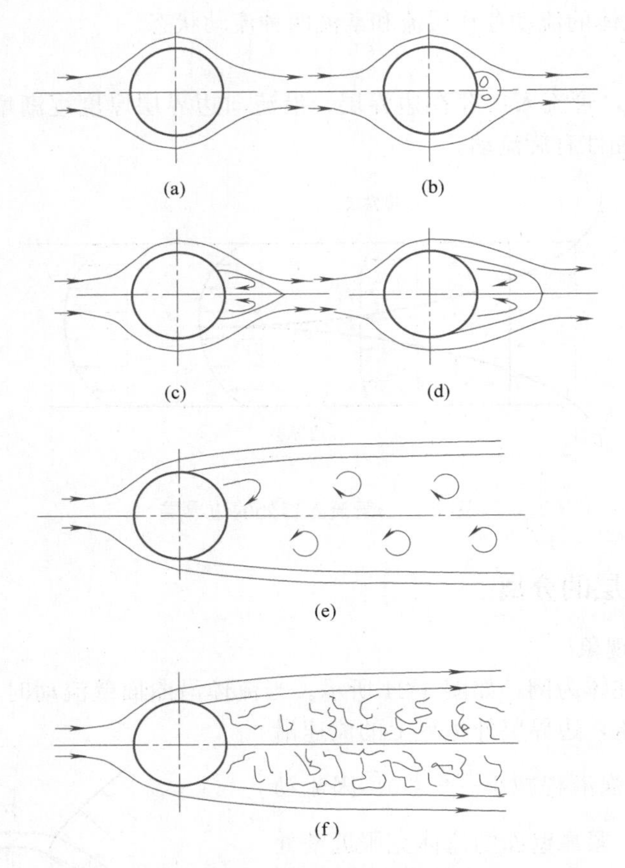

图 4-25 真实流体的圆柱绕流

(a) $Re\approx4$；(b) $Re\approx15$；(c) $Re\approx25$；(d) $Re\approx40$；(e) $90<Re<400$；(f) $Re>400$

自然界中电线发声、烟囱及悬桥的振动、桥墩后及船的尾流都与涡衔有关。

3. 边界层分离的危害及控制

边界层分离不仅造成形状阻力，而且流动分离常常给工程带来很大危害。例如：机翼表面严重分离，将造成失速、螺旋桨桨叶谐鸣、效率降低、空化、振动等；引起叶轮机机械能损失、剧烈喘振和旋转失速，甚至造成结构破坏。

对于边界层分离控制的方法主要有两个方面：一是改变绕流物体的形状，尽可能为流线形，使流体的流线与绕流物体紧密相贴，延长层流段，使分离点后移，如图 4-26 所示。二是增加边界层内流体的动量，消除逆压梯度区，从而使分离点后移，常见方法如图 4-27 所示。

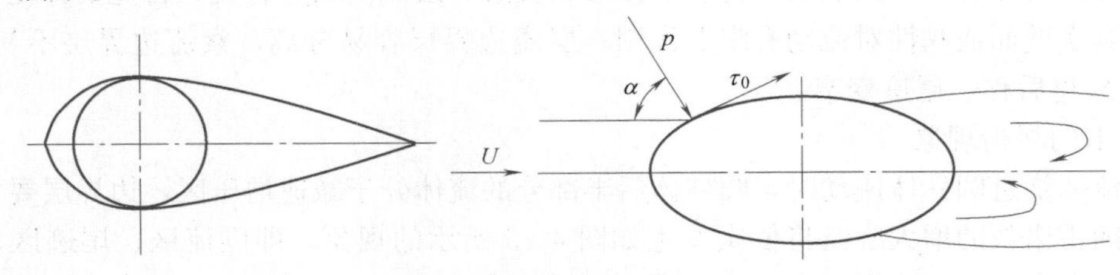

图 4-26 圆柱体和流线形柱体

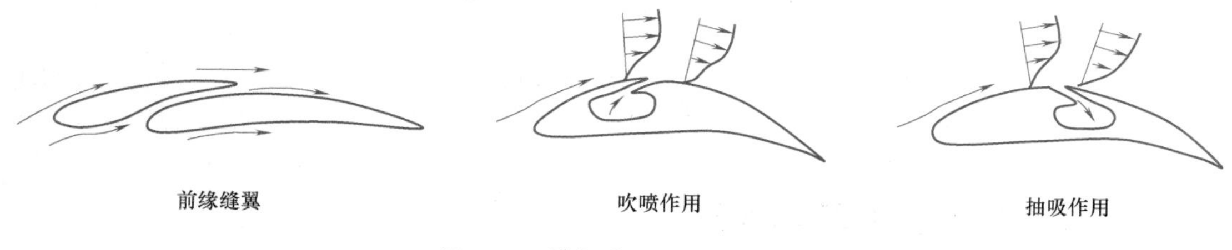

图 4-27 增加边界层动量的方法

4.9.3 绕流阻力

流体作用在绕流物体上表面力的合力，可分解为平行于来流方向的绕流阻力 D 和垂直于来流方向的升力 L，见图 4-28，两者计算公式形式完全相同。绕流阻力（分摩擦阻力和形状阻力）与边界层有关。牛顿于 1726 年提出了绕流阻力的计算公式：

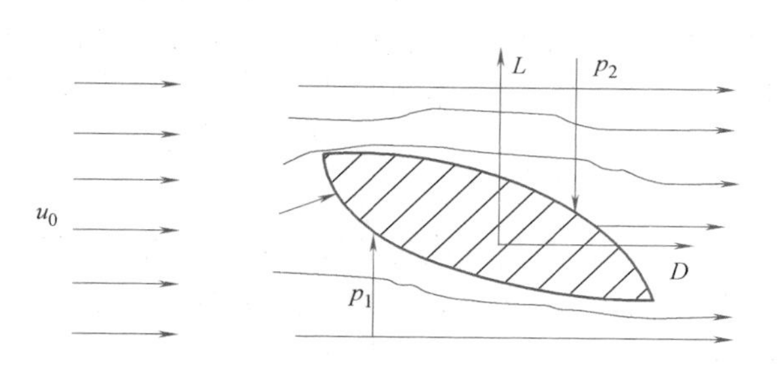

图 4-28 绕流阻力与升力

$$D=C_D\frac{\rho u_0^2}{2}A \tag{4-42}$$

式中 ρ——流体的密度；

u_0——受绕流物体扰动前来流的流速；

A——绕流物体与来流速度垂直方向的迎流投影面积；

C_D——绕流阻力系数，与绕流物体形状、表面粗糙及绕流雷诺数有关，一般由实验确定。

4.9.4 悬浮速度

根据作用力与反作用力的关系，固体对流体的阻力，也就是流体对固体的推动力。正是这数值上等于阻力的推动力控制着固体或液体微粒在流体中的运动，由此提出悬浮速度概念。

设上升气流中，小球（如尘粒）的密度为 ρ_m、气体的密度为 ρ，设 $\rho_m>\rho$，则小球受到向上的绕流阻力和浮力及向下的小球本身的重力。

绕流阻力：
$$D=C_DA\frac{\rho u_0^2}{2}=\frac{1}{8}C_D\pi d^2\rho u_0^2$$

浮力：
$$F=\frac{1}{6}\pi d^3\rho g$$

重力：
$$G=\frac{1}{6}\pi d^3\rho_m g$$

当 $D+F>G$ 时，小球随气流上升；当 $D+F<G$ 时，小球下沉；当 $D+F=G$ 时，小球将处于悬浮状态，此时气流上升流速称为悬浮速度 u。即：

$$\frac{1}{8}C_{\mathrm{D}}\pi d^{2}\rho u_{0}^{2}+\frac{1}{6}\pi d^{3}\rho g=\frac{1}{6}\pi d^{3}\rho_{\mathrm{m}}g$$

$$u=\sqrt{\frac{4}{3C_{\mathrm{D}}}\left(\frac{\rho_{\mathrm{m}}-\rho}{\rho}\right)gd} \tag{4-43}$$

4.10 风荷载计算的基本原理

风是空气从气压大的地方向气压小的地方流动而形成的，风在行进中遇到结构，就形成风压力，使结构产生振动和变形。对于超高层建筑、大跨度桥梁、高耸结构等，风荷载常常起着控制作用。本节简要介绍风荷载的基本计算原理。

4.10.1 基本风压

每一幢建筑物（或构筑物）都必须抵御来自风的作用力，这种作用力称为风荷载。风荷载是随机荷载，每时每刻都在变化。一般分为平均静压力和瞬时动压力，即稳定风压和脉动风压。其中静压力又称为基本风压，是指在一定的时间间隔内风对建筑物的作用力不随时间变化的静压力；脉动风压也称风振，是指气流不规则的涡旋流动所形成的压力，通常用风振系数表示。一般的房屋设计中，只考虑基本风压；只有柔性结构（高耸建筑、烟囱、电视塔、输电线塔）、高层建筑及大跨度桥梁结构才考虑脉动风压。

风压是垂直于气流平面上所受到的压强，建筑物上所受到的风压大小与建筑物的体型、高宽比和地面粗糙度有关。

4.10.2 风荷载

1. 风荷载标准值

垂直于建筑物表面上的风荷载标准值表达式为：

$$w_{\mathrm{k}}=\beta_{\mathrm{z}}\mu_{\mathrm{z}}\mu_{\mathrm{s}}w_{0} \tag{4-44}$$

式中 w_{k}——风荷载标准值（$\mathrm{kN/m^2}$）；

β_{z}——高度 z 处的风振系数；

μ_{z}——风压高度变化系数；

μ_{s}——风荷载体型系数；

w_0——基本风压（$\mathrm{kN/m^2}$）。

其中基本风压一般按当地空旷平坦地面上10m高度处、10min平均的风速观测数据，经概率统计得出的50年一遇最大值确定的风速，结合相应的空气密度按伯努利公式确定的。

由于基本风压是按气象台离地10m高度与空旷地区极小面积上所得到的风速作为计算依据，而实际工程受风面积一般都较大，且体形各异，结构物上的各点又处于不同高度。因此，计算风荷载标准值时，必须考虑因高度、体形不同对基本风压带来的影响。

2. 风荷载

在确定了风荷载标准值及迎风面积后，就可计算风荷载。

【例4-5】 一幢矩形平面的8层办公楼，其平面尺寸为22m×50m，房屋高度 $H=28\mathrm{m}$，如图4-29所示，建于密集建筑群且是房屋较高的城市市区，其基本风压 $w_0=$

0.60kN/m^2，求迎风面和背风面总风荷载标准值。

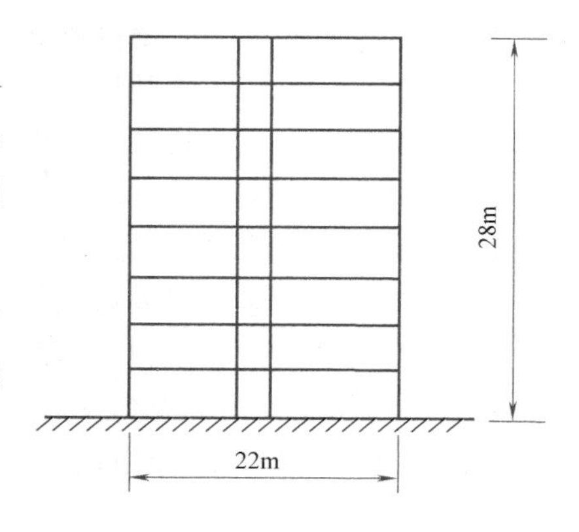

图 4-29　8 层办公楼

【解】　由《建筑结构荷载规范》GB 50009—2012 知，该建筑所在地面粗糙度属于 D 类，又 $H=28m$，则风压高度变化系数 $\mu_z=0.51$，风荷载体型系数

$\mu_s=0.8+0.5=1.3$；因 $H=28m<30m$，且 $\frac{28}{22}=1.27<1.5$，则风振系数 $\beta_z=1.0$，总风荷载标准值：

$$w_k=\beta_z\mu_z\mu_s w_0=1.0\times0.51\times1.3\times0.60=0.398kN/m^2$$

本章小结

流体在流动过程中遇到沿程和局部两种阻力，相应产生沿程水头损失和局部水头损失。为了配合能量方程，水头损失均以流速水头的倍数给出了通用计算式。

黏性是引起能量损失的根本原因，均匀流基本方程式表达了两者间的关系。

流体流动分层流和紊流两种流态，不同流态下的流速分布不同，水头损失和流速的关系也不同。流态的应用取决于实际工程应用的需要。判断流态的标准是临界雷诺数。揭示流态规律的是雷诺实验。

在流动过程中，流体与管壁之间存在黏性底层。黏性底层的厚度与雷诺数有关。按照管壁粗糙高度与黏性底层的相对关系，紊流管区可分为光滑管区、过渡区和粗糙管区。

沿程水头损失主要产生在长直管段，可由达西公式计算。在层流区、层流与紊流的过渡区及紊流光滑管区，沿程阻力系数 λ 只与雷诺数 Re 有关；在紊流过渡区 λ 既与雷诺数 Re 有关，也与管壁的相对粗糙度有关；而在粗糙管区 λ 只与管壁的相对粗糙度有关。流体流动的沿程阻力系数可统一用莫迪图进行求解，紊流区的沿程水头损失系数也可由柯列勃洛克公式解得。所有管道或渠道的沿程阻力系数及局部阻力系数均可通过尼古拉兹实验装置进行测定。

局部水头损失产生的主要原因是主流脱离边壁，形成漩涡区。其计算关键是局部阻力系数 ζ，局部阻力系数取决于局部阻力的形状，一般由实验确定。

可通过改变流体黏性和管壁粗糙度及形状来减少水头损失。

当流体绕过物体或物体相对流体运动时，物体会受到阻力和升力，在物体表面会形成边界层及其分离，会影响物体的运动。

当建筑物的高度及体形很大时，必须考虑风荷载的影响。

思考与练习题

4-1　水头损失是如何产生的？降低水头损失有哪些措施？

4-2　影响流态的主要因素是什么？流态的应用有实际意义吗？

4-3 层流与紊流的主要区别是什么?

4-4 水头损失与黏性及切应力之间有什么关系?

4-5 断面平均流速是最大速度的二分之一的流态一定是层流吗?

4-6 对于实际流体，其断面流速分布越均匀说明其紊动程度越大还是越小?

4-7 黏性底层的厚度对流动有什么影响?

4-8 流体运动速度由零依次增大，会经历哪几个流动状态?

4-9 沿程水头损失系数分别与哪些因素有关?

4-10 沿程水头损失系数及局部水头损失系数可以实验确定吗?

4-11 在风速较大时，电线及电杆为什么会发出“嗡嗡声”?

4-12 对于高层建筑是否考虑风荷载的影响?

4-13 圆管层流，实测管轴上流速 0.3m/s，求断面平均流速?

4-14 水在直径 $d=30$cm 的管中流动呈紊流状态，测得在距离管壁面 3cm 的一点处的切应力 $\tau=15.9$Pa，试求壁面上的切应力。

4-15 汽油在直径 $d=50$mm 的圆管中流动，若保证管内流态为层流，试求该管所允许的最大流量。(汽油运动黏度 $v=0.884\times10^{-6}\text{m}^2/\text{s}$)

4-16 水管直径 $d=15$cm，管中流速 $v=1.5$m/s，水温为 10℃，试判别流态，当流速为多少时，流态将发生变化?

4-17 运动黏度 $v=0.2\ \text{cm}^2/\text{s}$ 的油在圆管中流动的平均速度为 $v=1.5$m/s，每 100m 长度上的沿程损失为 40cm，试求其沿程阻力系数与雷诺数的关系。

4-18 如图 4-30 所示，已知管径 $d=8$mm，管长 $l=2$m，实测管内油的流量 $Q=70\text{cm}^3/\text{s}$，水银压差计读数 $h=30$cm，油的密度 $\rho=901\ \text{kg/m}^3$，求油的运动黏度 v。

4-19 一圆管内通过 $v=0.013\ \text{cm}^2/\text{s}$ 的水，实测流量 $Q=35\ \text{cm}^3/\text{s}$，在长 15m 管段上的水头损失 $h_f=2$cm 水柱，求管径 d 为多少?

4-20 如图 4-31 所示，水从水箱沿着长 $l=2$m，直径 $d=40$mm 的竖直管流入大气，已知沿程阻力系数 $\lambda=0.04$，且不计管道中的入口局部损失，求当 h 为多少时，1—1 截面的压强与水箱外的大气压强相等。

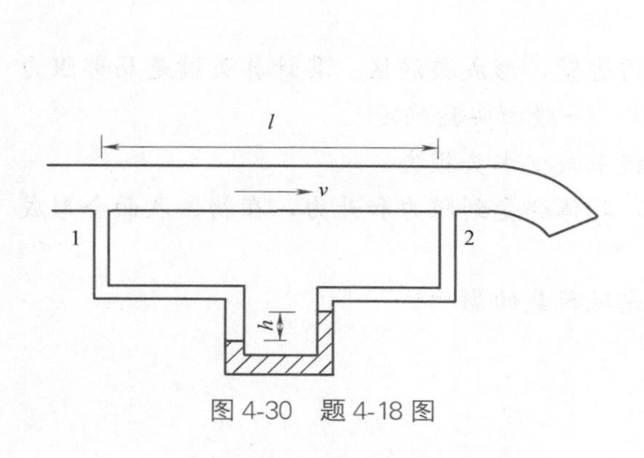

图 4-30 题 4-18 图

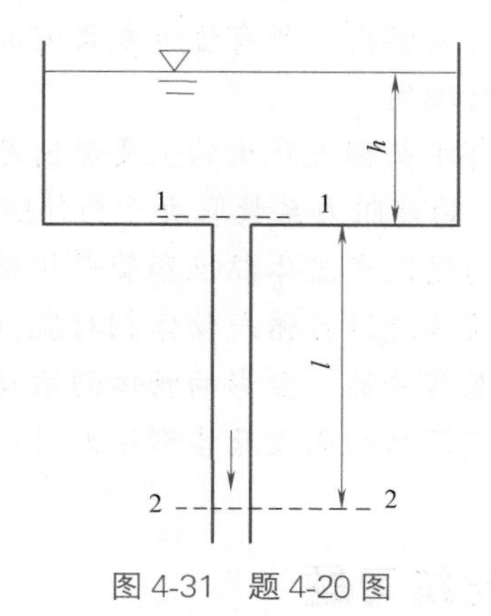

图 4-31 题 4-20 图

4-21 一输水管长 $l=500$m，直径 $d=0.2$m，管壁粗糙度为 0.1mm，若输送流量为 $Q=10$L/s，水温为 10℃，试求管道内的沿程水头损失。

4-22　旧铸铁管直径 $d=250\mathrm{mm}$，长 $l=600\mathrm{m}$，取管壁粗糙度 $\kappa=1.25\mathrm{mm}$，通过的流量为 $Q=60\mathrm{L/s}$，水温是 20℃，试求通过这段管道的沿程水头损失（用莫迪图计算）。

4-23　利用圆管层流 $\lambda=\dfrac{64}{Re}$，紊流光滑区 $\lambda=\dfrac{0.3164}{Re^{0.25}}$ 和紊流粗糙区 $\lambda=0.11\left(\dfrac{\kappa}{d}\right)^{0.25}$ 这三个公式：(1) 论证在层流中 $h_f \propto v^{1.0}$，光滑区 $h_f \propto v^{1.75}$，粗糙区 $h_f \propto v^{2.0}$；(2) 在不计局部损失 h_j 的情况下，如管道长度 l 不变，若使管径 d 增大一倍，而沿程水头损失 h_f 不变，试讨论在圆管层流、紊流光滑区和紊流粗糙区三种情况下，流量各为原来的多少倍？(3) 在不计局部损失 h_j 的情况下，如管道长度 l 不变，通过流量不变，欲使沿程水头损失 h_f 减少一半，试讨论在圆管层流、紊流光滑区和紊流粗糙区三种情况下，管径 d 各需增大百分之几？

4-24　水平管路直径由 $d_1=10\mathrm{cm}$ 突然扩大到 $d_2=15\mathrm{cm}$，水的流量 $Q=2\mathrm{m^3/min}$，试求突然扩大前后的压强水头之差。

4-25　如图 4-32 所示，流速由 v_1 变到 v_2 的突然扩大管，如分两次扩大，中间流速 v 取何值时局部水头损失最小？此时的局部水头损失为多少？并与一次扩大时比较。

4-26　如图 4-33 所示，直径为 $d=20\mathrm{mm}$、长 $l=5\mathrm{m}$ 的管道自水池取水并泄入大气中，出口比水池水面低 2m，已知沿程水头损失系数 $\lambda=0.02$，进口局部水头损失系数 $\zeta=0.5$，则泄流量为多少？

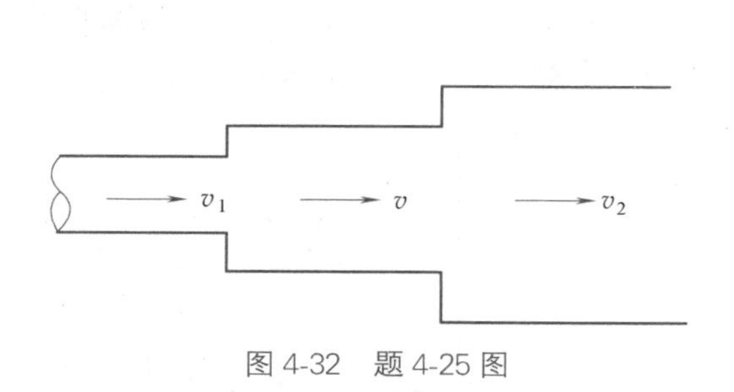

图 4-32　题 4-25 图

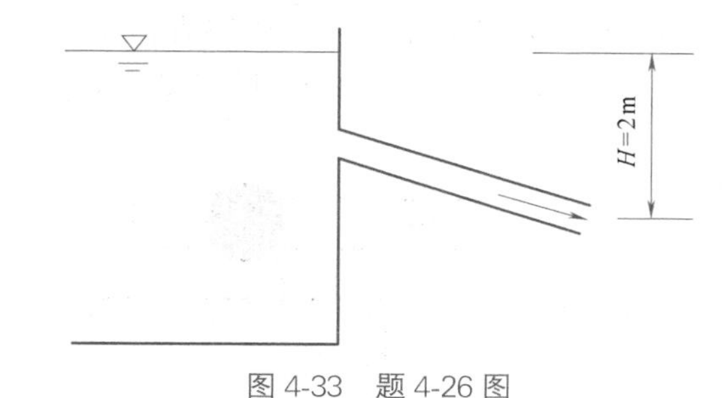

图 4-33　题 4-26 图

4-27　如图 4-34 所示，测定某阀门的局部阻力系数 ζ，在阀门的上下游共设三个测压管，其间距 $l_1=1\mathrm{m}$、$l_2=2\mathrm{m}$，若直径 $d=50\mathrm{mm}$，实测 $H_1=150\mathrm{cm}$、$H_2=125\mathrm{cm}$、$H_3=40\mathrm{cm}$，流速 $v=3\mathrm{m/s}$，试求阀门的 ζ 值。

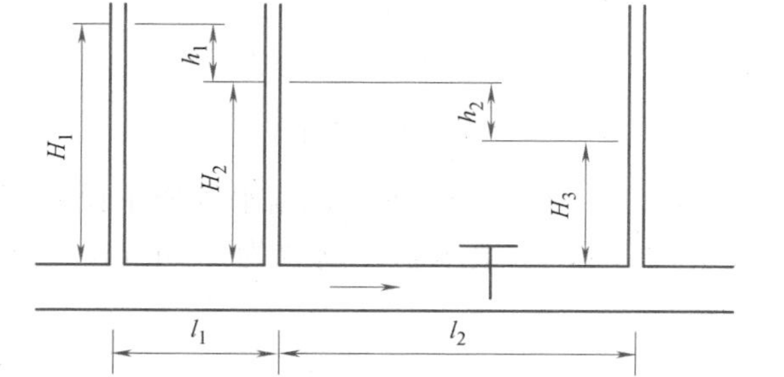

图 4-34　题 4-27 图

4-28　如图 4-35 所示，用一圆管将高蓄水池的水引入另一蓄水池，管长 $l=60\mathrm{m}$，管径 $d=200\mathrm{mm}$，管上阀门的局部损失系数为 $\zeta_1=2.06$，管路有一 90°弯头，其局部损失系数为 $\zeta_2=0.2$，设水流为稳定流，沿程阻力系数为 $\lambda=0.02$，管中流量 $Q=50\times10^{-3}\mathrm{m^3/s}$。求水头 H 应为多少？

4-29　如图 4-36 所示，水平短管从水深 $H=15\mathrm{m}$ 的水箱中排水至大气中，管道直径 $d_1=50\mathrm{mm}$、$d_2=80\mathrm{mm}$，阀门阻力系数 $\zeta_门=4.0$，只计局部损失，不考虑沿程损失，且水箱容积足够大，试求通过此水平短管的流量。

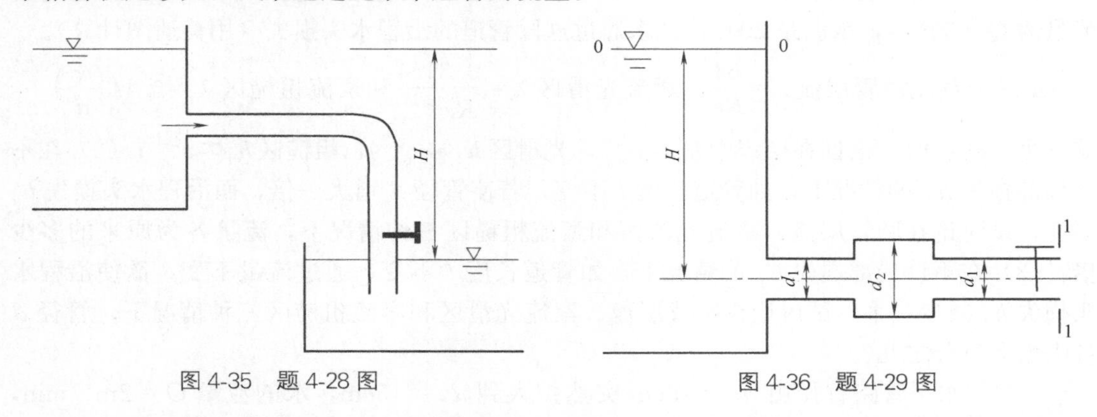

图 4-35 题 4-28 图　　图 4-36 题 4-29 图

4-30 如图 4-37 所示，水泵进水系统，$h=3\text{m}$，管径 $d=0.3\text{m}$，1、2 断面间的总水头损失 $h_w=8.5\dfrac{v_2^2}{2g}$，断面 2 处的真空度为 $4.0\text{mH}_2\text{O}$，试求流量。

4-31 矩形风道的断面尺寸为 1200mm×600mm，空气流量为 $42000\text{m}^3/\text{h}$，空气密度为 1.11kg/m^3，测得相距 12m 的两断面间的压强差为 31.6N/m^2，求风道的沿程阻力系数。

4-32 如图 4-38 所示，管路直径 $d=25\text{mm}$，$l_1=8\text{m}$，$l_2=1\text{m}$，$H=5\text{m}$，喷嘴直径 $d_0=10\text{mm}$，弯头 $\zeta_2=0.1$，喷嘴 $\zeta_3=0.1$，沿程阻力系数 $\lambda=0.03$，试求喷水高度。

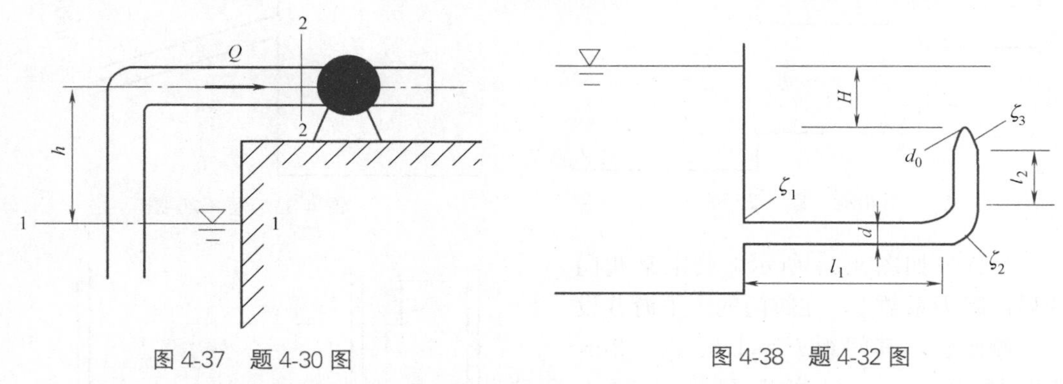

图 4-37 题 4-30 图　　图 4-38 题 4-32 图

4-33 如图 4-39 所示，输水管道中设有阀门，已知管道直径为 50mm，通过的流量为 3.34L/s，水银压差计读数为 150mm，沿程水头损失不计，求阀门的局部水头损失系数。

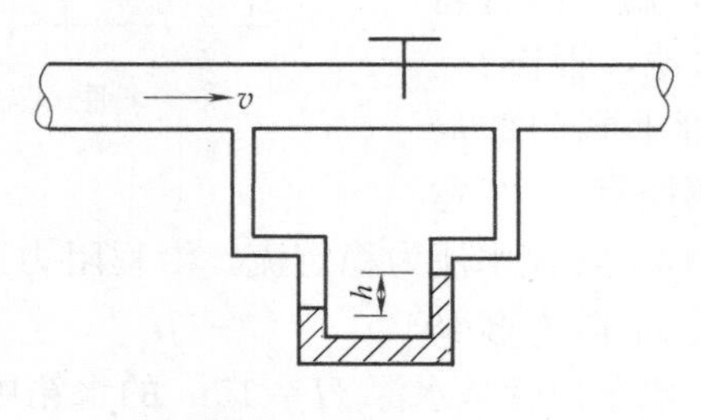

图 4-39 题 4-33 图

4-34　风速 20km/h 的均匀气流，横向吹过高 $H=50\text{m}$、直径 $d=0.6\text{m}$ 的烟囱，空气的密度 $\rho=1.20\text{kg/m}^3$，绕流阻力系数 $C_D=\frac{\sqrt{2}}{2}$，试求烟囱承受的阻力。

4-35　已知煤粉炉膛中上升烟气的最小速度为 0.5m/s，烟气的运动黏度系数 $v=230\times10^{-6}\text{m}^2/\text{s}$，问直径 $d=0.1\text{mm}$ 的煤粉颗粒是沉降下来还是被烟气带走？已知烟气的密度 $\rho=0.2\text{kg/m}^3$，煤粉的密度 $\rho_m=1.3\times10^3\text{kg/m}^3$，$C_D=109.1$。

第 4 章课后习题详解

第5章 有压流动

本章要点及学习目标

本章要点：主要是运用总流的连续性方程、能量方程及能量损失规律，来研究常见的孔口、管嘴与有压管道等各种典型流动现象的过流能力及其工程应用。

学习目标：通过本章的学习，学生应理解流体力学三大基本方程在实际工程中的应用和解决实际工程问题的方法；掌握孔口和管嘴过流能力的计算，理解管嘴过流能力增大的原因及正常工作的条件；理解短管和长管水力计算的区别，掌握枝状管网和环状管网要解决的问题类型及基本的计算原理与条件；了解管道水击的成因、危害及预防措施；了解水泵的类型、原理、装置系统的组成及运行的工况；了解混凝土泵。

孔口、管嘴和有压管道流动是实际工程中常见的流动问题，例如水流经过路基下的有压短涵管、水坝中泄水管、农业灌溉用喷头、冲击式水轮机、消防水枪等出流的问题。有压管道流动广泛应用于土木工程、环境保护、给水排水、农业灌溉、建筑环境与设备、市政建设等工程领域。

5.1 孔口出流

流体经容器侧壁或底壁上孔口流出的流动现象，称为孔口出流，如图5-1所示。各种取水与泄水闸孔、某些流量量测设备及配风口等计算问题均属孔口出流问题。孔口出流的水头损失主要是局部水头损失。

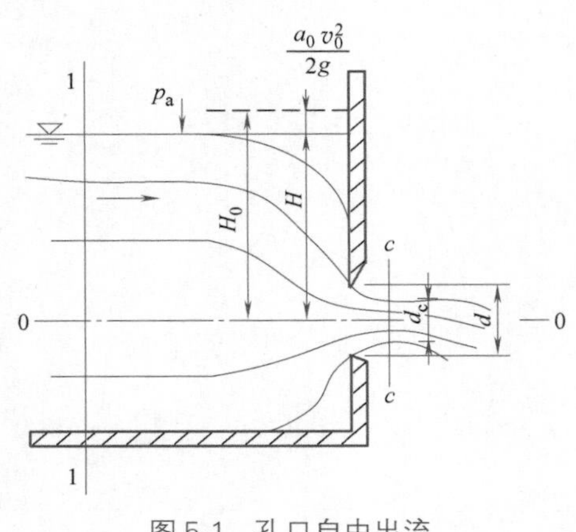

图5-1 孔口自由出流

5.1.1 孔口的类型

1. 孔口恒定出流与非恒定出流

在出流过程中，容器内的作用水头 H（水面距孔口中心的高度）或气压 p 保持不变的称为孔口恒定出流，否则称为孔口的非恒定出流。

2. 大孔口和小孔口

根据孔口口径 d 与作用水头 H 比值的大小，孔口可分为小孔口和大孔口。

1）当 $d/H<0.1$ 时，称为小孔口，并可假定孔口断面上各点水头、流速都相等。

2）当 $d/H\geqslant0.1$ 时，称为大孔口，这时

孔口断面上各点水头、流速不再相等。

3. 薄壁小孔口

按照孔口壁厚，可将孔口分为薄壁孔口和非薄壁孔口。孔口边缘是尖锐的、孔口壁与流体呈线接触、孔口的壁厚对孔口出流不产生影响的称为薄壁孔口，如图 5-1 所示；反之，若孔口壁与流体呈面接触，孔口壁厚对孔口出流有影响，就是非薄壁孔口。

4. 孔口自由出流与淹没出流

1）当孔口液流流入大气时，称为孔口自由出流，如图 5-1 所示。由于液流运动的惯性，孔口断面处的流线弯曲收缩，在距孔口壁面约 $d/2$ 处出现最小收缩断面 c-c，流线在此趋于平行，而后开始扩散。

2）当孔口出流的流体被另一部分流体所淹没，则称为孔口的淹没出流。气体的孔口出流均为淹没出流。

5.1.2 薄壁孔口恒定出流

1. 薄壁小孔口恒定自由出流

现应用能量方程讨论孔口出流的流速和流量公式。如图 5-1 所示，选取孔口中心所在的水平面为基准面 0-0，列符合渐变流条件的断面 1-1 和收缩断面 c-c 能量方程：

$$H+\frac{p_{\mathrm{a}}}{\rho g}+\frac{\alpha_0 v_0^2}{2g}=0+\frac{p_{\mathrm{c}}}{\rho g}+\frac{\alpha_{\mathrm{c}} v_{\mathrm{c}}^2}{2g}+h_{\mathrm{w}} \tag{5-1}$$

对于自由出流，收缩断面处的压强为大气压强，即 $p_{\mathrm{a}}=p_{\mathrm{c}}$；只计水流流经孔口的局部水头损失，即 $h_{\mathrm{w}}=h_j=\zeta_0\frac{v_{\mathrm{c}}^2}{2g}$，代入式（5-1）得：

$$H+\frac{\alpha_0 v_0^2}{2g}=\frac{\alpha_{\mathrm{c}} v_{\mathrm{c}}^2}{2g}+\frac{\zeta_0 v_{\mathrm{c}}^2}{2g}$$

若令 $H_0=H+\frac{\alpha_0 v_0^2}{2g}$，则有 $H_0=(\alpha_{\mathrm{c}}+\zeta_0)\frac{v_{\mathrm{c}}^2}{2g}$，整理可得收缩断面平均流速 v_{c} 及孔口自由出流流量 Q 计算公式：

$$v_{\mathrm{c}}=\frac{1}{\sqrt{\alpha_{\mathrm{c}}+\zeta_0}}\sqrt{2gH_0}=\varphi\sqrt{2gH_0} \tag{5-2}$$

$$Q=A_{\mathrm{c}}v_{\mathrm{c}}=\varepsilon A v_{\mathrm{c}}=\varepsilon\varphi A\sqrt{2gH_0}=\mu A\sqrt{2gH_0} \tag{5-3}$$

式中 H_0——孔口自由出流的总作用水头，$H_0=H+\frac{\alpha_0 v_0^2}{2g}$，$v_0$ 称为行近流速，$\frac{\alpha_0 v_0^2}{2g}$称为行近流速水头，当孔口上游水箱或水池较大时，$v_0\approx 0$，$H_0=H$；

φ——称为流速系数，$\varphi=\frac{1}{\sqrt{\alpha_{\mathrm{c}}+\zeta_0}}\approx\frac{1}{\sqrt{1+\zeta_0}}$，由试验知，薄壁圆形小孔口 $\varphi=0.97\sim0.98$；

ζ_0——孔口的局部阻力系数，$\zeta_0=\frac{1}{\varphi^2}-1=\frac{1}{0.97^2}-1=0.06$；

ε——孔口收缩系数，实验测得薄壁圆形小孔 $\varepsilon=A_{\mathrm{c}}/A=0.64$；

μ——孔口流量系数，$\mu=\varepsilon\varphi=0.60\sim0.62$，薄壁小孔口一般取 $\mu=0.62$。

2. 薄壁孔口恒定淹没出流

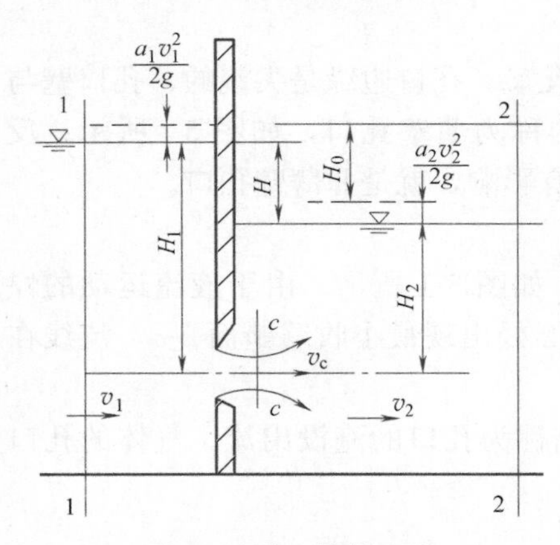

图 5-2 孔口淹没出流

如图 5-2 所示，为孔口淹没出流。水流经收缩断面 c-c 后会迅速扩散，此时的局部水头损失包括水流收缩产生的局部损失与水流扩散产生的局部损失两部分。前者与孔口自由出流相同，而后者可按断面突然扩大来计算。以孔口中心所在平面为基准面，列断面 1-1 和断面 2-2 能量方程得：

$$H_1+\frac{p_1}{\rho g}+\frac{\alpha_1 v_1^2}{2g}=H_2+\frac{p_2}{\rho g}+\frac{\alpha_2 v_2^2}{2g}+h_w \tag{5-4}$$

其中 $p_1=p_2=p_a$，$h_w=(\zeta_e+\zeta_0)\frac{v_c^2}{2g}$，$\zeta_e=1$，代入式（5-4）整理可得：

$$\left(H_1+\frac{\alpha_1 v_1^2}{2g}\right)-\left(H_2+\frac{\alpha_2 v_2^2}{2g}\right)=(\zeta_0+\zeta_e)\frac{v_c^2}{2g}$$

令：

$$H_0=\left(H_1+\frac{\alpha_1 v_1^2}{2g}\right)-\left(H_2+\frac{\alpha_2 v_2^2}{2g}\right)$$

得：

$$H_0=(\zeta_0+\zeta_e)\frac{v_c^2}{2g} \tag{5-5}$$

$$v_c=\frac{1}{\sqrt{1+\zeta_0}}\sqrt{2gH_0}=\varphi\sqrt{2gH_0} \tag{5-6}$$

$$Q=A_c v_c=\varepsilon A v_c=\varepsilon\varphi A\sqrt{2gH_0}=\mu A\sqrt{2gH_0} \tag{5-7}$$

可见淹没出流的流速系数 φ 和流量系数 μ 与自由出流完全相同，计算公式也完全相同，作用水头仍然为上下游的“水位差”（即孔口前后自由液面高差）。因此，在淹没出流时，其流速与流量都与孔口在水下的淹没深度无关，所以无“大”与“小”孔口的区别。

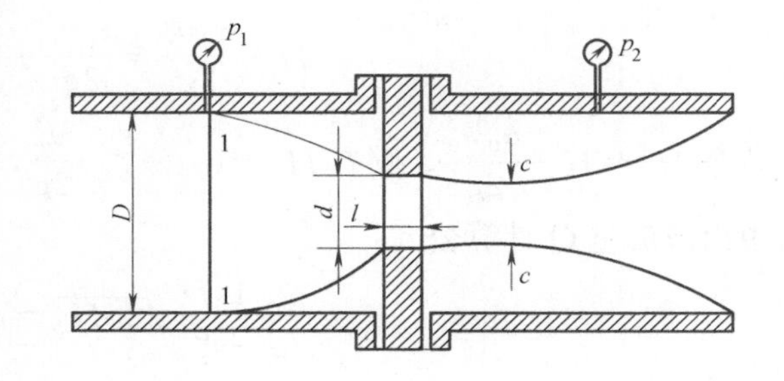

图 5-3 有压管道内的孔口出流

所有气体的孔口出流及孔口上下游流体都是在有压管道内的流动，实际上都是淹没出流现象，如图 5-3 所示。此时只需将 $gH_0=(p_1-p_2)/\rho$ 代入式（5-6）、式（5-7）得：

$$v_c=\varphi\sqrt{2\frac{p_1-p_2}{\rho}} \tag{5-8}$$

$$Q=\mu A\sqrt{2\frac{p_1-p_2}{\rho}} \tag{5-9}$$

3. 薄壁小孔口出流的收缩系数及流量系数

收缩系数 ε 取决于孔口形状、孔口边缘情况和孔口在壁面上的位置。实验证明，不同形状小孔口的流量系数差别不大，但孔口边缘情况对收缩系数会有影响，薄壁孔口的收缩系数最小，圆边孔口收缩系数较大，甚至等于1。孔口在壁面上的位置，对收缩系数有直接影响，从而也影响流量系数μ的值。部分收缩大于全部收缩，不完善收缩的流量系数大于完善收缩的流量系数。

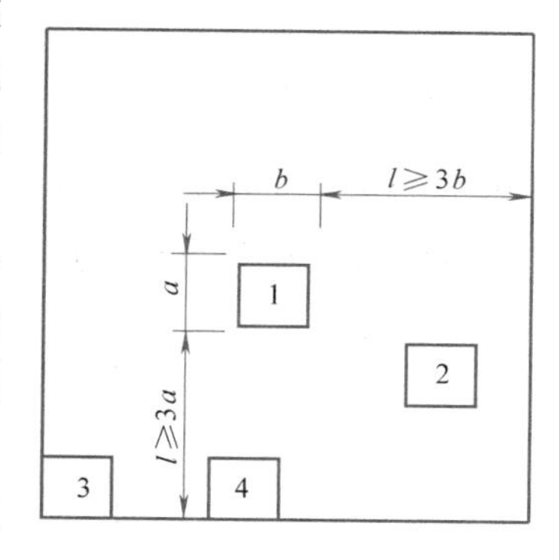

图5-4 孔口位置

图5-4表示孔口在壁面上的位置。当孔口离容器的各个壁面都有一定的距离时，流线在孔口四周各方向上均能发生收缩，称此现象为全部收缩，如图中的孔口1和孔口2；其中孔口1与相邻壁面的距离均大于同方向孔口尺寸的3倍以上，流线在孔口四周各方向可以充分地收缩，容器壁面对流线的收缩没有影响，称之为完善收缩，否则称为不完善收缩（孔口2）。当孔口与容器的壁面相邻时，称为不全部收缩，如图5-4中的孔口3和孔口4。显然，薄壁全部完善收缩孔口的收缩系数ε相对最小，所以流量系数μ也相对最小。ε、μ、φ值由试验测定。对于完善收缩的薄壁圆形小孔口，可近似采用$\varepsilon=0.64$、$\varphi=0.97$、$\mu=0.62$。对于非完善收缩的孔口，ε、μ、φ一般由实验确定。

5.1.3 大孔口恒定出流

大孔口恒定出流的计算公式仍可用式（5-4）或式（5-7），仅式中H_0为大孔口形心处的水头。实际工程中的各种闸孔自由出流就可按大孔口恒定出流计算，大孔口恒定出流几乎都是不全部收缩和不完善收缩，其流量系数往往都大于小孔口流量系数，见表5-1。

大孔口的流量系数　　表5-1

收缩情况	流量系数μ	收缩情况	流量系数μ
全部不完善收缩	0.70	底部无收缩，侧向很小收缩	0.70～0.75
底部无收缩，侧向适度收缩	0.66～0.70	底部无收缩，侧向极小收缩	0.80～0.90

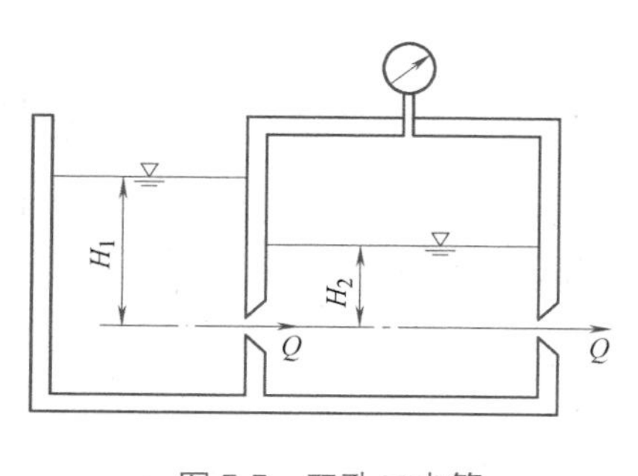

图5-5 双孔口水箱

【例5-1】 水箱上有两个完全相同的孔口，$H_1=6\text{m}$，$H_2=2\text{m}$，如图5-5所示。试求密封容器上的表压强。

【解】 设两个孔口的流量系数均为μ，由于两个孔口的流量Q相等，故得：

$$Q=\mu A\sqrt{2g\left[H_1-\left(H_2+\frac{p}{\rho g}\right)\right]}$$

$$=\mu A\sqrt{2g\left(\frac{p}{\rho g}+H_2\right)}$$

即：

$$H_1-H_2-\frac{p}{\rho g}=\frac{p}{\rho g}+H_2$$

$$\frac{p}{\rho g}=\frac{1}{2}(H_1-2H_2)$$

故：

$$p=\frac{\rho g}{2}(H_1-2H_2)=\frac{9810}{2}(6-2\times2)=9810\text{Pa}$$

5.2 管嘴出流

若在薄壁孔口外接一段管长 $l=(3\sim4)d$ 的短管，这样的短管称为管嘴。水经管嘴并在其出口处满管流出的水力现象，称为管嘴出流。管嘴出流的特点是，当流体进入管嘴后，在据进口不远处形成收缩断面，在收缩断面处水流与管壁分离，形成漩涡区，然后又逐渐扩大，在管嘴出口断面上，流体完全充满整个断面。

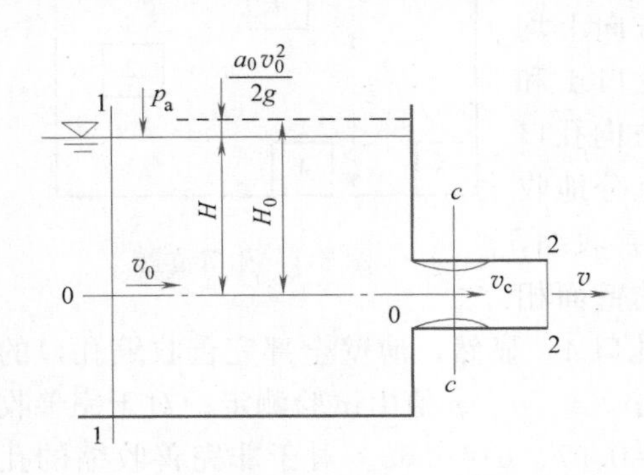

图 5-6 圆柱形外管嘴出流

圆柱形外管嘴出流，可分为自由出流和淹没出流两种情况，各种管嘴出流的计算方法基本相同，本节主要讨论常见的圆柱形外管嘴。

5.2.1 圆柱形外管嘴自由出流

如图 5-6 所示，设水箱水位保持不变，列渐变流 1-1 和管嘴出口断面 2-2 能量方程：

$$H+\frac{\alpha_0 v_0^2}{2g}=\frac{\alpha v^2}{2g}+h_w \tag{5-10}$$

式中 h_w——管嘴出流的水头损失。

由于管嘴长度很短，所以沿程水头损失可以忽略不计。仅考虑经孔口的局部损失和经收缩断面后突然扩大的局部损失，也就是相当于管道锐缘进口的损失，即：

$$h_w=\sum h_j=\zeta_n\frac{v_2^2}{2g}$$

令：

$$H_0=H+\frac{\alpha_0 v_0^2}{2g}$$

将以上两式代入式（5-10），经过整理得：

$$v=\frac{1}{\sqrt{\alpha+\zeta_n}}\sqrt{2gH_0}=\varphi_n\sqrt{2gH_0} \tag{5-11}$$

$$Q=A\mathrm{v}=\varphi_n A\sqrt{2gH_0}=\mu_n A\sqrt{2gH_0} \tag{5-12}$$

式中 ζ_n——管嘴局部阻力系数，对于管道锐缘进口局部阻力系数 $\zeta_n=0.5$；

φ_n——管嘴流速系数，$\varphi_n=\frac{1}{\sqrt{\alpha+\zeta_n}}=\frac{1}{\sqrt{1+0.5}}=0.82$；

μ_n——管嘴流量系数，$\mu_n=\varphi_n=0.82$。

管嘴的局部阻力系数、流量系数与管嘴的形式、进口情况有关。

比较式（5-4）和式（5-12），两式在形式上完全相同，且 $\mu_n=1.32\mu$，可见在相同口径与作用水头下，同样过流断面的直角进口管嘴的过流能力是孔口的 1.32 倍。因此，管嘴常用作泄水管。

5.2.2 圆柱形外管嘴内的真空度

1. 圆柱形外管嘴内的真空度

孔口外面加管嘴后，增加了阻力，但流量却增加了，这是由于管嘴出流收缩断面处存在真空现象所致。在管嘴出流的情况下，图 5-6 中 $A_c<A$，使 $v_c>v$，故由能量方程可知，管嘴收缩断面 c-c 处的压强必小于出口断面处的大气压，即 c-c 断面处于真空状态。

对收缩断面 c-c 和出口断面 2-2 列能量方程，且 $\alpha_c=\alpha=1$，有：

$$\frac{p_c}{\rho g}+\frac{v_c^2}{2g}=\frac{p_a}{\rho g}+\frac{v^2}{2g}+h_j \tag{5-13}$$

由连续性方程，$v_c=\frac{A}{A_c}v=\frac{1}{\varepsilon}v$，且局部水头损失主要发生在水流扩大上：

$$h_j=\zeta_e\frac{v^2}{2g}$$

得：

$$\frac{p_c}{\rho g}=\frac{p_a}{\rho g}-\frac{v_c^2}{\varepsilon^2 2g}+\frac{v^2}{2g}+\zeta_e\frac{v^2}{2g} \tag{5-14}$$

由式（5-11）有 $\frac{v^2}{2g}=\varphi_n^2H_0$，水流突然扩大的阻力系数 $\zeta_e=\left(\frac{A}{A_c}-1\right)^2=\left(\frac{1}{\varepsilon}-1\right)^2$，同时将 $\varphi_n=0.82$、$\varepsilon=0.64$ 一并代入式（5-14）可得：

$$\frac{p_c}{\rho g}=\frac{p_a}{\rho g}-0.75H_0$$

或

$$\frac{p_v}{\rho g}=\frac{p_a-p_c}{\rho g}=0.75H_0 \tag{5-15}$$

上式表明圆柱形外管嘴收缩断面处出现真空，真空度可达到作用总水头的 0.75 倍，相当于把管嘴的作用总水头增加了 75%。因此，在相同口径、相同作用水头下的圆柱形外管嘴的流量比孔口的大。

2. 圆柱形外管嘴恒定出流正常工作条件

1）作用水头 H_0

由式（5-15）可知，作用总水头越大，收缩断面处的真空度越大。但是当真空度达到 7m 水柱以上时，由于液体在低于饱和蒸汽压时将发生汽化，或空气由管嘴小口处吸入，从而使收缩断面处的真空破坏，管嘴不能保持满管出流而如同孔口出流一样。因此，决定了管嘴的作用水头有一个极限值，即：

$$H_0<\frac{7}{0.75}\approx 9\text{m}$$

2）管嘴长度 l

若管嘴长度 $l<(3\sim4)d$，流线收缩后来不及扩大到整个管断面，在收缩断面处也不能形成真空，从而不能发挥管嘴的作用；若管嘴长度过长，沿程损失比重增大，管嘴出流将变成短管流动。

所以直角进口圆柱形外管嘴的正常工作条件是：（1）管嘴长度 $l=(3\sim4)d$；（2）作用水头 $H_0\leqslant 9$m；（3）管嘴保持满管出流。

5.2.3 管嘴分类

管嘴的类型很多，其流速、流量的计算公式与圆柱形管嘴公式形式相似，但流速系数及流量系数各不相同，下面是几种常见常用的管嘴。

1）圆柱形管嘴（图 5-7a），前已论述。

2）流线形管嘴（图 5-7b）。它的阻力最小，流量系数最大，水流在管嘴内无收缩及扩大，消除了收缩断面及由此产生的真空，因此无作用水头的限制，常用于泄水出口。

3）圆锥形收缩管嘴（图 5-7c）。它具有较大的出口流速，适用于消防水枪、水力挖土机射流泵等机械设备的喷嘴。据实验得，当圆锥角为 13°24′时，流量系数达到最大值。

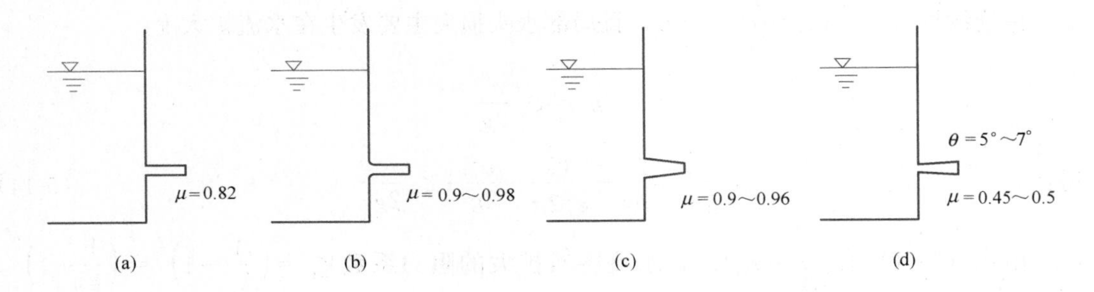

图 5-7 管嘴的类型

4）圆锥形扩张管嘴（图 5-7d）。它在收缩断面处的真空度随圆锥角 θ 的增大而加大，因此它能形成较大的真空度，并具有较大的过流能力和较低的出口速度。它适用于要求形成较大的出口流量和较小出口流速的情况，如引射器、水轮机尾水管和人工降雨设备等。

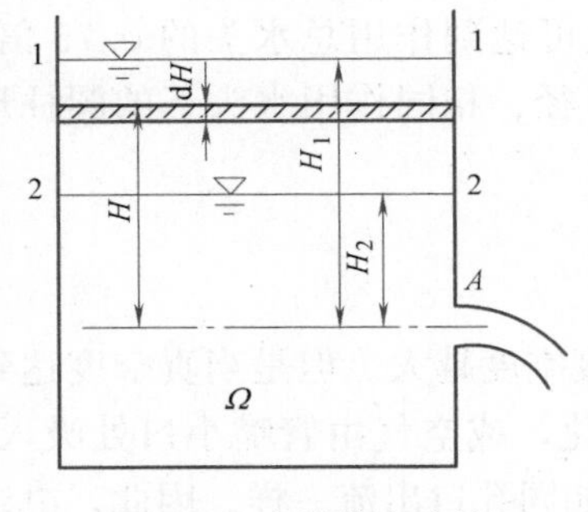

图 5-8 水箱放空出流

5.2.4 孔口与管嘴的非恒定出流

如容器水面随时间变化，孔口或管嘴的流量也会随时间变化，称为变水头出流或非恒定出流，如水箱放空、水库的流量调节或船闸充、放水等流动问题。

如图 5-8 所示，为水箱放空过程。设水箱水面面积为 Ω，距孔口的原水深为 H_1，当出流到水深为 H_2 时所需时间 t，可由水箱下降的容积与孔口出流体积相等求得：

$$Q\mathrm{d}t=-\Omega\mathrm{d}H$$

$$\mu A\sqrt{2gh}\,\mathrm{d}t=-\Omega\mathrm{d}H$$

积分得：$t=\int_{H_1}^{H_2}-\dfrac{\Omega}{\mu A\sqrt{2g}}\dfrac{\mathrm{d}H}{\sqrt{H}}$。

对于等截面柱体，Ω 为常数：

$$t=\frac{2\Omega}{\mu A\sqrt{2g}}(\sqrt{H_1}-\sqrt{H_2}) \tag{5-16}$$

当 $H_1=H$、$H_2=0$ 时，即得容器“泄空”（水面降至孔口处）所需时间：

$$t=\frac{2\Omega H}{\mu A\sqrt{2gH}}=\frac{2V}{\mu A\sqrt{2gH}} \tag{5-17}$$

即变水头出流时容器“泄空”所需要的时间，等于在起始水头 H 作用下恒定出流流出同体积水所需时间的两倍。

5.3 短管的水力计算

实际工程中流体的有压输送主要是通过各种管路实现的。管路一般是由几段不同管径、不同长度的管段所组合。管径和流量沿程不变的管路称为简单管路，由不同的简单管路组成复杂管路。在管路的总水头损失中，沿程损失和局部损失及流速水头均占相当比例，计算时均不可忽略的管路称为短管，如水泵吸水管、虹吸管与倒虹吸管、铁路涵管等则可认为是短管。

5.3.1 短管的水力计算

短管出流有自由出流和淹没出流两种。液体经短管流入大气后，流体四周受到大气压的作用，称这种流动为短管自由出流。如图 5-9 所示，水箱水位恒定，管长 l 和管径 d 沿程不变。取出口断面中心所在水平面 0-0 为基准面，对水箱内渐变流断面 1-1、管道出口断面 2-2 列能量方程：

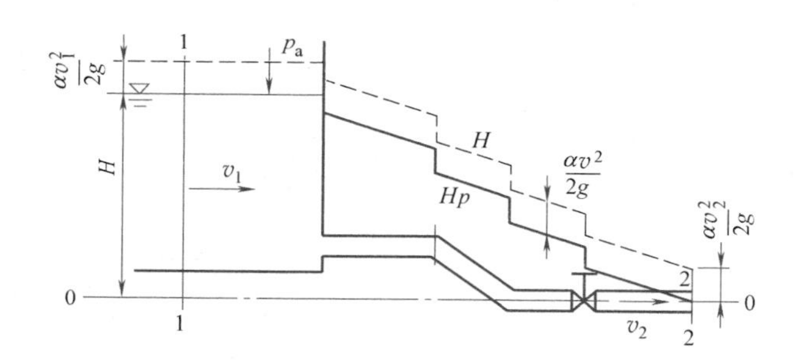

图 5-9 短管自由出流

$$H+0+\frac{\alpha_1 v_1^2}{2g}=0+0+\frac{\alpha_2 v_2^2}{2g}+h_w$$

令：

$$H_0=H+\frac{\alpha_1 v_1^2}{2g}$$

可得：

$$H_0=\frac{\alpha_2 v_2^2}{2g}+h_w \tag{5-18}$$

式中 v_1——水池中断面 1-1 的平均流速，称为行近流速；

v_2——出口断面 2-2 的平均流速，等直径管道中 $v_2=v$；

H_0——包括行近流速在内的水头，称为作用水头。

式（5-18）说明短管水流在自由出流的情况下，其作用水头 H_0 全部消耗于管内水流的水头损失和保持出口的动能。

将 $h_w=\Sigma h_f+\Sigma h_j=\left(\Sigma\lambda\frac{l}{d}+\Sigma\zeta\right)\frac{v^2}{2g}$ 及 $v_2=v$，代入式（5-18）得：

$$H_0=\left(\alpha_2+\Sigma\lambda\frac{l}{d}+\Sigma\zeta\right)\frac{v^2}{2g}$$

则等径短管自由出流的流速、流量为：

$$v=\frac{1}{\sqrt{\alpha_2+\sum\lambda\frac{l}{d}+\sum\zeta}}\sqrt{2gH_0} \tag{5-19a}$$

$$Q=Av=\frac{1}{\sqrt{\alpha_2+\sum\lambda\frac{l}{d}+\sum\zeta}}A\sqrt{2gH_0} \tag{5-19b}$$

式中 λ——沿程阻力系数；

l——各管段长度；

d——管路管径；

ζ——局部阻力系数。

对短管淹没出流，如图 5-10 所示，取下游水面 0-0 为基准面，列渐变流断面 1-1 和 2-2 间的能量方程得：

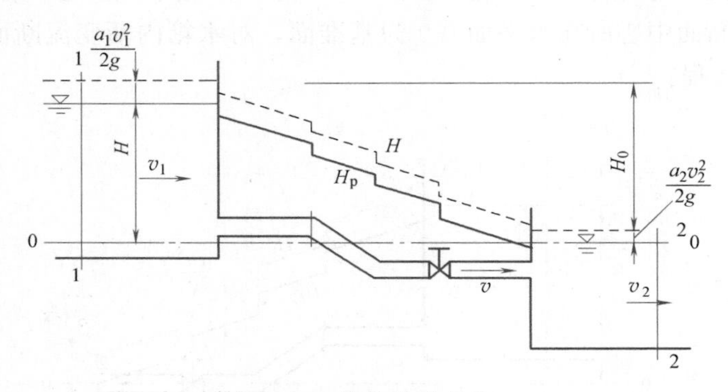

图 5-10 短管淹没出流

$$H+0+\frac{\alpha_1 v_1^2}{2g}=0+0+\frac{\alpha_2 v_2^2}{2g}+h_w$$

令 $H_0=H+\frac{\alpha_1 v_1^2}{2g}-\frac{\alpha_2 v_2^2}{2g}$，即 1-1 和 2-2 断面总水头之差，称为短管淹没出流的作用水头。其中 H 为上下游水池水位差，则可得：

$$H_0=h_w \tag{5-20}$$

因为 $h_w=\left(\sum\lambda\frac{l}{d}+\sum\zeta\right)\frac{v^2}{2g}$，代入上式，整理得等径短管淹没出流的流速及流量为：

$$v=\frac{1}{\sqrt{\sum\lambda\frac{l}{d}+\sum\zeta}}\sqrt{2gH_0} \tag{5-21a}$$

$$Q=Av=\frac{1}{\sqrt{\sum\lambda\frac{l}{d}+\sum\zeta}}A\sqrt{2gH_0} \tag{5-21b}$$

短管自由出流与淹没出流的水力计算基本公式在形式上略有不同，但在相同条件下，计算得到 v 和 Q 的数值相等。因为自由出流时，出口有流速水头无局部损失；而淹没出流时，出口无流速水头有局部损失（管道出口，两者数值相同，即 $\alpha_1=\zeta=1$）。

5.3.2 短管水力计算问题

简单短管的水力计算实际上是根据一些已知条件（对应于前述公式中的某些变量）来求解另一些变量，当管道布置一定时（即管材、管长、局部构件的组成等确定时），在恒定流条件下，短管的水力计算一般可归结为以下四类问题：

1）已知作用水头 H、直径 d，确定输水流量 Q（流速 v）。这类问题多属校核性质，可直接用前述公式计算。

2）已知流量 Q、直径 d，求作用水头 H。一般属新管路设计。

3）已知流量 Q、作用水头 H，求直径 d。或直接由已知的流量 Q 确定管径 d 和所需的作用水头 H。一般属扩建管路。

4）分析计算沿管流各过流断面的动水压强分布情况。对于位置固定的管道，绘出其测压管水头线，便可知道沿程各处压强及变化趋势。

前两类问题，可根据式（5-19）、式（5-21）或直接应用能量方程进行计算。

对于第三类问题，当已知流量 Q 和作用水头 H 时，也可根据式（5-19）、式（5-21）或直接根据能量方程确定管径 d，再按已有管径规格选择相近的标准管径。但若仅通过已知的流量 Q 来确定管径 d 和作用水头 H，由于流速 v 和管径 d 均未知，故属于不定解问题。这时，必须先规定一个流速，然后才能确定 d 和 H。

这一规定的流速需要从技术和经济两个方面来考虑。由连续性方程可知，当流量一定时，管中流速与管径的平方成反比。若选用较小的管径，则可节省管材，降低管道造价，但过大的流速会引起较大的水头损失，从而又会使输水的运行费用增加，同时还可能引起较大的噪声和较强的水击作用（水击将在本章第 5.6 节讨论）；反之，若选用较大的管径，虽可使运行费用降低，但管道造价将增高，对于水中挟带泥沙的管道，管中流速过小，还会引起泥沙的淤积作用。因此，过大或过小的管中流速，在投资上都不会是最经济的，在技术上也不会是最合理的。

工程实际中，人们常通过技术与经济的比较，确定一个在符合技术要求的前提下，使建设和运行总成本最低的经济流速 v_e，作为确定管径 d 的依据。经济流速选定后，即可根据流量和经济流速求出管径，并据此选择相近的标准管径，然后作复核计算。经济流速一般根据实际的设计经验及技术经济资料确定。各种输水管道的经济流速范围可查阅有关设计手册和规范。由于经济流速涉及的因素较多，情况比较复杂，选用时应注意因时因地而异。

5.3.3 几种常见短管的水力计算

1. 虹吸管和倒虹吸管的水力计算

虹吸管是一种简单管路，一般属于短管，其特点是有一段管路高于进出水口水面，如图 5-11 所示，在实际工程中有着广泛的应用。采用虹吸管的优点在于能跨越高地，减少挖方，而其缺点是当管内未被水流所充满时不能输水。

虹吸管的工作原理是：先将管内空气排出，使管内形成一定的真空度，在上游水面的大气压强的作用下，将水压入虹吸管内，水由上游通过虹吸管流向下游。因此，只要保证虹吸管中有一定的真空度及足够克服沿途阻力的上下游水位差，水就源源不断地由上游通过虹吸管流向下游。

由于虹吸管工作时，管内必然存在真空断面，随着真空高度的增大，溶解在水中的空气分离出来或水将发生汽化，并在虹吸管顶部聚集，挤压有效过水断面，阻碍水流运动，直至造成断流。为了保证虹吸管正常过流，工程上限制管内最大真空高度不超过允许值 $[h_v]=7\sim8$m 水柱。可见，有真空区段是虹吸管的特点，其最大真空高度不超过允许值则是虹吸管正常过流的工作条件。虹吸管中真空度最大的断面到上游自由水面的铅直距离（即虹吸管顶部断面形心超出上游自由水面的距离）H_s 称为虹吸管的安装高度。

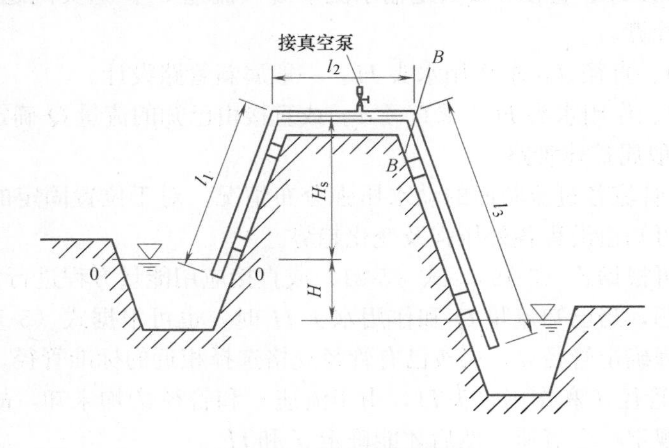

图 5-11 虹吸管路

虹吸管水力计算的主要内容是确定虹吸管输水量和确定虹吸管的安装高度或校核虹吸管内的最大真空度是否超过允许值。

【例 5-2】 利用虹吸管自河中向渠道引水，如图 5-11 所示。已知虹吸管管径 $d=400$mm，河水面高程 $z_1=100.0$m，渠道水面高程 $z_2=98$m，虹吸管的安装高度 $H_s=5$m，虹吸管长 $l_1=8$m、$l_2=12$m、$l_3=15$m，管路进口、中间每个弯头及出口的局部损失系数分别为 $\zeta_1=0.5$、$\zeta_2=0.4$、$\zeta_3=1$，沿程阻力系数 $\lambda=0.028$。试求：

(1) 虹吸管的输水流量；

(2) 校核虹吸管中的最大真空度是否超过允许值。

【解】 (1) 计算虹吸管的输水流量 Q

虹吸管的出口淹没在水面以下，可按淹没出流来计算，忽略上下游渠道流速水头的影响，由 (5-21b) 得：

$$Q=\frac{1}{\sqrt{\sum\lambda\frac{l}{d}+\sum\zeta}}A\sqrt{2gH_0}$$

$$H_0=H=Z_1-Z_2=100.0-98.0=2\text{m};\ l=l_1+l_2+l_3=8+12+15=35\text{m}$$

$$\sum\zeta=\zeta_1+2\times\zeta_2+\zeta_3=0.5+2\times0.4+1=2.3$$

$$Q=\frac{1}{\sqrt{0.028\times\frac{35}{0.4}+2.3}}\times\frac{3.14\times0.4^2}{4}\times\sqrt{2\times9.8\times2}=0.361\text{m}^3/\text{s}$$

$$v=\frac{4Q}{\pi d^2}=\frac{4\times0.361}{3.14\times0.4^2}=2.87\text{m/s}$$

(2) 虹吸管中的最大真空度必然发生在最高处

本题在第 2 个弯头之后的 B-B 断面处。以上游水面 0-0 为基准面，设断面 B-B 中心至上游河水面的高差为 H_s，建立 0-0 和 B-B 断面能量方程：

$$0+0+0=H_s+\frac{p_B}{\rho g}+\frac{v_B^2}{2g}+h_{w0-B}$$

$$h_{w0-B}=\left(\lambda\frac{l_1+l_2}{d}+\zeta_1+2\zeta_2\right)\frac{v^2}{2g}$$

$$=\left(0.028\times\frac{20}{0.4}+0.5+2\times0.4\right)\times\frac{2.87^2}{2\times9.8}=1.13\text{m}$$

$$\frac{p_{Bv}}{\rho g}=\frac{-p_B}{\rho g}=H_s+\frac{v_B^2}{2g}+h_{w0-B}=5+\frac{2.87^2}{2\times9.8}+1.13=6.65\text{m}$$

虹吸管中的最大真空高度$\frac{p_{Bv}}{\rho g}=6.65\text{mH}_2\text{O}<7\text{mH}_2\text{O}$，没有超过允许值，故该虹吸管能够正常工作。

倒虹吸管与虹吸管正好相反，管道一般低于上下游水面，依靠上下游水位差的作用进行输水，如图 5-12 所示。倒虹吸管常用在不便直接跨越的地方，例如过江有压涵管，埋没在铁路、公路下的输水涵管等。倒虹吸管的管道一般不太长，也可按短管计算，计算方法同虹吸管。

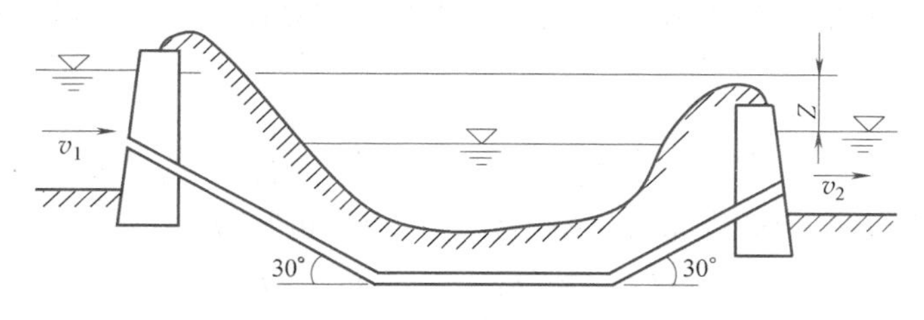

图 5-12 倒虹吸管

2. 离心泵吸、压水管路的水力计算

在设计水泵装置系统时，需要确定水泵的扬程，包括吸水管及压水管的水力计算。吸水管属于短管，压水管则根据不同情况按短管或长管计算。

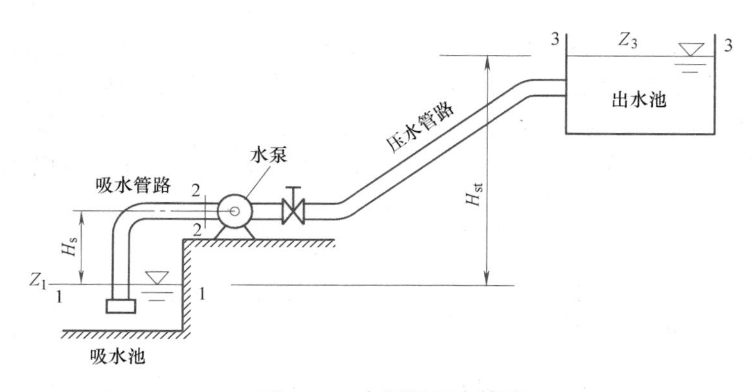

图 5-13 水泵吸压水管路

1）吸水管的水力计算。吸水管的水力计算的主要任务是确定吸水管直径 d 和水泵的最大允许安装高程 H_s。

水泵吸水管和压水管的经济流速 v_e，一般可根据经验数值选取：

（1）吸水管：直径小于 250mm 时，为 1.0～1.2m/s；直径在 250～1000mm 时，为 1.2～1.6m/s；直径大于 1000mm 时，为 1.5～2.0m/s。

（2）出水管：直径小于 250mm 时，为 1.5～2.0m/s；直径在 250～1000mm 时，为 2.0～2.5m/s；直径大于 1000mm 时，为 2.0～3.0m/s。

水泵的最大允许安装高程 H_s 主要取决于所选水泵的最大允许真空度 h_v 和吸水管路的水头损失 h_w。对于图 5-13 所示吸水管路，列 1-1 与 2-2 断面间的能量方程并整理得：

$$\frac{p_a}{\rho g}=H_s+\frac{p_2}{\rho g}+\frac{\alpha_2 v_2^2}{2g}+h_w$$

$$H_s=h_v-\left(\lambda\frac{l}{d}+\sum\zeta+1\right)\frac{v^2}{2g} \tag{5-22}$$

式中 h_v——水泵进口断面的真空高度，$h_v=\dfrac{p_a-p_2}{\rho g}$。

2）压水管的水力计算。也是按照经济流速先确定管径，然后由前述式（5-21）进行相关水力计算。

3）水泵扬程 H 的确定。需要注意的是水泵的扬程是输入的能量，是单位重量流体通过水泵时所获得的能量。对如图 5-13 所示的水泵管路系统，列 1-1 和 3-3 断面间的能量方程得：

$$z_1+0+\frac{\alpha_1 v_1^2}{2g}+H=z_3+0+\frac{\alpha_3 v_3^2}{2g}+h_w$$

当水池面积较大，行进流速可忽略不计时，上式可写成：

$$H=z_3-z_1+h_w=H_{st}+h_w \tag{5-23}$$

式中 $H_{st}=z_3-z_1$，称为几何给水高度（静扬程）。该式表明，水泵的扬程 H 一方面用来将水提升几何高度 H_{st}，另一方面用来克服整个水泵管路系统的水头损失 h_w。

4）水泵的轴功率 N。按照流量及扬程就可选定水泵，从而获知水泵效率 η，进而计算水泵的功率，用以选择配电机。

$$N=\frac{\rho gQH}{\eta} \tag{5-24}$$

【例 5-3】 图 5-13 所示的离心泵，抽水流量 $Q=306\text{m}^3/\text{h}$，吸水管长度为 $l=12\text{m}$，直径 $d=0.3\text{m}$，沿程阻力系数 $\lambda=0.016$。局部阻力系数：带底阀吸水口 $\zeta_1=5.5$，弯头 $\zeta_2=0.3$。水泵允许吸水真空度 $[h_v]=6\text{m}$，试计算此水泵的允许安装高度 H_s。

【解】 以吸水池水面为基准面，列 1-1 和水泵进口断面 2-2 的伯努利方程：

$$\frac{p_a}{\rho g}=H_s+\frac{p_2}{\rho g}+\frac{\alpha_2 v_2^2}{2g}+h_w$$

其中：

$$v=\frac{4q}{\pi d^2}=\frac{4}{\pi\times(0.3)^2}\times\frac{306\text{m}^3/\text{h}}{3600\text{s/h}}=1.2\text{m/s}$$

$$h_w=\left(\sum\lambda\frac{l}{d}+\sum\zeta\right)\frac{v^2}{2g}=\left(0.016\times\frac{12}{0.3}+5.5+0.3\right)\frac{1.2^2}{2\times9.8}=0.473\text{m}$$

再将$\frac{p_a-p_2}{\rho g}=[h_v]=6\text{m}$、$\alpha=1$代入，可得水泵的允许安装高度为：

$$H_s=\frac{p_a-p_2}{\rho g}-\frac{v^2}{2g}-h_w=6-\frac{1.2^2}{2\times9.8}-0.473=5.45\text{m}$$

5.4 长管的水力计算

在水力计算中，管路局部损失流速水头只占沿程损失的不足5%，且可以忽略不计的管路称为长管。如城市输配水管网、各种远距离输水管等均属长管。

5.4.1 简单长管

简单长管是管径、管壁粗糙状况和流量沿流程不变的无分支管路。所有管路都是由简单长管组成的，因此，简单长管的计算是复杂管路水力计算的基础。如图5-14所示，由于不计流速水头，总水头线与测压管水头线重合，又由于不计局部损失，水头线为管路上下游自由水面的连线。

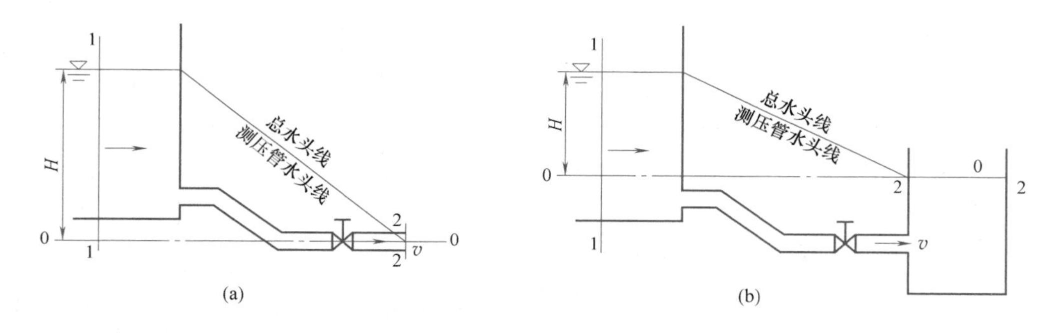

图5-14 简单长管

(a) 自由出流；(b) 淹没出流

列1-1和2-2两断面能量方程得：

$$H=h_f \tag{5-25}$$

上式即为简单长管的基本公式。它表明：无论是自由出流还是淹没出流，简单长管的作用水头H完全消耗于沿程水头损失h_f；只要作用水头H恒定，无论管道如何布置，其总水头线都是与测压管水头线重合并且坡度沿流程不变的直线。但与短管出流一样，长管自由出流和淹没出流的作用水头含义有所不同。

根据式（5-25）可以解决与短管水力计算中相同的三类问题，即Q、H、d的求解问题。在具体的水力计算中，为了节省计算工作量，提高效率，采用比阻或水力坡度两种方式计算。

将达西公式$h_f=\lambda\frac{l}{d}\frac{v^2}{2g}$、$v=\frac{4Q}{\pi d^2}$代入式（5-25）得：

$$H=h_f=\lambda\frac{l}{d}\frac{v^2}{2g}=\frac{8\lambda}{g\pi^2d^5}lQ^2=alQ^2=SQ^2=Jl \tag{5-26}$$

式中 a——管道的比阻，是指单位流量流过单位长度管道所需水头 $a=\frac{8\lambda}{g\pi^2 d^5}$；

S——管道的摩阻（阻抗）（s^2/m^5），$S=al$；

J——单位长度管道的水头损失，或水力坡度，$J=h_f/l=aQ^2$。

a（或 J）取决于管径 d 和沿程阻力系数 λ。因 λ 的计算公式繁多，故 a（或 J）的计算公式也很多。下面列举了土建工程常用的两种计算公式。

1. 谢才公式

适用于钢筋混凝土管道及水泥砂浆内衬的金属管道。

根据谢才公式 $v=C\sqrt{RJ}$、$J=h_f/l$，得：

$$H=h_f=\frac{v^2}{C^2R}l=\frac{64}{\pi^2C^2d^5}lQ^2=alQ^2 \tag{5-27}$$

其中：

$$a=\frac{64}{\pi^2C^2d^5}$$

当管流在紊流粗糙区，谢才系数 C 采用曼宁公式 $C=\frac{1}{n}R^{1/6}$，可得：

$$a=\frac{10.3n^2}{d^{5.33}} \tag{5-28}$$

$$J=aQ^2=\frac{10.3n^2}{d^{5.33}}Q^2\,(\mathrm{m/m}) \tag{5-29}$$

式中 n——管道粗糙系数（也称糙率），见表 5-2；

C——谢才系数。

2. 海曾-威廉公式

一般用于输配水管道及管网的计算。

$$J=\frac{h_f}{l}=\frac{10.67Q^{1.852}}{C_h^{1.852}d_j^{4.87}}\,(\mathrm{m/m}) \tag{5-30}$$

式中 C_h——海曾-威廉系数，见表 5-2；

d_j——计算管段内径。

式（5-30）中，取 $C_h=120$，写成 $h_f=alQ^{1.852}$ 的形式，则比阻表达式为：

$$a=\frac{1.504945\times10^{-3}}{d_j^{4.87}} \tag{5-31}$$

按式（5-30）可编制出水力坡度计算表。已知 v、d、J 中任意两个量，便可直接查出另外一个量，计算工作大为简化。

管道水头损失计算的粗糙系数和海曾-威廉系数 **表 5-2**

管道种类		粗糙系数 n	海曾-威廉系数 C_h
钢管、铸铁管	水泥砂浆内衬	0.011～0.012	120～130
	涂料内衬	0.0105～0.0115	130～140
混凝土管	预应力混凝土管(PCP)	0.012～0.013	110～130
	预应力钢筒混凝土管(PCCP)	0.011～0.0125	120～140

【例 5-4】 如图 5-15 所示，采用球墨铸铁管由水塔向工厂供水。已知管长 $l=2500$m，

管径 $d=400\text{mm}$，水塔处地面高程 $z_1=61\text{m}$，水塔高度 $H_1=18\text{m}$，工厂地面高程 $z_2=45\text{m}$，管路末端需要的自由水头 $H_2=25\text{m}$，试求供水流量 Q。

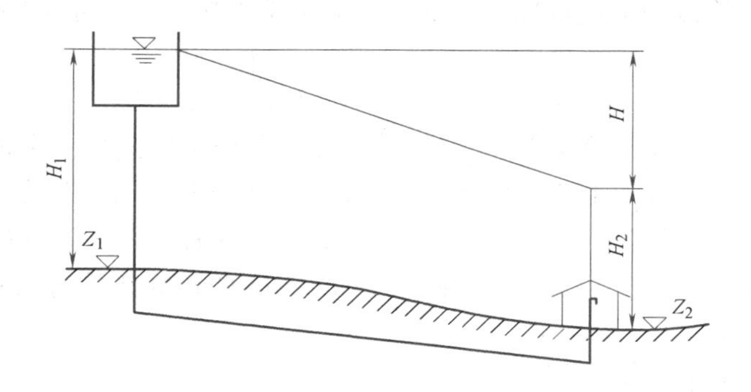

图 5-15　水塔向工厂供水的简单管路

【解】 从水塔液面至管路末端建立伯努利方程：

$$(z_1+H_1)+0+0=(z_2+H_2)+0+0+h_f$$

得管路的作用水头：

$$H=h_f=(z_1+H_1)-(z_2+H_2)=(61+18)-(45+25)=9\text{m}$$

由表 5-2 知，球墨铸铁管水泥砂浆内衬，粗糙系数 $n=0.012$，由式（5-28）计算得比阻：

$$a=\frac{10.3n^2}{d^{5.33}}=\frac{10.3\times0.012^2}{0.4^{5.33}}=0.196\text{m}^6/\text{s}^2$$

将其代入式（5-30）得：$Q=\sqrt{\dfrac{H}{al}}=\sqrt{\dfrac{9}{0.196\times2500}}=0.136\text{m}^3/\text{s}$

5.4.2　串联管路

由直径不同的管段依次连接而成的管路，称为串联管路。串联管路各管段通过的流量可能相同，也可能不同，后者如沿程有分流的情况，如图 5-16 所示。

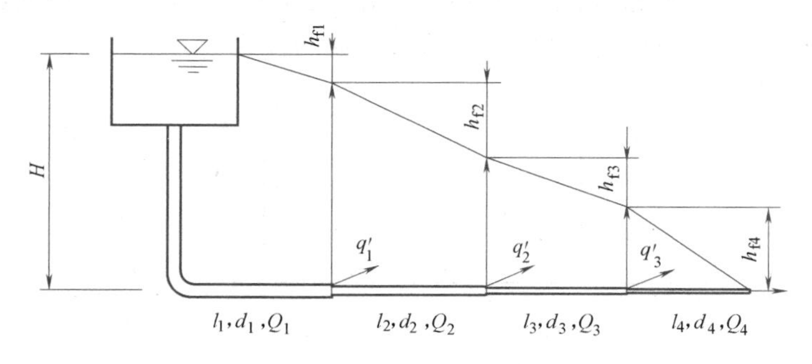

图 5-16　串联管路

在串联管路系统中，从上游至下游分管段建立能量方程，可得：

$$H=\sum_{i=1}^{n}h_{fi}=\sum_{1}^{n}a_il_iQ_i^2\qquad(i=1,2,3,\cdots,n)\tag{5-32}$$

式中，h_{f_i}、a_i、l_i、Q_i 分别为第 i 管段的沿程水头损失、比阻、管长和流量，n 为管段总数目，由此可见，串联管路的总水头损失等于各支路的水头损失之和。

串联管道中各管段的连接点称为节点，根据连续性方程，流向节点的流量等于流出节点的流量，可得：

$$Q_i=Q_{i+1}+q_i' \quad (i=1,2,3,\cdots,n-1) \tag{5-33}$$

上式也称为节点流量平衡方程，其中 q_i' 为各节点分出的流量。利用串联管路水力计算式（5-32）和式（5-33）可解算流量 Q、作用水头 H 和管径 d 三类问题。

【例 5-5】 某输水管路，管长 $l=2500$m，作用水头 $H=20$m，流量 $Q=0.152\text{m}^3/\text{s}$，为节约造价，拟采用管径 $d_1=400$mm 和 $d_2=350$mm 两种规格的铸铁管道串联，试求相应的管段长度 l_1 和 l_2。

【解】 本题按长管串联计算。

$$v_1=\frac{4q}{\pi d_1^2}=\frac{4\times0.152}{\pi\times0.4^2}=1.21\text{m/s};v_2=\frac{4q}{\pi d_2^2}=\frac{4\times0.152}{\pi\times0.35^2}=1.58\text{m/s}$$

比阻采用式（5-28）计算：

$$a_1=\frac{10.3n^2}{d^{5.33}}=\frac{10.3\times0.012^2}{0.4^{5.33}}=0.196\text{m}^2/\text{s}^6$$

$$a_2=\frac{10.3n^2}{0.35^{5.33}}=\frac{10.3\times0.012^2}{0.35^{5.33}}=0.3993\text{m}^2/\text{s}^6$$

根据：

$$H=alQ^2=(a_1l_1+a_2l_2)Q^2$$

得：

$$\frac{H}{Q^2}=al=(a_1l_1+a_2l_2)$$

或

$$865.65=0.196\times l_1+0.3993\times l_2$$

另外：

$$l_1+l_2=2500$$

联立上面两式解得：$l_1=652.2$m，$l_2=1847.8$m。

5.4.3 并联管路

由两条或两条以上的管段在同一节点处分出，又在另一节点处汇合的管道系统称为并联管道。图 5-17 为 A、B 两节点间的三条管段组成的并联管道。

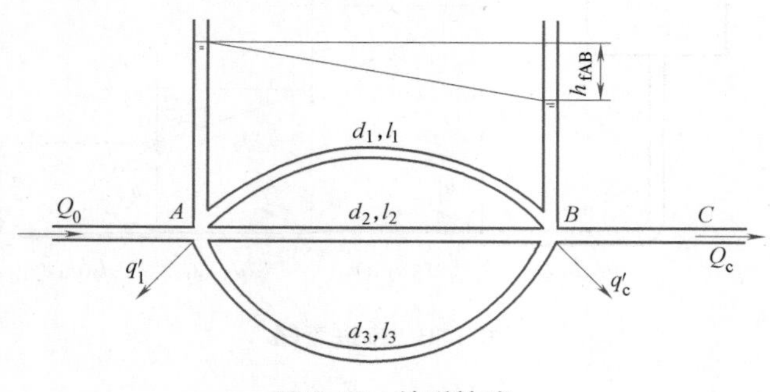

图 5-17 并联管路

并联管道的起点和终点对于各并联支管是共有的，两并联节点间只有一个总水头差，所以两并联节点间各并联支管的水头损失均相等，也即单位重量流体从 A 点流到 B 点水头损失是相同的。对于图 5-17 所示的水头损失存在如下关系：

$$h_{fAB}=h_{f1}=h_{f2}=h_{f3}=a_1 l_1 Q_1^2=a_2 l_2 Q_2^2=a_3 l_3 Q_3^2 \tag{5-34}$$

各支管的流量一般不同，但满足节点流量平衡条件，即流进节点的流量等于流出节点的流量。图 5-17 中节点 A 和 B 应有：

$$Q_0=Q_1+Q_2+Q_3+q'_A \text{或} \sum Q_A=0 \tag{5-35}$$

$$Q_C=Q_1+Q_2+Q_3+q'_C \text{或} \sum Q_B=0 \tag{5-36}$$

如并联管道是由 n 条支管组成时，式（5-35）和式（5-36）的一般式为：

$$a_1 l_1 Q_1^2=a_2 l_2 Q_2^2=a_3 l_3 Q_3^2=\cdots\cdots=a_n l_n Q_n^2=h_{fAB} \tag{5-37}$$

$$\sum_i^n Q_i=0 \text{（节点 } i \text{ 处的流量平衡）} \tag{5-38}$$

式（5-34）～式（5-38）是并联管道水力计算的基本公式，据此可求解并联各支管的流量 q、管径 d 和水头损失 h_f 等问题。

【例 5-6】 两层建筑供暖立管，如图 5-18 所示，管段 1 的直径 $d_1=20\text{mm}$，总长度 $l_1=20\text{m}$，管段 2 的直径身 $d_2=20\text{mm}$，总长度 $l_2=10\text{m}$。管道的沿程阻力系数 $\lambda=0.025$，局部阻力系数 $\sum\zeta_1=\sum\zeta_2=15$，干管中的流星 $Q=0.001\text{m}^3/\text{s}$，热水的密度 $\rho=980\text{kg/m}^3$，试求立管的流量 Q_1、Q_2。

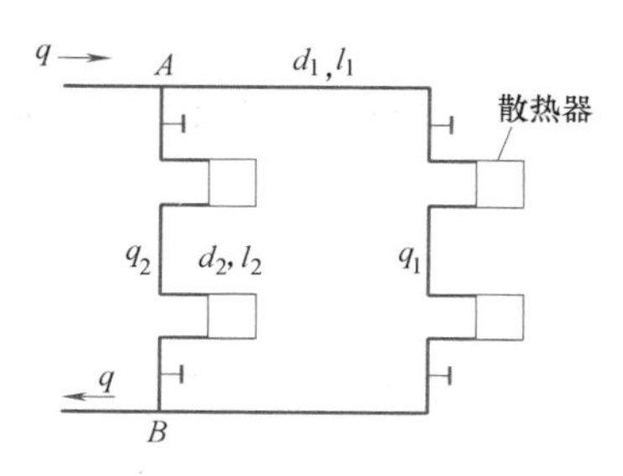

图 5-18　并联管路

【解】 管段 1、2 为节点 A、B 间的并联管段，本题管长较短，需考虑局部损失，故：

$$h_{wAB}=h_{w1}=h_{w2}$$

$$h_{w1}=\left(\lambda\frac{l_1}{d_1}+\sum\zeta_1\right)\frac{Q_1^2}{A_1^2},h_{w2}=\left(\lambda\frac{l_2}{d_2}+\sum\zeta_2\right)\frac{Q_2^2}{A_2^2},d_1=d_2,A_1=A_2$$

$$\frac{Q_1}{Q_2}=\frac{\sqrt{\lambda\frac{l_2}{d_2}+\sum\zeta_2}}{\sqrt{\lambda\frac{l_1}{d_1}+\sum\zeta_1}}=\frac{\sqrt{0.025\times\frac{10}{0.02}+15}}{\sqrt{0.025\times\frac{20}{0.02}+15}}=0.829$$

$$Q=Q_1+Q_2=0.829Q_2+Q_2=1.829Q_2$$

$$Q_2=\frac{Q}{1.829}=\frac{0.001}{1.829}=0.55\times10^{-3}\text{m}^3/\text{s}$$

$$Q_1=0.829Q_2=0.45\times10^{-3}\text{m}^3/\text{s}$$

由上述计算可见，管路 1 的阻力大于管路 2 的阻力，导致流量 $Q_1<Q_2$。为了使各级散热器中流量相等，即 $Q_1=Q_2$，必须调整现有的管径及局部阻力，以使阻力平衡，即 $h_{w1}=h_{w2}$，这种重新的调整就是“阻力平衡”计算。

5.4.4　沿程均匀泄流管道的水力计算

实际工程中，有时会遇到管道向下游转输流量的同时，沿途还有均匀泄流的情况，如给水工程及灌溉工程中的配水管和滤池的冲洗管等，这种管道称沿程泄流管道。

如图 5-19 所示，为一沿程均匀泄流管路，管段长度为 l，管径为 d，途泄总流量为

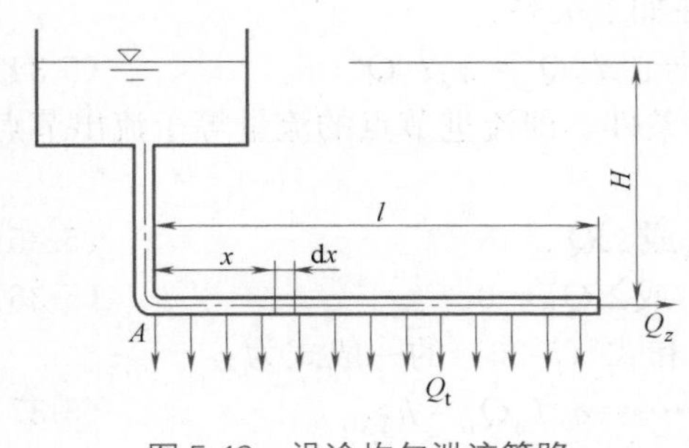

图 5-19 沿途均匀泄流管路

Q_t，管道的转输流量（末端的出流量）为 Q_z，沿途沿程水头损失设为 h_f。

在泄流起点 A 下游 x 距离处，取 dx 的微小管段，可认为通过此微段的流量 Q_x 不变，其水头损失可近似按均匀流计算，即：

$$Q_x=Q_z+Q_t-\frac{Q_t}{l}x$$

$$dh_f=aQ_x^2dx=a\left(Q_z+Q_t-\frac{Q_t}{l}x\right)^2dx$$

将上式沿整个泄流管长进行积分，即得整个泄流管道的水头损失：

$$h_f=\int_0^l dh_f=\int_0^l a\left(Q_z+Q_t-\frac{Q_t}{l}x\right)^2dx$$

若管道的粗糙情况和管径沿程不变，且水流处于紊流粗糙区，则上式中比阻 a 为常数，对上式积分得：

$$h_f=\int_0^l dh_f=al\left(Q_z^2+Q_zQ_t+\frac{1}{3}Q_t^2\right) \tag{5-39}$$

上式可以近似地写作：

$$h_f=al(Q_z^2+0.55Q_t)^2=alQ_c^2 \tag{5-40}$$

式中 Q_c——计算流量或折算流量，$Q_c=Q_z+0.55Q_t$。

该式说明当转输流量 Q_z 不为零时，途泄流量的 $0.45Q_t$ 当作途泄管段起端的节点流量，途泄流量的 $0.55Q_t$ 当作途泄管段末端的节点流量进行计算。

若管段只有途泄流量，无转输流量（$Q_z=0$）时，式（5-39）变为：

$$h_f=\frac{1}{3}alQ_t^2 \tag{5-41}$$

上式表明，只有途泄流量的管道，水头损失为全部流量在管末端泄出时水头损失的三分之一。

【例 5-7】 如图 5-20 所示，水塔供水的输水管道，由三段铸铁管串联而成，BC 为沿程均匀泄流段。管长分别为 $l_1=500$m，$l_2=150$m，$l_3=200$m；管径 $d_1=200$mm，$d_2=150$mm，$d_3=125$mm，节点 B 分出流量 $q'=0.01\text{m}^3/\text{s}$，通过流量 $Q_z=0.02\text{m}^3/\text{s}$，途泄流量 $Q_t=0.015\text{m}^3/\text{s}$，试求所需作用水头 H。

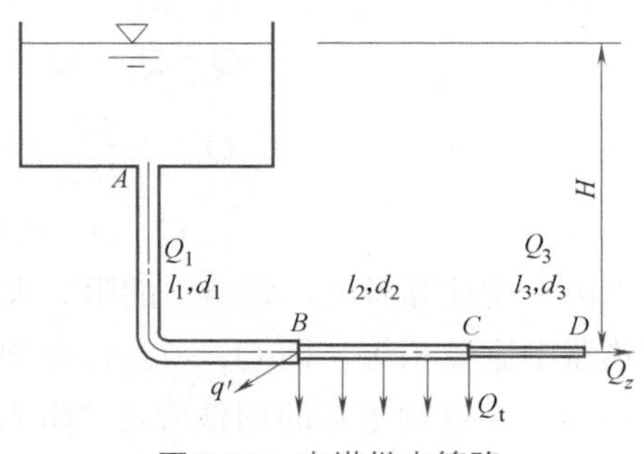

图 5-20 水塔供水管路

【解】 首先确定各串联管段的流量：

第 1 段 AB 管段的流量为：

$$Q_1=q'+Q_t+Q_z=0.045\text{m}^3/\text{s}$$

第 2 段 BC 管段的途泄流量转换为计算流量 Q_c：

$$Q_c=Q_z+0.55Q_t=0.02+0.55\times0.015=0.028\text{m}^3/\text{s}$$

第 3 段 CD 管段流量为：

$$Q_3=Q_z=0.02\text{m}^3/\text{s}$$

三段串联管路的总作用水头等于各管段水头损失之和，铸铁管 $n=0.012$，由式（5-28）得：

$$H=\sum h_{fi}=10.3n^2\left(\frac{l_1Q_1^2}{d_1^{5.33}}+\frac{l_2Q_2^2}{d_2^{5.33}}+\frac{l_3Q_3^2}{d_3^{5.33}}\right)$$

$$=10.3\times0.012^2\times\left(\frac{500\times0.045^2}{0.2^{5.33}}+\frac{150\times0.028^2}{0.15^{5.33}}+\frac{200\times0.02^2}{0.125^{5.33}}\right)$$

$$=20\text{m}$$

即所需作用水头 $H=20\text{m}$ 水柱。

5.5 管网水力计算基础

简单管路通过串联或并联组合而成的管路系统称为管网，如城镇的给水管网、供热管网、燃气的输配送管网等。完全由串联管路组成的管网称为枝状管网，由并联管路组成的管网称为环状管网，整个大的管路系统一般为混合管网。

5.5.1 枝状管网

枝状管网由主干线和分出的支线组成，由单独管道通向用户，不形成闭合回路。其特点是管道总长度较短，建筑费用较低，但供水的可靠性相对不如环状管网高。枝状管网的水力计算，分为新建管网系统和扩建已有的管网系统两种情况。

1. 新建管网的水力计算

对于新建管网，在完成管网布置图以后，通常各管段的长度、管段流量、节点流量（用水量）、节点高程及各节点服务水头（用户所需水头）均为已知，水力计算的目的就是要确定各管段的管径和管网起点的水压。

计算时，首先从各支管末端开始，根据用户的需水量，向上游推算各管段的流量，然后由选用的经济流速 v_e 确定出各管段管径。经济流速一般根据实际的设计经验及技术经济资料确定。对于一般的给水管道，当 $d=100\sim400\text{mm}$ 时，$v_e=0.6\sim1.0\text{m/s}$；当 $d\geqslant 400\text{m}$ 时，$v_e=1.0\sim1.4\text{m/s}$。

其次，按串联管道规律计算各串联管段的水头损失 h_f，并确定从供水水源（水塔或水泵）到各用水点干线的总水头损失 $\sum h_f$。

最后，以地面标高、所要求的自由水头和从供水水源到用水点的总水头损失三项之和最大的用水点作为管网的控制点（也称最不利供水点）（图 5-21a 中比较 1-3 线路和 1-5 线路）。从供水水源到控制点的干线称为控制干线（或最不利管路）。显然，如果能满足管网控制点的用水要求，则自然能满足管网中其他各用水点的用水要求。所以，可根据控制点来确定水塔高度（或水泵扬程），如图 5-21（b）由能量方程可求得水塔高度 H_t 为：

$$H_t=\sum h_f+H_z+z_c-z_t \tag{5-42}$$

式中 H_t——水泵扬程或水塔高度；

$\sum h_f$——最不利计算管路总的沿程水头损失；

H_z——最不利控制点所需的服务水头；

z_c——控制点处地面高程；

z_t——水塔处地面高程。

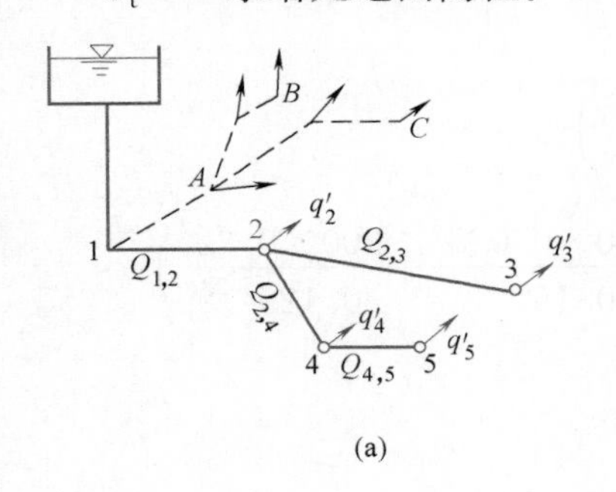

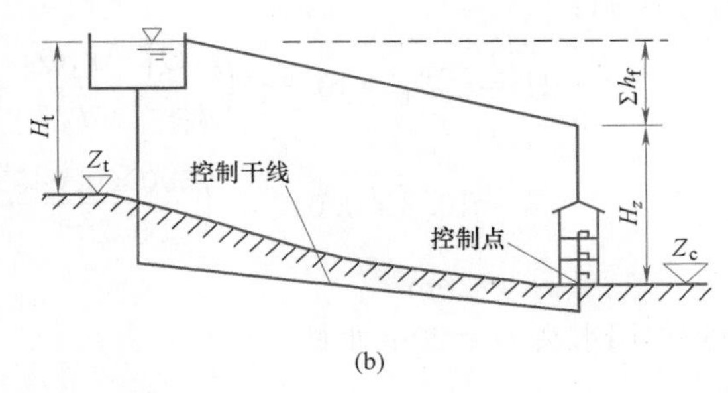

图 5-21 枝状管网

2. 已有管网扩建或新建管网中支管的水力计算

已有管网扩建或新建管网中支管的水力计算，与新建管网干管水力计算的不同之处，是管道起点水压是已知的，只需确定各管段的管径。

因水塔已建成及管道起点压力已知，不能用经济流速确定管径。可先根据枝状管网各支线（如图 5-21a 中的 1-A-B、1-A-C 或 2-5 线路）的起、终点水头及管长等已知条件，算出它们各自的平均水力坡度 $\overline{J}$，并选择其中 $\overline{J}$ 最小的那条支线作为控制线路。

$$\overline{J}=\frac{(z_t+H_t)-(z_i+H_{zi})}{\sum l_i} \tag{5-43}$$

式中 H_t、z_t——含义同式（5-42）；

z_i、H_{zi}——分别为第 i 条线路末端的地面标高和用户要求的自由水头；

$\sum l_i$——第 i 条干线总长度。

然后按控制干线上水头损失均匀分配，即各段水力坡度相等的原则，由式（5-44）计算支管中各管段的比阻值：

$$a_i=\frac{\overline{J}}{Q_i^2} \tag{5-44}$$

式中 Q_i——控制路线中计算管段的流量。

求得的 a_i 值即可确定控制路线中各管段的直径。实际选用时，由于标准管径的比阻值不一定正好等于计算值，可选择部分比阻值大于计算值、部分比阻值小于计算值来确定管段直径，然后再计算确定了管径的控制路线的水头损失 $\sum h_{fi}$，并使其满足：$\sum h_{fi}=(z_t+H_t)-(z_j+H_{zj})$，以保证输送设计要求的流量。

控制路线确定后，可算出各节点处的水头，并以此继续计算出各支线的管径。

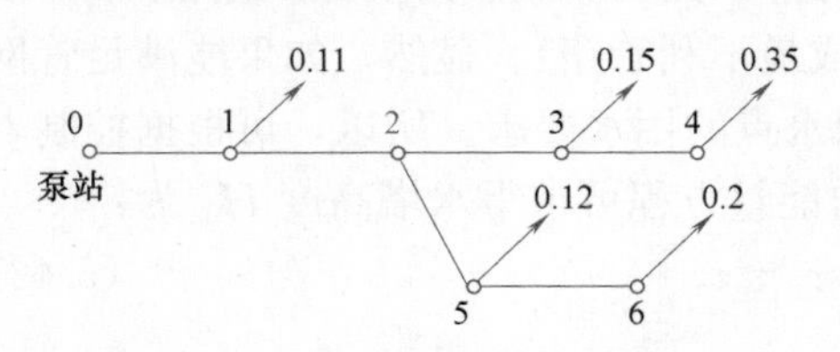

图 5-22 枝状管网计算实例

【例 5-8】 图 5-22 为某开发区新建给水管网图。泵站吸水池水面高程 $z_0=150$m，节点 2、4、6 标高分别为 153m、155m、154.5m，节点 4、6 的服务水头分别为 $H_{Z4}=20$m，$H_{Z6}=12$m，其他已知值见表 5-3。试求水泵扬程 H 及各管直径 d。已知管道 $n=0.013$（水泵吸水管水头损失忽略不计）。

【解】 （1）干管水力计算

由已知条件分析可知，4 点地面标高较高、距离 0 点最远、用水量较大，应为系统最不利点。以 0-1-2-3-4 的管线为干线，计算各管管径和水头损失。以 0-1 管段为例选取经济流速 1.2m/s，按经验，流动处于紊流粗糙区，则：

$$d_{01}=\sqrt{\frac{4Q_{01}}{\pi v_e}}=\sqrt{\frac{4\times 0.93}{\pi\times 1.2}}=0.993\text{m}$$

取标准管径 $d_{01}=1\text{m}$，求其比阻及水头损失：

$$a_{01}=\frac{10.3n^2}{d^{5.33}}=\frac{10.3\times 0.013^2}{d^{5.33}}=0.00174\text{s}^2/\text{m}^6$$

$$h_{f01}=a_{01}l_{01}Q_{01}^2=0.00174\times 1000\times 0.93^2=1.505\text{m}$$

其余各管段计算结果列于表 5-3。

各管段水头损失计算结果　表 5-3

管线	已知值			计算值		
	管号	管长 l (m)	流量 Q (m^3/s)	管径 d (mm)	比阻 a ($\text{s}^2\cdot\text{m}^{-6}$)	水头损失 h_f (m)
干管	0-1	1000	0.93	1000	0.00174	1.505
	1-2	800	0.82	900	0.00305	1.642
	2-3	500	0.5	700	0.01165	1.456
	3-4	1000	0.35	600	0.0265	3.245
支管	2-5	500	0.32	450	0.1172	—
	5-6	600	0.2	400	0.3	—

（2）求支管管径

以支管“2-5”为例，其起点 2 的水压在干线计算时已经确定，节点 2 的水压标高 H_2 为：

$$H_2=H_{z4}+h_{f43}+h_{f23}+z_{t4}=20+3.245+1.456+155=179.701\text{m}$$

节点 6 的水压标高 H_2 为：

$$H_6=H_{z6}+z_{t6}=12+154.5=166.5\text{m}$$

管段“2-5”的水力坡度，应按各段水力坡度相等的原则，取其所在的“2-6”支管的平均水力坡度：

$$\overline{J}_{26}=\frac{H_2-H_6}{l_{26}}=\frac{179.701-166.5}{500+600}=0.012$$

管段“2-5”的比阻：　$$a_{25}=\frac{\overline{J}_{25}}{Q_{25}^2}=\frac{0.012}{0.32}=0.01172$$

管段“2-5”的管径为：

$$d_{25}=\left(\frac{10.3n^2}{a_{25}}\right)^{\frac{1}{5.33}}=\left(\frac{10.3\times 0.013^2}{0.1172}\right)^{\frac{1}{5.33}}=0.454\text{m}$$

取标准管径 0.45m，同理可计算管段“5-6”的直径，填入表 5-3 中。

5.5.2　环状管网

环状管网是并联管路的扩展，其作用主要是提高管网供水的可靠度。管网的水力计算，根据求解条件，可以分为解环方程、解节点方程和解管段方程三类。下面简要介绍解环方程方法。

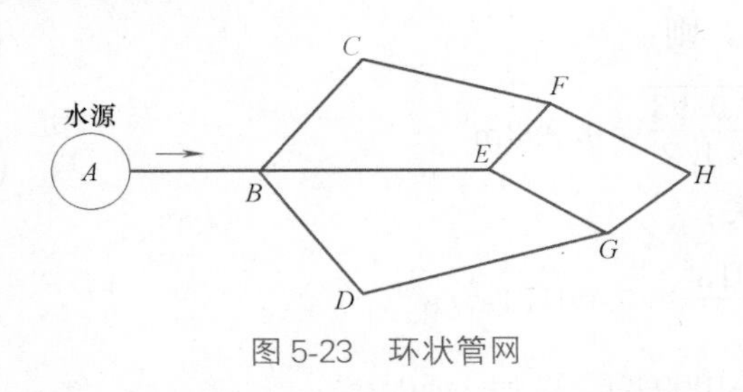

图 5-23 环状管网

环状管网计算时，通常是已确定了管网的管线布置和各管段的长度，并且管网各节点流量已知。因此，环状管网水力计算的目的是决定各管段的通过流量 Q 和各管段的管径 d，求出各段的水头损失 h_f，并进而确定给水系统所需水头。

通过分析可知，管段数为 n_p、环数为 n_c 和节点数为 n_j 的环状管网，存在下列关系：

$$n_p = n_c + n_j - 1 \tag{5-45}$$

如图 5-23 所示，环状管网中，管段数为 $n_p=6$、环数为 $n_c=3$ 和节点数为 $n_j=4$。对于每一管段，存在流量和管径两个未知数：Q 和 d。因此环状管网水力计算的未知数的总数为：$2n_p = 2(n_c + n_j - 1)$。

环状管网的水流特点，为求解上述未知量提供两个水力条件：

第一为连续性条件，即节点流量平衡条件。若设流入节点的流量为正，流出节点的流量为负，则在每个节点上有：

$$\sum Q_i = 0 \tag{5-46}$$

第二为闭合环水头损失条件。根据并联管道两节点间各支管水头损失相等的原则，对于任何一个闭合环，由某一个节点沿两个方向至另一个节点的水头损失相等。在一个环内，若设顺时针水流引起的水头损失为正，逆时针水流引起的水头损失为负，则两者的代数和应等于零。即在各环内有：

$$\sum h_f = \sum a_i l_i Q_i^2 = 0 \tag{5-47}$$

根据式（5-46）可以列出（n_j-1）个独立方程式（即不包括最后一个节点），根据式（5-47）可以列出 n_c 个方程式，因此对环状管网可列出（n_c+n_j-1）个方程式。但未知数总数为 $2(n_c+n_j-1)$，说明问题将有任意解。

因此在实际计算时，通常用经济流速来确定各管段直径，从而使未知数减半，未知量与方程式数目一致，代数方程组有确定解。因此环状管网水力计算就是对方程式（5-46）和式（5-47）联立求解。然而，这样求解非常繁杂，工程上多用逐步渐近法。首先按各节点供水情况初拟各管段水流方向，并根据式（5-46）进行第一次流量初分配，按所分配流量，用经济流速算出管径，再计算各管段的水头损失，进而验算每环的水头损失是否满足式（5-47）；如不满足，需对所分配的流量进行调整；重复以上步骤，依次逼近，直至各环同时满足第二个水力条件式（5-47），或闭合差 $\Delta h_f = \sum h_f$ 小于规定值。

环状管网的计算方法有多种，应用较广的有哈代-克罗斯法，介绍如下。

首先，根据节点流量平衡条件 $\sum Q_i = 0$ 分配各管段流量 Q_i，根据分配的流量计算水头损失，并按式（5-47）计算各环路闭合差：

$$h_{fi} = a_i l_i Q_i^2$$

$$\Delta h_{fi} = \sum h_{fi}$$

当最初分配的流量不满足闭合条件时，在各环路加入校正流量 ΔQ，各管段相应得到水头损失增量 Δh_{fi}，即：

$$h_{fi}+\Delta h_{fi}=a_i l_i(Q_i+\Delta Q)^2=a_i l_i Q_i^2\left(1+\frac{\Delta Q}{Q_i}\right)^2$$

该式按二项式展开，取前两项得：

$$h_{fi}+\Delta h_{fi}=a_i l_i(Q_i+\Delta Q)^2=a_i l_i Q_i^2\left(1+2\frac{\Delta Q}{Q_i}\right)=a_i l_i Q_i^2+2a_i l_i Q_i\Delta Q$$

如加入校正流量后，环路满足闭合条件，则有：

$$\sum(h_{fi}+\Delta h_{fi})=\sum h_{fi}+\sum\Delta h_{fi}=\sum h_{fi}+2\sum a_i l_i Q_i\Delta Q=0$$

根据上式解出 ΔQ，便得出闭合环路的校正流量 ΔQ 的计算公式：

$$\Delta Q=-\frac{\sum h_{fi}}{2\sum a_i l_i Q_i}=-\frac{\sum h_{fi}}{2\sum\frac{a_i l_i Q_i^2}{Q_i}}=-\frac{\sum h_{fi}}{2\sum\frac{h_{fi}}{Q_i}} \tag{5-48}$$

为使 Q_i、h_{fi} 取得一致符号，特规定环路内以顺时针方向水流引起的水头损失为正，逆时针方向水流引起的水头损失为负。

将 ΔQ 与各管段第一次分配流量相加得第二次分配流量，并以同样步骤逐次计算，直到满足所要求的精度。

现在实际工程中，对管网的水力计算都是应用计算机进行，特别是对于多环管网的计算，更具迅速、准确的优越性。

5.6 有压管道中的水击

在有压管流中，由于某种原因（阀门突然关闭或水泵机组突然停机等），使得水流速度突然停止所引起的压强大幅度波动现象称为水击或水锤。

水击所引起的压强升高可达管道正常工作压强的几十倍甚至上百倍，这种大幅度的压强波动，往往引起管道强烈振动、阀门破坏、管道接头断开，甚至管道爆裂等重大事故，具有极大的破坏性。

5.6.1 水击产生的原因

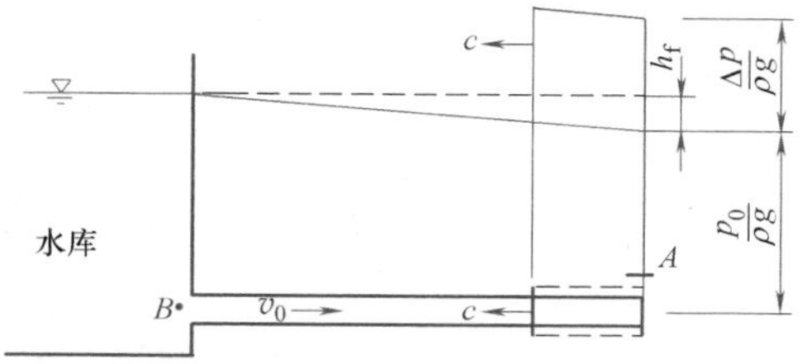

如图 5-24 所示输水管道，尾部设置阀门以调节流量。该管道长度为 l，直径为 d。在正常情况下，阀门开度保持不变，管路中水流为恒定流，流量、流速和阀前压强分别为 Q、v_0 和 p_0。

图 5-24 水击

阀门突然关闭时，最靠近阀门处的水速度由 v_0 变为零，突然停止，但由于惯性作用，后续水流仍然以速度 v_0 运动并依次变为零，紧靠阀门处的水被压缩、管壁产生膨胀。根据质点系动量定理，动量变化等于外力（阀门作用力）的冲量。该作用外力转化为压强 Δp，称为水击压强，并以速度 c（水击波）在管内传播。由于该水击波所到之处，压强剧增，而波的传播方向又与管中恒定流的流动方向相反，故称为增压逆波。

5.6.2 水击传播过程

管道长度为 l，水击波经过管道全长的时间为 l/c。

1. 水击波传播的四个阶段

1）$0<t\leqslant l/c$，即增压逆波阶段（图 5-25a）。水击波自阀前传播到进口 B 处的时段。阀门关闭后，水击压强 Δp 以波速 c 传向上游，管内为增压状态，直至 $t=l/c$，即到管道入口 B 处。在增压过程中，水体被压缩，周围管壁膨胀。

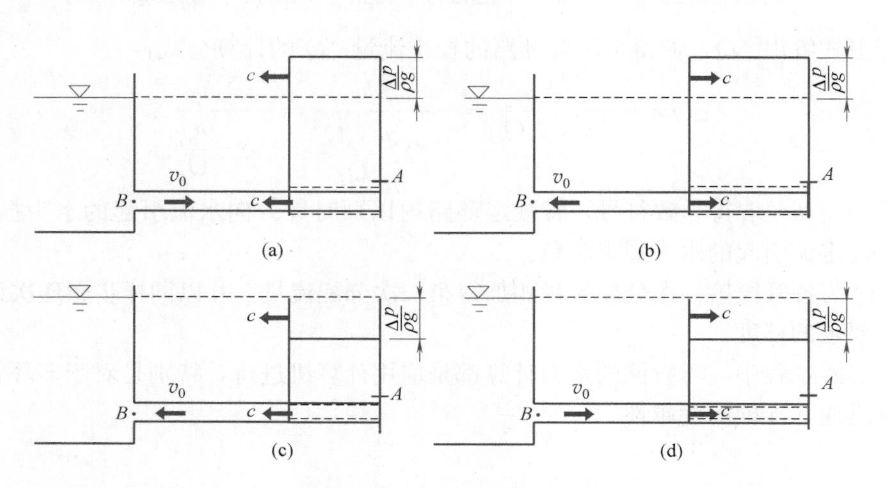

图 5-25 水击波传播的四个阶段

(a) $0<t\leqslant l/c$；(b) $l/c<t\leqslant 2l/c$；(c) $2l/c<t\leqslant 3l/c$；(d) $3l/c<t\leqslant 4l/c$

2）$l/c<t\leqslant 2l/c$，即减压顺波阶段（图 5-25b）。减压波从管道入口 B 向阀门传播过程。由于管内压强大于水池中压强，管中水在水击压强 Δp 作用下向水池中以流速 v_0 倒流，管内压强逐渐恢复，直至 $t=2l/c$。这一过程中，水体密度依次恢复原状，压强亦相继由 $p_0+\Delta p$ 降为 p_0。通常把水击波由管道的阀门传到进口后又由进口传到阀门所需的时间称为水击的相长 T，即 $T=2l/c$。

3）$2l/c<t\leqslant 3l/c$，即减压逆波阶段（图 5-25c）。减压波再次从阀门向管道入口传播过程。倒流的水在阀门处停止，动量变化引起压强降低 Δp，并以 c 向管道入口方向传播，管内为减压状态。直到 $t=3l/c$ 瞬时，全管水体又处于静止状态，管壁收缩，压强都从 p_0 降低了 Δp。

4）$3l/c<t\leqslant 4l/c$，即增压顺波阶段（图 5-25d）。增压波从管道入口 B 向阀门传播过程。由于水池中压强大于管内压强，池中水在水击压强 Δp 的作用下由水池以流速 v_0 流入管中，管内压强逐渐恢复，直至 $t=4l/c$。

至 $t=4l/c$ 时，全管虽然已恢复常态，但因流体的惯性作用，水击现象仍然不会停止，即在水击的第二周期末，如果阀门仍关闭，水击波的传播仍将重复上述四个阶段。实际上由于阻力的存在，水击波不会无休止地传播下去，它将因摩擦损失而使水击压强（振幅）逐渐衰减而消失。

2. 水击波的传播速度

$$c=\frac{c_0}{\sqrt{1+\frac{K_0}{E}\frac{D}{\delta}}}=\frac{1435}{\sqrt{1+\frac{K_0}{E}\frac{D}{\delta}}} \tag{5-49}$$

式中 c_0——声波在水中的传播速度，$c_0=1435\text{m/s}$；

K_0——水的体积模量，$K_0=2.1\times10^9\text{Pa}$；

E——管材的弹性模量（Pa）；钢管为 $20.6\times10^{10}\text{Pa}$；铸铁管为 $9.8\times10^{10}\text{Pa}$，钢筋混凝土管为 $19.6\times10^{10}\text{Pa}$；

D——管径（m）；

δ——管道壁厚（m）。

式（5-49）只能用于薄壁均匀圆管，当管道不是圆管或管壁不均匀（如钢筋混凝土或各种衬砌隧洞等）时，其水击传播速度的计算公式，可查阅相关资料。

5.6.3 水击压强的计算

1. 直接水击

水击波经两个阶段返回到阀门前（即阀门关闭的时间 $T_z<T=2l/c$），阀门近似已关闭。这时，阀门处的水击压强同阀门瞬间关闭时相同，这种水击称为直接水击，也称为正水击。而对于管道阀门迅速开启，管中流速迅速增大，压强显著减小的水击，则称为负水击。负水击可能使管中产生真空和气蚀，甚至引起管道凹陷。

直接水击在阀门处产生的水击压强，由前述动量方程可以推得：

$$\Delta p=\rho c(v_0-v) \tag{5-50}$$

若产生直接水击的阀门完全关闭（即 $v=0$），则得最大水击压强为：

$$\Delta p=\rho c v_0 \tag{5-51}$$

式中 ρ——水的密度；

v_0——水击前管中平均流速；

其他符号意义同前。

阀门快速开启时所产生的直接水击压强，也可采用式（5-50）和式（5-51）计算，只不过其值是负的。

对于普通钢管（$d/\delta\approx100$），$K_0/E\approx0.01$ 代入式（5-49），得 $c\approx1000\text{m/s}$。如阀门关闭前流速 $v=1\text{m/s}$，阀门突然关闭引起的直接水击压强，由出式（5-50）算得 $\Delta p=\rho c v_0=10^6\text{Pa}$，可见直接水击压强是很大的。

2. 间接水击

若阀门的关闭时间 $T_z>T=2l/c$ 时，返回到阀门的负水击压强将与继续关阀时所产生的正水击压强产生叠加，使阀门处的最大水击压强减小，这种情况的水击称为间接水击。间接水击压强一般近似由下式计算：

$$\Delta p=\rho c v_0\frac{T}{T_z}=2\rho v_0\frac{l}{T_z} \tag{5-52}$$

由式（5-52）可见，间接水击压强与水击波传播速度无关。

5.6.4 水击危害的预防

由于水击会引起管道破裂，甚至发生大型淹没事故，因此必须采取防止水击危害的措施。水击的预防可由水击压强的计算公式入手：

1）限制管中流速。减小管道流速，可降低惯性，从而减小水击压强，但会增加工程造价成本，一般根据工程性质慎重确定。

2）控制阀门关闭或开启时间。适当延长阀门的关闭时间，避免直接水击，或选用具有柔性启闭功能的自动闸阀、缓闭阀等方法，减少水击及水击压强。

3）缩短管道长度或采用弹性模量较小的管道材料。缩短管道长，有利于降低水击相时，避免直接水击的产生；管道弹性越好，弹性模量越小，则水击波速越小，水击压强也越小。

4）设置水击消除设施。采用过载保护，在可能产生水击的管道中设置调压塔、调压室或调压井、压力调节器、减压阀、安全阀以及空气室等分流或泄水（水的压缩性很小，适当泄水，就可降压）功能的措施来减缓水击压强。

5.7 泵及泵装置系统

泵是用途广泛的流体机械，泵与风机是把机械能转变为流体（液体、气体）的势能和动能的一种动力设备，并克服流动阻力，达到输送流体的目的。用来输送液体的流体机械称为泵，输送气体的流体机械称为风机。泵与风机在供热、通风、空调、燃气、给水排水、环境等工程中得到广泛的应用。泵及吸水管路与压水管路统称为泵装置系统。本节仅介绍泵的基本概念和基本知识。

5.7.1 泵的类型

根据泵的工作原理不同，通常分为叶片式泵、容积式泵和其他类型泵。

1. 叶片式泵

叶片式泵通过高速旋转的叶轮对流体做功，使流体获得能量。根据流体流过叶轮时的方向不同，又分为三种。

1）离心泵

离心式泵的种类很多，图 5-26 是单级单吸离心泵的基本构造，主要包括蜗壳形的泵壳、泵轴叶轮、吸水管、压水管、底阀、控制阀门、灌水漏斗和泵座。

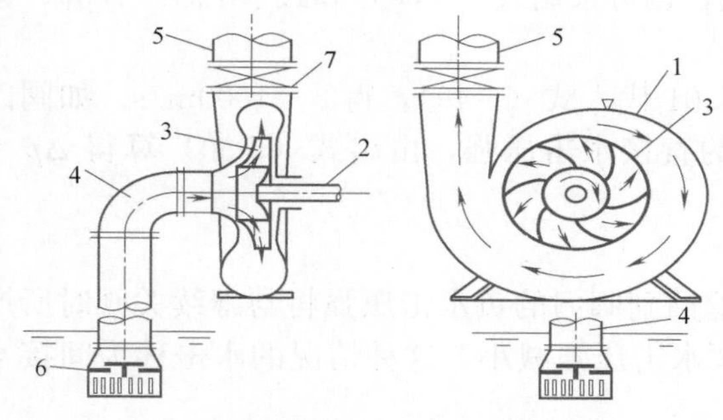

图 5-26 单级单吸离心泵的基本构造

1—泵壳；2—泵轴；3—叶轮；4—吸水管；5—压水管；6—底阀；7—控制阀门

离心泵是利用叶轮旋转而使水产生的离心力来工作的。水泵在启动前，必须使泵壳和吸水管内充满水，然后启动电机，使泵轴带动叶轮和水做高速旋转运动，水在离心力的作用下，被甩向叶轮外缘，经蜗形泵壳的流道流入水泵的压水管路。水泵叶轮中心处，由于水在离心力的作用下被甩出后形成真空，吸水池中的水便在大气压力的作用下被压进泵壳内，叶轮通过不停地转动，使得水在叶轮的作用下不断流入与流出，达到了输送水的目的。

2）轴流泵

轴流式泵的工作原理是利用旋转叶片的挤压推进力使流体获得能量。轴流式叶轮安装在圆筒形泵壳内，当叶轮旋转时流体轴向流入，在叶片流道内获得能量后，再经导流器轴向流出。轴流式泵在工程上用在大流量和较低压头的场合。

3）混流泵

混（斜）流式泵，流体沿轴向流入叶轮，斜向流出，构造和性能介于离心式和轴流式之间。

2. 容积式泵

容积式泵通过工作室容积的改变对流体做功，使流体获得流量，根据工作室容积改变的方式又分为两种。

1）往复式泵

以活塞泵为例，如图 5-27 所示，曲柄连杆机构带动活塞 1 在泵缸 5 内往复运动。当活塞由左向右运动时，工作室 4 容积扩大，压强降低，液体顶开吸水阀 3 进入泵缸，此为吸水过程。当活塞由右向左运动时，工作室容积减小，压强增大，液体顶开压水阀 2 而排出，此为排水过程。活塞不断往复运动，吸水与压水过程就不断交替进行。此泵适用于小流量高压力，常用作加药泵。

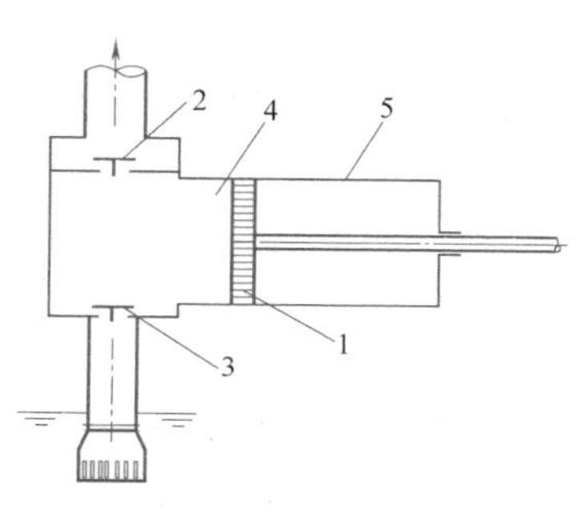

图 5-27 活塞泵示意
1—活塞；2—压水阀；3—吸水阀；
4—工作室；5—泵缸

2）回转式泵

如齿轮泵、螺杆泵以及罗茨风机、螺杆风机等。以齿轮泵为例，如图 5-28 所示，齿轮泵有一对互相啮合的齿轮。主动轮由原动机带动旋转，并带动从动轮 2 反向旋转。液体由吸液口 3 进入，在齿的挤压下分左右沿泵壳流向排液口 4。

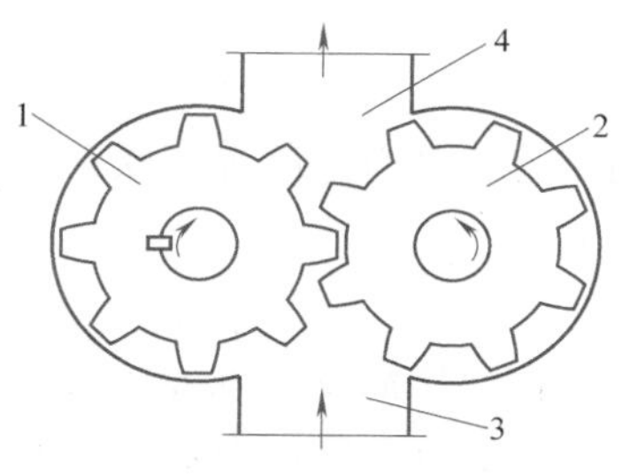

图 5-28 齿轮泵示意
1—主动轮；2—从动轮；
3—吸液口；4—出液口

与离心式泵相比，容积式泵效率较低，且结构和调节复杂，因而应用受到一定限制。但由于构造上各有特点，仍可用于特定场合，例如蒸汽活塞泵可作为停电时锅炉的补给水泵；齿轮泵常用做输送润滑油的油泵。

3. 其他类型的泵

其他类型的泵有射流泵、真空泵等。

5.7.2 泵的性能参数

1. 流量

单位时间内泵所输送的流体体积称为流量，用 Q 表示，常用单位为“L/s、m^3/s 或 m^3/h”。

2. 泵的扬程

泵的扬程是指单位重量液体从泵进口断面至出口断面所获得的能量增值。常以符号 H 表示，单位为“m”。

3. 功率

泵的输入功率，即原动机传到泵轴上的功率，称轴功率。用符号“N”表示，单位为

“W或kW”。

泵的输出功率，又称为有效功率，即单位时间内流体从泵中所获得的实际能量率，用符号“N_e”表示，它等于重量流量与扬程的乘积，单位为“W或kW”。

$$N_e=\rho gQH \tag{5-53}$$

由于流体通过泵时要产生一系列损失，如流动损失传动损失等，有效功率必然小于轴功率。

考虑轴传动损失，原动机（或称电动机）的输入功率 N_M 应在轴功率的基础上留一定的功率储备。

$$N_M=KN \tag{5-54}$$

式中 K——电动机的容量储备系数，$K=1.1\sim1.5$。

4. 效率

效率是指泵输出的有效功率 N_e 与输入的轴功率 N 之比，用符号“η”表示：

$$\eta=\frac{N_e}{N}=\frac{\rho gQH}{N} \tag{5-55}$$

泵或风机的效率是评价自身性能好坏的重要指标，η 越大，能量损失越小。

5. 转速

转速是指泵或风机叶轮每分钟的转数，用符号“n”表示，单位为“min”。

6. 允许吸上真空高度

允许吸上真空高度及汽蚀余量是表征泵吸水性能的参数，用“h_v 或 $NPSH$（Net Positive Suction Head)”表示，单位是“m”。

为方便用户使用，每台泵或风机的机壳上都订有一块铭牌。铭牌上简明地列出了该泵或风机在设计转速下运行且效率为最高（设计工况）时的流量、扬程、转速、电机功率及允许吸上真空高度值等重要参数。

5.7.3 泵的性能曲线

泵的运行必然要和管道系统及外界条件（河水位、管网压力、水塔高度等）联系在一起，泵配上动力机、管道以及一切附件后的系统称为泵装置。

1. 泵的性能曲线

泵的实际工作特性曲线都是制造厂通过标准试验得到的。在介质温度、外界压力及转速一定条件下，泵的扬程 H、轴功率 N 和效率 η 随流量 Q 的关系曲线总称为泵性能曲线（Q-H、Q-N、Q-η、Q-h_v 曲线)，如图5-29所示。水泵的 Q-H 曲线称为水泵的水力性能曲线，是一条下降的曲线，离心泵扬程随流量的增加而逐渐减小。Q-N 曲线是一条上升的曲线，离心泵轴功率随流量的增加而增加，流量为零时的轴功率为设计轴功率的30%～40%，扬程又是最大，完全符合电动机轻载启动的要求，所以对于离心泵，通常采用“闭闸启动”。离心泵的效率曲线 Q-η 的变化趋势是从最高效点向两侧下降，变化比较平缓。

2. 管路系统的特性曲线

如图5-30（a）所示管路和泵装置示意图，列出吸水容器液面1-1及出水容器液面2-2的伯努利方程，可得：

$$H=H_{st}+\sum h=H_{st}+SQ^2 \tag{5-56}$$

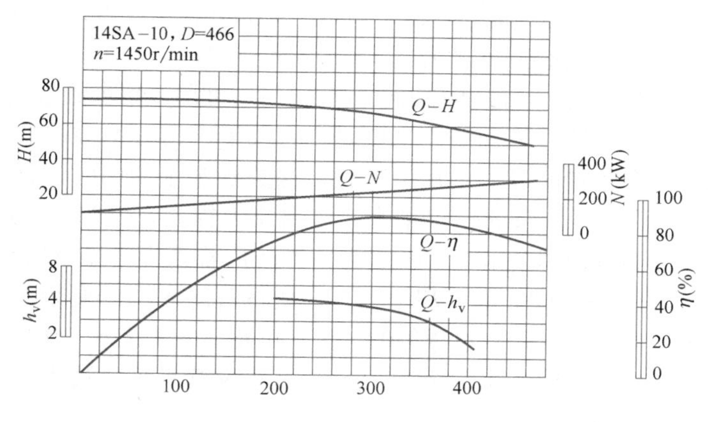

图 5-29 离心泵性能曲线

式中 H——管路中对应某一流量所需水泵的扬程（m）；

Σh——吸水管路及出水管路的水头损失（包括沿程损失和局部损失）（m）；

H_{st}——静压头，即出水池液面测管水头与吸水池液面测管水头之差（m）；

S——综合反映管路阻力特性的系数，即管路摩阻系数（s^2/m^5）。

式（5-56）反映了管路系统所需能量与流量的关系，称之为管路特性方程，绘制成曲线，即管路特性曲线（图 5-30b）。由图 5-30 可知，对于一定的管道系统，过流量越大，水头损失越大，则需要水泵提供的作用水头也越大。管路特性曲线是二次抛物线，管路阻抗 S 越大，曲线越陡。影响管路阻抗的主要因素有沿程阻力和局部阻力、管长和管径等，对于确定的管路系统，管路摩阻可认为是定值。

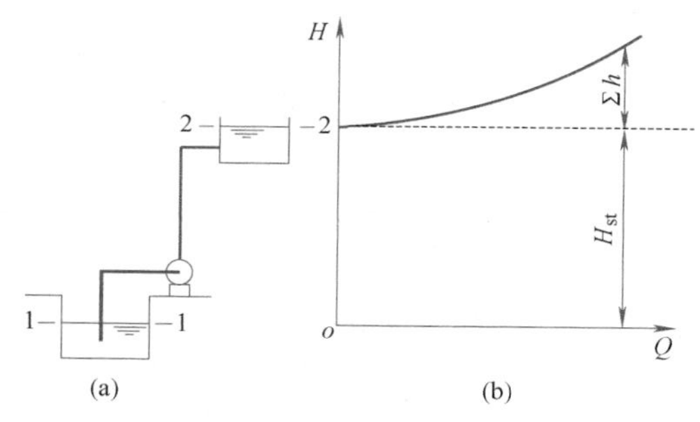

图 5-30 管路系统特性曲线

5.7.4 水泵运行工况

1. 泵的工况点

管路系统的特性是由工程实际管道决定的，与泵本身的特性无关。当泵接入管路系统，作为管路系统的动力源工作时，泵所提供的扬程总是与管路系统所需要的扬程或风压达到自动平衡，此时泵的流量即为管路流量。

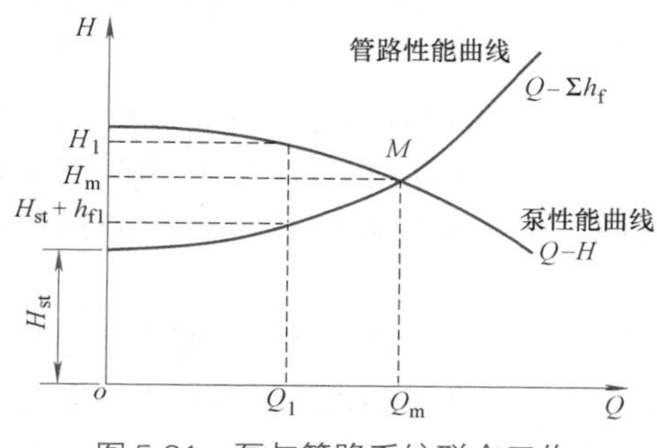

图 5-31 泵与管路系统联合工作

将泵特性曲线 Q-H 与管道系统的水力性能曲线 Q-Σh_f（在 H_{st} 高度上绘制），以同一比例绘在同一张坐标图上，两曲线交点称为水泵的工作状况点，如图 5-31 所示。在 M 点流量为 Q_m 时，水泵提供的能量刚好满足管路系统所需要的能量（水头损失、控制点上的服务水头及几何给水高度），因此 M 点称为能量供需平衡点，如果外界条件不发生变化，水泵将稳定地在 M 点工作，水泵管路系统的出水流量 Q_m，扬程为 H_m。

在给水管网的控制节点，一般都有出口调节阀门，可调节用水流量大小。假定此调节阀门的水头损失不计入管路性能曲线，也就是说，调节阀门时不会改变管路性能曲线形状。下面分析调节出水流量时管中的压力变化。当关小出水阀门时，管路流量减小，如图 5-31 中由 Q_m 减小到 Q_1，泵的扬程增大，泵出压力提高，但管路的损失水头反而减小，使得管道末端控制点的剩余水头（服水头）提高；若当管路流量增大，泵的扬程小，泵出口压力降低，而管路的损失水头却增大了，使得管路末端的剩余水（服务水头）降低。因此，在地势较高的地方就会水压偏低，供水不足，甚至无水。显然，若管道控制点没有预保留一定的水头，即服务水头 $H_z=0$，那么泵及管系统的最大流量只能达到设计流量 Q_m 值。

综合以上分析可知，对于给水管网，由于实际流量变化大，又希望管道的压力稳定，给水管网的水泵应尽量选择水力性能曲线较平坦的泵型。同时，在管网设计时，必须校验最大流量下控制点的服务水头是否满足设计要求。

2. 并联工况

两台或两台以上的泵同时向一条管道输送流体时，就称为并联工作。并联工作一般应用于以下场合：

（1）用户需要的流量大，而大流量的泵制造困难或造价太高。

（2）用户对流量的需求变化幅度较大，通过改变设备运行台数来调节流量更经济合理。

（3）用户有可靠性要求，当一台设备出现事故时仍要保证供水，作为备用。

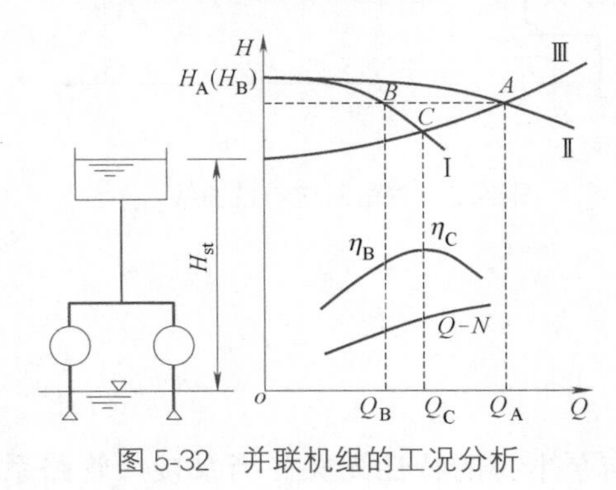

图 5-32 并联机组的工况分析

如图 5-32 所示，两台型号相同的泵并联工作时。已知单机运行的特性曲线Ⅰ，在相同的扬程下使流量加倍，便可得到两台泵并联工作的总特性曲线Ⅱ，与管路特性曲线相交于 A 点。A 点就是并联机组的工作点。Q_A 与 H_A 分别是并联后的流量与扬程。过 A 作水平线与单机特性曲线Ⅰ交于 B 点，B 点是并联机组中单机的工作点。从图 5-32 中可以看出，并联机组中的单泵扬程 H_B 与机组扬程 H_A 相同，流量 Q_B 是机组流量 Q_A 的一半。B 点所对应 η-Q 曲线上的 η_B 就是并联工作时单机的效率，应在高效区范围内。

管路特性曲线Ⅲ与单泵特性曲线Ⅰ的交点 C 是只开一台设备时的工作点。C 点所对应的流量 Q_C 是只开单泵时的流量。显然，只开单泵时的流量 Q_C 大于并联机组中的单机流量 Q_B。这是因为并联后，管路系统内总流量增加，水头损失相应增加，所需扬程加大，根据泵的性能曲线，并联后的单机流量就减小了。

并联后的机组流量大于并联前的单机流量，但并联后两台同型号泵流量并没有增加一倍。并联机组的相对流量增量与单台泵特性曲线的形状和管路性能曲线形状有关。泵特性曲线越陡降，并联机组的相对流量增量越大，越适合并联工作；管路系统的阻抗 S 越小，管路特性曲线越平缓，并联机组的相对流量增量越大。

多台相同的泵并联工作时，随着并联台数的增加，每并联一台泵所得到的流量增量随之减小。因此并联机组的单机数不宜过多，否则起不到明显的并联效果。

3. 串联工况

串联工作的特点是各台设备流量相同，而总扬程等于各台设备扬程之和。串联工作一般应用于以下场合：

（1）用户需要的扬程高，而高扬程的泵制造困难或造价太高。

（2）改建或扩建管网系统时，管路阻力加大，而需要增大扬程。

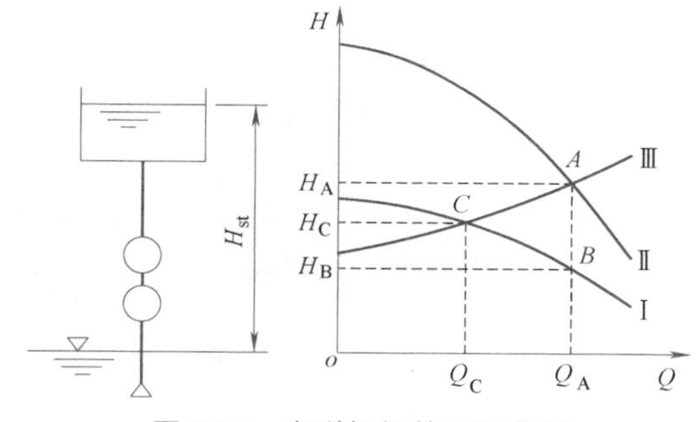

图 5-33　串联机组的工况分析

两台相同的泵串联工作时，工况分析如图 5-33 所示。图中曲线Ⅰ是一台设备的特性曲线；曲线Ⅱ是串联机组工作的特性曲线；曲线Ⅲ是管路性能曲线，与串联机组特性曲线交于 A 点。A 点就是串联机组的工作点，流量 Q_A，扬程 H_A。

由 A 点作垂线与单泵特性曲线Ⅰ交于 B 点，B 点就是串联泵组中单泵的工作点。管路特性曲线Ⅲ与单机特性曲线Ⅰ的交点 C 是只开一台泵时的工作点，C 点所对应的扬程 H_C 是只开一台泵时的扬程。$H_A > H_C$，但 $H_A < 2H_C$，说明两台型号相同的泵串联后扬程并没有增加一倍。串联泵组的相对扬程增量与单泵特性曲线的形状和管路性能曲线形状有关。泵特性曲线越平缓，串联泵组的相对扬程增量越大，越适合串联工作；管路系统的阻抗 S 越大，管路特性曲线越陡，串联泵组的相对扬程增量越大。

有关型号不同的泵串联工作的工况分析方法与上述情况类似，本书不再详细讨论。应该指出，水泵串联工作时，后一台泵比前一台泵承受的压力更高，选择此泵时要注意泵的承压能力是否满足要求。

5.7.5　混凝土泵

混凝土泵全名为混凝土输送泵，是一种利用压力，将可泵性的混凝土拌合物沿管道连续输送的机械。混凝土泵由泵体和输送管组成，泵体的工作原理类似于往复运动的容积式水泵。混凝土泵具有作业安全、施工高效、质量好、成本低且不污染环境的优点，广泛应用于桥梁、隧道、水利水电、矿山、高层建筑、国防等工程项目的混凝土施工。

1. 混凝土泵的分类

1）按工作原理可分为活塞式、挤压式和水压隔膜式三种。

目前应用最为广泛的是液压双缸活塞式混凝土泵，其两个主液压缸交替工作，使混凝土的输送比较平稳、连续，且排量大，充分利用了原动机的功率。

2）按移动方式可分为固定式、拖式和车载式三种。

（1）固定式混凝土泵是安装在固定机座上的混凝土泵，系原始形式，多由电动机驱动，适用于工程量较大、移动较少的场合。

（2）拖式混凝土泵是安装在可拖行底盘上的混凝土泵，由于其装有车轮，所以它既能在施工现场方便地移动，又能在道路上拖运，见图 5-34。

(3) 车载式混凝土泵是安装在机动车辆底盘上的混凝土泵，移动方便，灵活机动。根据是否带有布料杆，又可分为车载泵和泵车（见图 5-34)。泵车是汽车、混凝土泵及布料杆（由可伸缩或屈折的布料杆臂架及输送管道组成）的组合体，在泵送距离不远时，施工前后不需要铺设和拆卸输送管道，可大大缩短施工的辅助时间，节省劳动力，提高生产率和降低施工成本，是目前重点发展的混凝土泵机种。

图 5-34 移动式混凝土泵

3）按分配阀形式可分为 S 管阀、闸板阀、裙阀、C 形阀和蝶阀等。

4）按输送量大小、出口压力高低及驱动动力等划分的其他类型。

2. 混凝土泵的选配

混凝土泵的选配类似于水泵的选配。

1）选型：应根据混凝土输送管路系统布置方案及浇筑工程量、浇筑进度以及混凝土塌落度、设备状况等施工技术条件，确定混凝土泵的选型。

2）选配参数：主要有混凝土浇筑体积、混凝土最大输出量、平均输出量以及混凝土泵所需的额定工作压力。

本章小结

工程中的许多流动可归集为孔口、管嘴和有压管道的流动，其流动计算的基本原理就是流体力学中的连续性方程和能量方程。

自由出流存在大小孔口的划分，而对于淹没出流，孔口断面上各点水头相同，所以不分大小孔口；孔口的位置不同，其出流量亦不同。在孔口上接一 3～4 倍口径的短管就可使出流能力提高 32%，但要符合正常工作的条件；管嘴出流不完全是为了提高出流量，大多数是为了实际工程的其他需要。

当管嘴的长度增加到必须考虑沿程损失时，就称为短管了，在日常生活及实际工程中有广泛的应用，其特点就是要考虑所有的水头损失，包括流速水头。当局部损失和流速水头与沿程损失相比可忽略不计时，即只计算沿程损失的管路称为长管，其特点是总水头线与测压管水头线重合。

由简单管路经串联及并联所组成的管路系统称为管网，有新建和扩建两种情况，主要是确定管网起点的作用水头及其作用下保证用户流量的管路管径。计算的基本原理是质量守恒下的连续性和能量守恒下的能量同一性；针对不同专业及不同流体，沿程损失计算采用的公式亦有所不同，但本质上没有区别。计算机技术广泛应用于管网的水力计算，特别是管网平差，远比人工计算快速而精确。

泵是输送流体的主要能量转化设备，了解泵的类型、装置组成和运行工况以及远距离或高扬程管路的水击危害与对策，对于工程设计及运行管理有着非常重要的工程意义。

了解混凝土泵的基本概念。

思考与练习题

5-1　什么情况下才有大孔口与小孔口的区别？薄壁小孔口有何特点？

5-2　在条件相同的情况下，为什么管嘴比孔口的过流能力强？

5-3　管嘴过长或作用水头过高，管嘴出流会出现什么样的现象？

5-4　将管路划分为短管和长管有何意义？

5-5　长管中的测压管水头线和总水头线是什么关系？

5-6　管网都是由简单管路组成的吗？管网计算可解决哪几类问题？

5-7　水击发生的内在原因与水击预防措施的基本原理是否一致？

5-8　按照水流在泵腔内受力的不同泵分为哪几类？

5-9　泵的串联和并联分别是为了提高哪个参数？

5-10　泵铭牌上的参数是在什么工况下测出的？

5-11　某薄壁圆形孔口直径 $d=10\text{mm}$，作用水头 $H=2\text{m}$，现测得出流收缩断面的直径 $d_c=0.8\text{mm}$，在 32s 时间内，经孔口流出的水量为 0.01m^3，试求该孔口的收缩系数 ε、流量系数 μ、流速系数 φ 及孔口的局部阻力系数 ζ。

5-12　如图 5-35 所示，已知密闭水箱 A 中水面相对压强 $p_0=0.2\text{at}$，水箱壁面孔口直径 $d_1=40\text{mm}$，水箱 B 底部的圆柱形外管嘴直径 $d_2=30\text{mm}$，图中的 $h_1=3\text{m}$、$h_3=1\text{m}$。若水流为恒定流，试求图中的 h_2 及水箱出流量 Q。

5-13　如图 5-36 所示，某矩形船闸的间室长 $l=80\text{m}$，宽 $b=10\text{m}$。设上、下游闸门泄流孔口的流量系数 $\mu=0.60$。现要求在 20min 内完成船闸闸室内充水和放水过程，试求充、放水闸门孔口面积 A_1 和 A_2 为多少？

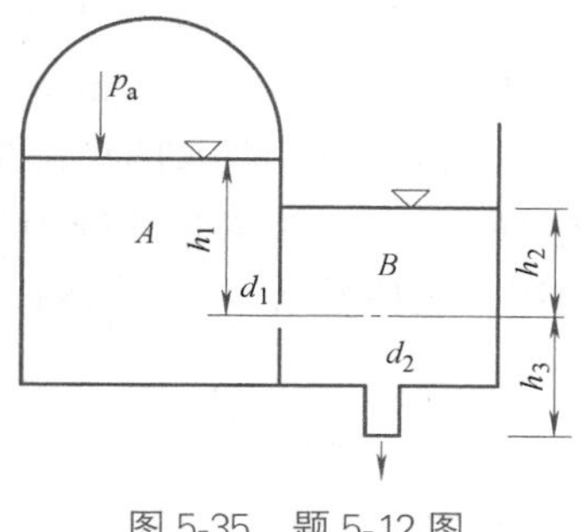

图 5-35　题 5-12 图

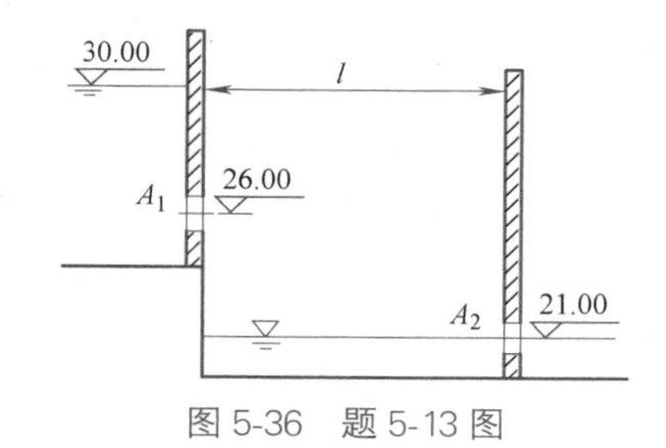

图 5-36　题 5-13 图

5-14　薄壁孔口出流，已知孔口直径 $d=20\text{mm}$，水箱水位恒定 $H=2\text{m}$。(1) 求孔口的出流量；(2) 在此孔口外接一段与孔口同直径的圆柱形管嘴，求该管嘴的出流量；(3) 求管嘴收缩断面处的真空度。

5-15　某平底空船示意如图 5-37 所示，已知其水平截面积 $\Omega=10\text{m}^2$，船舷高为 $h=0.6\text{m}$，船自重 $G=9.81\text{kN}$，现船底有一直径 $d=200\text{mm}$ 的破孔，水自该孔流入船中，试问经过多少时间后该船将沉没？

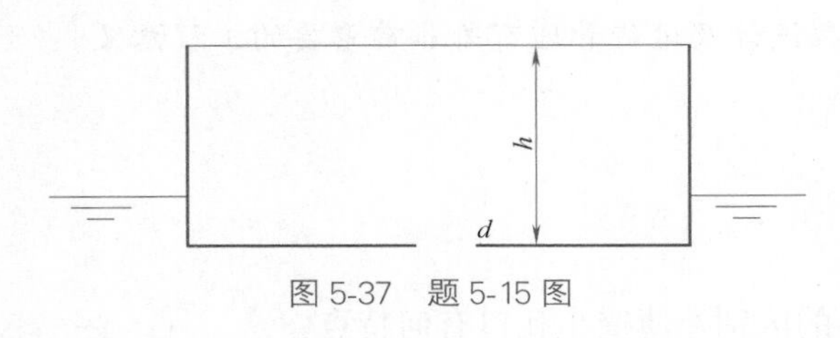

图 5-37 题 5-15 图

5-16 设有两个圆柱形容器，如图 5-38 所示。左边容器的横断面面积为 100m^2，右边容器的横断面面积为 50m^2，两个容器之间水位差为 $H=3\text{m}$，中间用直径 $d=1\text{m}$、长度为 $l=100\text{m}$ 圆管连接。已知进口局部阻力系数为 $\zeta_1=0.5$，出口局部阻力系数为 $\zeta_1=1.0$，沿程阻力系数为 $\lambda=0.025$，试求两容器水位达到平齐时所需的时间？

5-17 如图 5-39 所示，两水池的水位差 $H=2.5\text{m}$，两水池之间用两段管道串联连接，已知 $l_1=10\text{m}$，$d_1=75\text{mm}$，$l_2=10\text{m}$，$d_2=50\text{mm}$，管道沿程阻力系数 $\lambda=0.02$，两管道间断面突然收缩阻力系数 $\zeta=0.6$（对应 $v_2^2/2g$）。考虑管道所有的局部阻力，试确定通过管道的流量，并绘制管道的总水头线和测压管水头线。

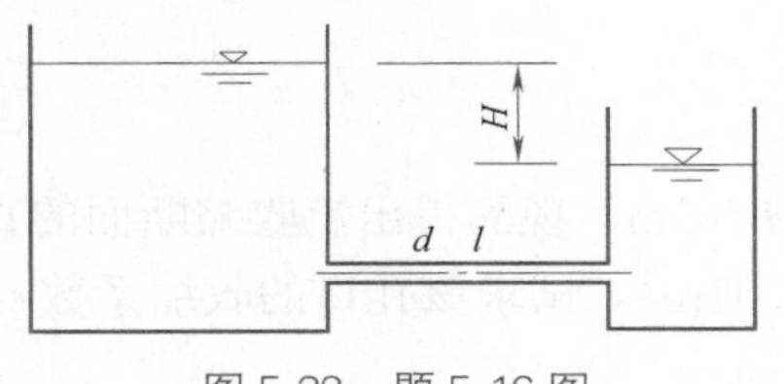

图 5-38 题 5-16 图

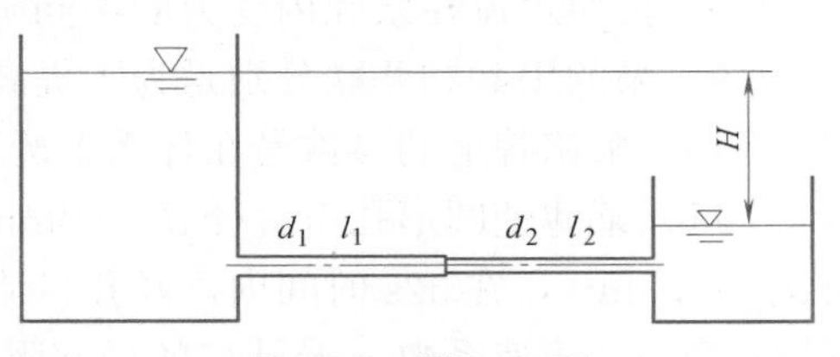

图 5-39 题 5-17 图

5-18 两水池间水位差 $H=8\text{m}$，如在两水池间布置两条平行且标高相同的管道，其中一条管道直径 $d_1=50\text{mm}$，另一条管道直径 $d_2=100\text{mm}$。两管道长度相等，即 $l_1=l_2=30\text{m}$。试求：（1）每条管道所通过的流量；（2）改为一条管道，长度不变且要求的总流量亦不变，求该管道的直径。设每条管道中所有的局部水头损失系数为 $\sum\zeta=0.5$，管道的沿程阻力系数均为 $\lambda=0.02$。

5-19 水泵装置如图 5-40 所示。已知吸水管直径 $d_1=100\text{mm}$，长 $l_1=6\text{m}$。沿程阻力系数 $\lambda=0.025$，进口滤网局部阻力因数 $\zeta=7.0$；压力水管直径 $d_2=80\text{mm}$，长 $l_2=60\text{m}$，沿程阻力系数 $\lambda=0.028$，阀门的局部阻力系数 $\zeta=8.0$，每个弯头的局部阻力系数为 $\zeta_3=0.5$，出口的局部阻力系数 $\zeta_4=1.0$，安装高度 $H_s=2\text{m}$。若水泵的静扬程 $H_{st}=12\text{m}$，水泵出口压力表读数 $p_m=245.2\text{kPa}$，压力箱的压力表读数 $p_0=117.7\text{kPa}$。试求：（1）水泵的输水量 Q；（2）水泵的扬程 H。

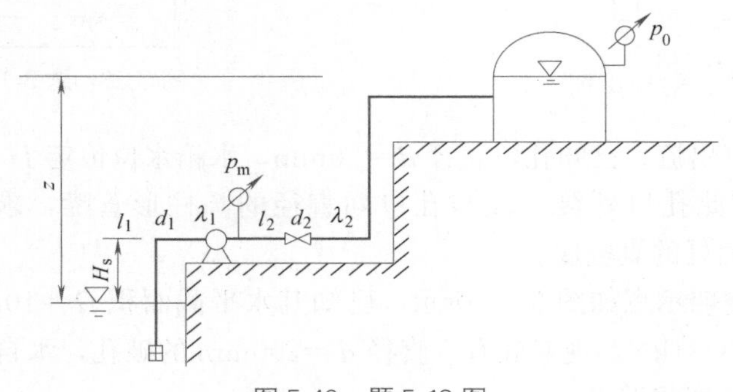

图 5-40 题 5-19 图

5-20 有压涵管（图 5-41），管长$l=50\text{m}$，上下游水位差 $H=3\text{m}$，各项阻力系数：沿程 $\lambda=0.023$，进口 $\zeta_A=0.5$，转弯$\zeta_B=\zeta_c=0.15$，出口$\zeta_D=1.0$。如要求涵管通过流量 $Q=3\text{m}^3/\text{s}$，试确定管径 d。

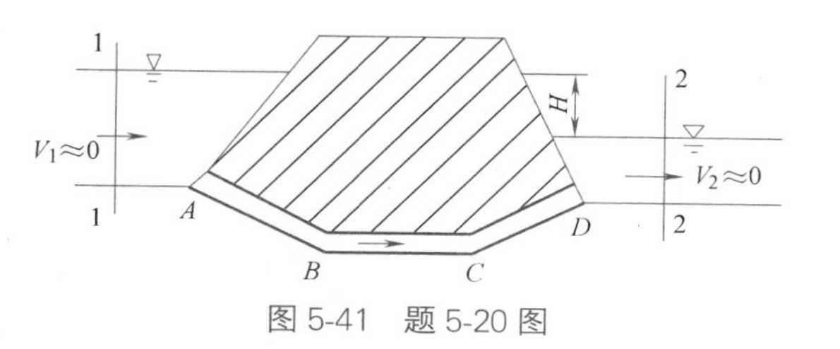

图 5-41 题 5-20 图

5-21 如图 5-42 所示，水库引水管路，出口流入大气中，已知水头 $H=49\text{m}$，管径 $d=1\text{m}$，管路进口管轴线距水面 $h=15\text{m}$，管长 $l_1=50\text{m}$，$l_2=200\text{m}$，沿程水头损失系数 $\lambda=0.02$，进口及弯头局部阻力系数均为 $\zeta=0.5$。试求：(1) 引水流量 Q；(2) 管路中压强最低点的位置及其压强值。

5-22 如图 5-43 所示，长 $l=50\text{m}$ 的自流管，将水自水池引至吸水井中，然后用水泵送水，水泵吸水管直径 $d=200\text{mm}$，管长 $l=6\text{m}$，泵的抽水量 $Q=0.064\text{m}^3/\text{s}$，滤水网阻力系数 $\zeta_1=\zeta_2=6.0$，弯头阻力系数 $\zeta=0.3$，自流管和吸水管的沿程阻力系数 $\lambda=0.02$。试求：(1) 当水池水面与吸水井的水面高差 h 不超过 2m 时，自流管的直径 D；(2) 水泵的安装高度 $H_s=2\text{m}$ 时，水泵进口断面 A-A 处的绝对压强。

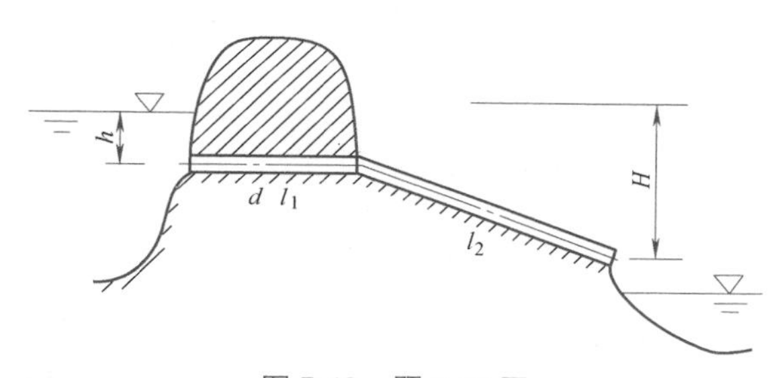

图 5-42 题 5-21 图

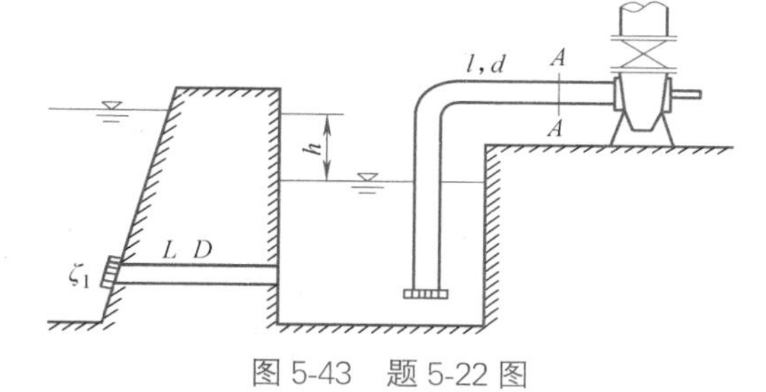

图 5-43 题 5-22 图

5-23 有一串并联管路如图 5-44 所示，D 端为自由出流，已知管道 AB 流量为$Q_0=0.2\text{m}^3/\text{s}$，管长 $l_0=500\text{m}$，管径 $d_0=0.35\text{m}$，并联管路 BC 分别为 $d_1=0.25\text{m}$，$d_2=d_3=0.20\text{m}$，$l_1=800\text{m}$，$l_2=1000\text{m}$，$l_3=600\text{m}$，$l_4=300\text{m}$，$d_4=0.25\text{m}$，B 点分出流量 $q_B=0.0295\text{m}^3/\text{s}$，$C$ 点分出流量 $q_C=0.0705\text{m}^3/\text{s}$。求管路 AD 的作用水头 H、并联管路流量分配及 BC 段的水头损失（流动处于紊流粗糙区，$n=0.013$）。

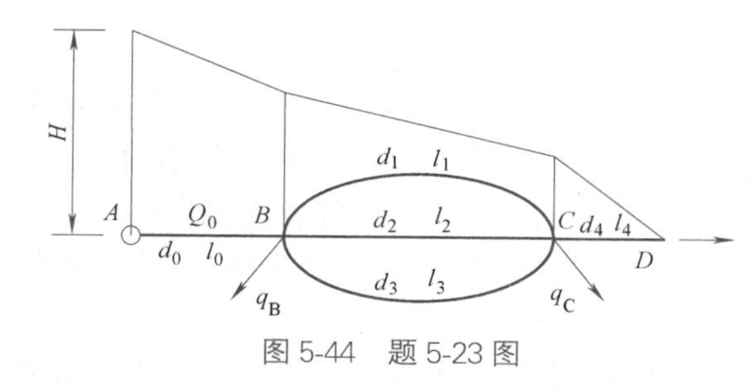

图 5-44 题 5-23 图

5-24 如图 5-45 所示，由水塔经铸铁管供水，已知水塔处地面标高为 104m，用水点 D 处的地面标高为 100m，流量 $Q_z=15\text{L/s}$，要求的自由水头 $H_z=8\text{mH}_2\text{O}$，均匀泄流管段 4 途泄流量 $Q_t=0.1\text{L/(s·m)}$，节点 B 分出流量 $q_B=40\text{L/s}$，各管段直径 $d_1=d_2=0.15\text{m}$、$d_3=0.3\text{m}$、$d_4=0.2\text{m}$，管长 $l_1=350\text{m}$、$l_2=700\text{m}$、$l_3=500\text{m}$，$l_4=300\text{m}$，试确定水塔高度 H_t。

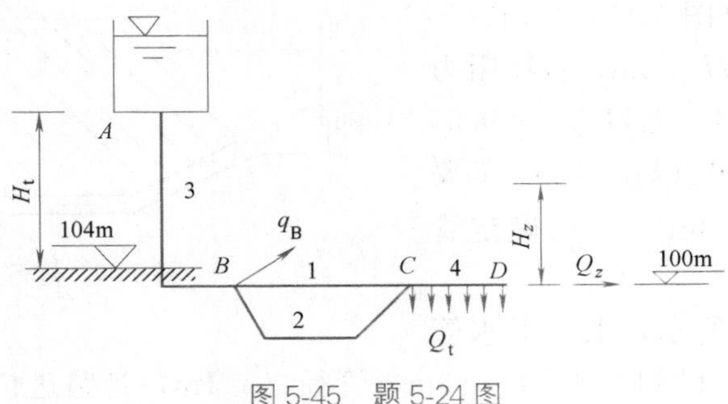

图 5-45 题 5-24 图

5-25 如图 5-46 所示，有上、下两水池，水位标高分别为 $z_1=135\text{m}$、$z_2=60\text{m}$。两水池用一条长度 $l=3\text{km}$，管径为 $d=300\text{mm}$ 的管道相连。如在该管道中部起增加一条管道，管径 $d=300\text{mm}$，长为 1500m，与原管道平行连接下水池。设管道沿程阻力系数为 $\lambda=0.02$，不考虑局部水头损失。试确定增加一条平行管道后，输水流量增加多少。

5-26 高地水库向车间供水，如图 5-47 所示，采用铸铁管，$n=0.013$。车间用水量 $Q=300\text{m}^3/\text{h}$，管长 $l=2500\text{m}$，水库水面标高 $z_1=87\text{m}$，工厂地面标高 $z_2=42\text{m}$，用水点要求服务水头 $H_z=25\text{m}$，试求输水管管径 d。

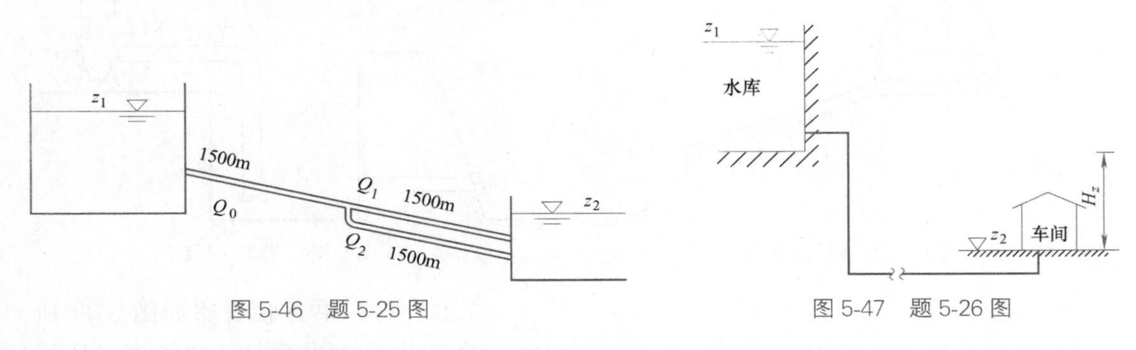

图 5-46 题 5-25 图

图 5-47 题 5-26 图

5-27 某供水钢管直径 $d=500\text{mm}$，管长 $l=200\text{m}$，管壁厚 $\delta=10\text{mm}$，在该管段末端设有阀门。若供水量 $Q=1000\text{m}^3/\text{h}$。试求：（1）关阀（完全关闭）时间分别为 $T_{c1}=0.2\text{s}$、$T_{c2}=3\text{s}$ 时，在阀门处分别产生何种水击？相应的最大水击压强各为多少？（2）为使关阀时产生的水击压强值不超过 30kPa，阀门关闭的时间应不少于多少秒？（水的体积模量 $K_0=2.1\times10^9\text{Pa}$，钢管弹性模量 $E=20.6\times10^{10}\text{Pa}$）

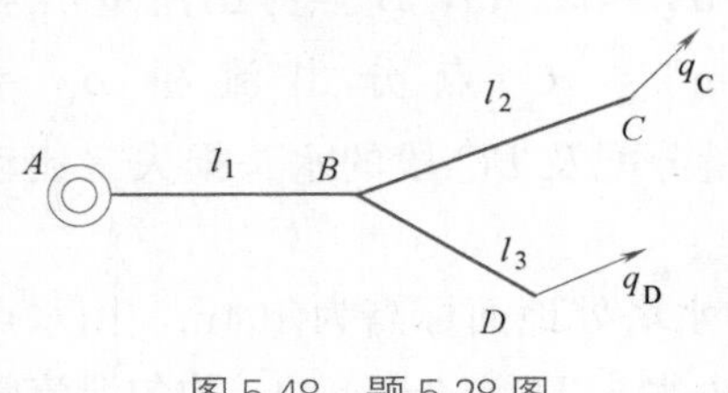

图 5-48 题 5-28 图

5-28 枝状供水管网如图 5-48 所示，已知水塔地面标高 $z_A=15\text{m}$，管网终点 C、D 点的标高分别为 $z_C=20\text{m}$、$z_D=15\text{m}$，服务水头 $H_z=5\text{m}$，$q_c=0.02\text{m}^3/\text{s}$，$q_D=0.0075\text{m}^3/\text{s}$，$l_1=800\text{m}$，$l_2=700\text{m}$，$l_3=500\text{m}$，$n=0.013\text{m}$。试设计水塔高度和 AB、BC、BD 段管径。

5-29 如图 5-49 所示，水泵从河中向水池抽水，两池中液面高差 $H_{st}=45\text{m}$，吸水管管径和压水管路的直径均为 $d=500\text{mm}$，泵轴离吸水池液面高度 $H_s=2\text{m}$。吸水管长 $l_1=10\text{m}$，压水管长 $l_2=90\text{m}$，球墨铸铁管水泥砂浆内，海曾-威廉系数 $C_h=120$。局部阻力系数：吸水口 $\zeta_1=3.0$，出口 $\zeta_2=1.0$，90°弯头 $\zeta_3=0.3$，每个 45°弯头 $\zeta_4=0.15$，阀门 $\zeta_5=0.1$。流量为 $Q=0.4\text{m}^3/\text{s}$。试求：(1) 水泵扬程 H；(2) 水泵效率为 80%时水泵的轴功率 N；(3) 水泵吸入口处 2-2 断面的真空度 h_v。

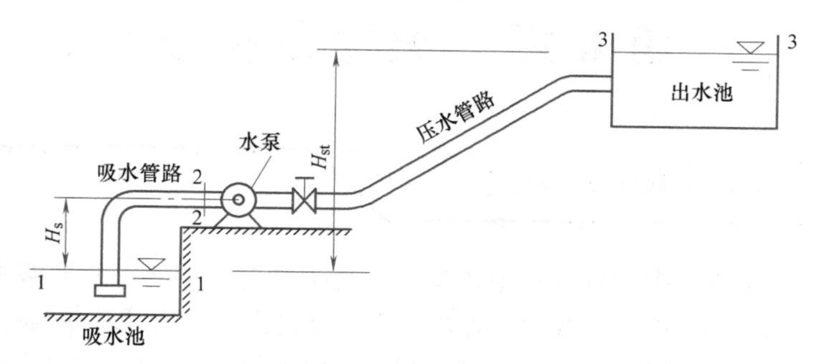

图 5-49　题 5-29 图

5-30　某离心泵装置（参考图 5-49 管路系统组成确定），静扬程 $H_{st}=10\text{m}$。水泵在转速为 $n=950\text{r/min}$ 时，其特性曲线方程为 $H=45.833-4583.33Q^2$；管道特性曲线方程 $H=10+17500Q^2$，（H 以“m”计，Q 以“m^3/s”计），水泵效率为 80%。试求：(1) 该水泵装置的工况点（Q、H），其轴功率为多少；(2) 当其余条件不变，仅当吸水池水位升高 2m，工况点又是多少，轴功率如何变化？

第 5 章课后习题详解

第 6 章 渠道及桥涵

本章要点及学习目标

本章要点：主要介绍输水渠道的基本概念、明渠均匀流的特征及要解决的工程问题、明渠非均匀流水面的定性衔接、堰流的基本方程及堰的应用、桥涵及涵洞的水力计算。

学习目标：通过本章的学习，学生应理解和掌握渠道的分类、发生明渠均匀流的条件、明渠均匀流的特征、水力最优断面的意义、所能解决的三类工程问题；掌握明渠均匀流的三种形态及判断；理解明渠非均匀流水面曲线的类型、局部非均匀流水面的定性衔接与防护；掌握堰流的基本方程及堰的工程应用；理解桥涵的概念及涵洞与小桥的水力计算。

6.1 渠道的基本概念

渠道是指用来输送流体（主要是水）的人工水道或管道。地面上的渠道多为敞开式的与空气直接接触的明渠，按形成可分为天然明渠（如天然河道）和人工明渠（如人工输水渠道、运河及未充满水流的管道等）。埋设在地面下四周封闭的称为暗渠（如输水渠道、排水管道等）。渠道按用途可分为：灌溉渠道、动力渠道（用于引水发电）、供水渠道、通航渠道和排水渠道（用于排除农田涝水、废水、城市污水、屋面及地面雨水）等。

渠道开挖、堆砌、铺砌和边坡稳定等均属土木工程施工范畴。

本章主要讨论具有自由液面的靠重力流动的无压恒定人工明渠流动。

6.1.1 渠道的基本类型

1. 渠道的过流断面形状

渠道的断面可以是任意形状的，其中梯形断面、矩形断面和圆形断面应用最为典型常见（图 6-1）。

2. 棱柱形渠道与非棱柱形渠道

渠道的过流断面形状和尺寸沿流程不变的长直人工渠道，称为棱柱形渠道；否则为非棱柱形渠道。

棱柱形渠道的过水断面面积只随水深而变化，即 $A=f(h)$；而非棱柱形渠道的过水断面面积既随水深而变化，又随断面位置而变，即 $A=f(h, s)$。

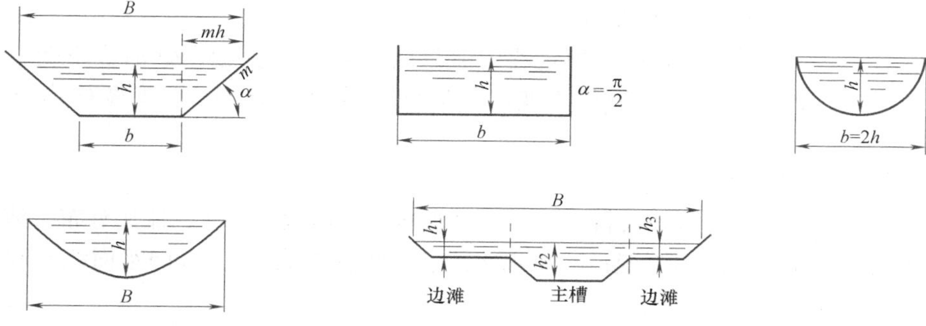

图 6-1 过流断面形状

3. 渠道的底坡

沿流程方向单位渠长上的渠底降落值（图 6-2）称为渠道的底坡，用 i 表示：

$$i=\frac{z_1-z_2}{\mathrm{d}l}=\sin\theta \qquad (6\text{-}1)$$

渠道的底坡 i 值一般很小（$i\leqslant 0.01$ 或 $\theta\leqslant 6°$），则可用水平距离 $\mathrm{d}l_x$ 代替实际距离 $\mathrm{d}l$，用垂直水深代替实际水深，即：

$$i=\frac{z_1-z_2}{\mathrm{d}l}\approx\frac{z_1-z_2}{\mathrm{d}l_x}=\frac{\mathrm{d}z}{\mathrm{d}l_x}=\tan\theta \qquad (6\text{-}2)$$

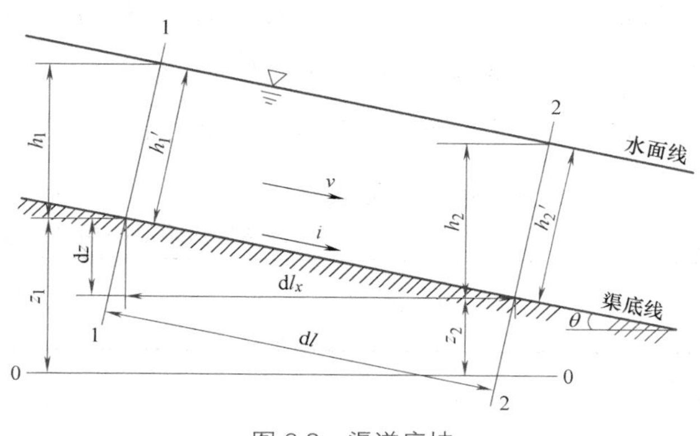

图 6-2 渠道底坡

据渠底沿程变化特征，可将渠道分为：顺坡渠道（$i>0$，渠底高程沿程下降的渠道）、平坡渠道（$i=0$，渠底高程沿程不变的渠道）和逆坡渠道（$i<0$，渠底高程沿程上升的渠道），分别如图 6-3 所示。

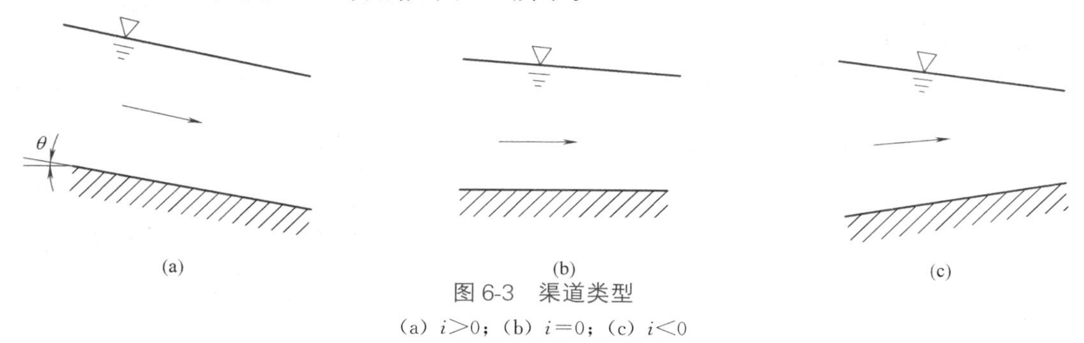

图 6-3 渠道类型

（a）$i>0$；（b）$i=0$；（c）$i<0$

6.1.2 明渠恒定均匀流

1. 明渠恒定均匀流形成条件及特征

均匀流是一种匀速直线运动，均匀流质点的运动参数沿程不变。发生在人工明渠里的均匀流是一种最简单的明渠流，但其理论是渠道设计的依据，也是进行非均匀流分析计算的基础。

1）明渠恒定均匀流的形成条件

按照恒定均匀流的定义，明渠恒定均匀流只能发生在：①流量 Q 沿程不变；②渠道壁面粗糙系数（即粗糙率 n）沿程不变；③坡度 i 沿程不变；④人工棱柱形长直顺坡渠道。

2）明渠均匀流的特性

由发生均匀流的条件可知其特性有：①过水断面的形状和尺寸、流速分布、流量和水深（称为正常水深）沿流程不变；②总水头线 J、测管水头线 J_p（即水面线）和渠道底坡线 i 相互平行，即 $i=J_p=J$。

2. 明渠恒定均匀流基本计算公式

由第 4 章沿程水头损失计算公式所演变出的谢才公式是均匀流的通用公式。

谢才公式：$$v=C\sqrt{RJ}=C\sqrt{Ri} \tag{6-3}$$

流量：$$Q=Av=AC\sqrt{Ri}=K\sqrt{i} \tag{6-4}$$

式中 K——流量模数，$K=AC\sqrt{R}$；

C——谢才系数，一般用曼宁公式计算，$C=\frac{1}{n}R^{1/6}$；

n——粗糙系数，见表 6-1。

各种材料明渠的粗糙系数 n 值 **表 6-1**

明渠断面材料情况及描述	表面粗糙情况		
	较好	中等	较差
1. 土渠			
清洁、形状正常	0.020	0.0225	0.025
不通畅、并有杂草	0.027	0.030	0.035
曲线略有弯曲，有杂草	0.025	0.030	0.033
挖泥机挖成的土渠	0.0275	0.030	0.033
砂砾渠道	0.025	0.027	0.030
细砾石渠道	0.027	0.030	0.033
土底、石砌坡的岸渠	0.030	0.033	0.035
不光滑的石底、有杂草的土坡渠	0.030	0.035	0.040
2. 石渠			
清洁的、形状正常的凿石渠	0.030	0.033	0.035
粗糙的断面不规则的凿石渠	0.040	0.045	—
光滑而均匀的石渠	0.025	0.035	—
精细开凿的石渠		0.02～0.025	0.040
3. 各种材料护面的渠道			
三合土（石灰、沙、煤灰）护面	0.014	0.016	—
浆砌石护面	0.012	0.015	0.017
条石砌面	0.013	0.015	0.017
浆砌块石砌面	0.017	0.0225	0.030
干砌块石护面	0.023	0.032	0.035
4. 混凝土渠道			
抹灰的混凝土或钢筋混凝土护面	0.011	0.012	0.013
无抹灰的混凝土或钢筋混凝土护面	0.013	0.014～0.015	0.017
喷浆护面	0.016	0.018	0.021

续表

明渠断面材料情况及描述	表面粗糙情况		
	较好	中等	较差
5. 木质渠道 抛光木板 未抛光的板	 0.012 0.013	 0.013 0.014	 0.014 0.015

3. 明渠水力最优断面和允许流速

1）水力最优断面

在渠道的过流断面面积 A、粗糙系数 n 及渠道底坡 i 给定的条件下，输水能力 Q 最大的渠道断面形状称为水力最优断面。

将曼宁公式代入式（6-4）得：

$$Q=A\left(\frac{1}{n}R^{1/6}\right)\sqrt{Ri}=\frac{1}{n}AR^{2/3}i^{1/2}=\frac{i^{1/2}}{n}\cdot\frac{A^{5/3}}{\chi^{2/3}}$$

该式表明，当 A、n 和 i 给定时，湿周 χ 最小的断面输水能力最大。由解析几何知，面积 A 一定，圆或半圆的湿周 χ 最小。由于施工的原因，实际工程中的渠道断面形状一般设计为梯形。

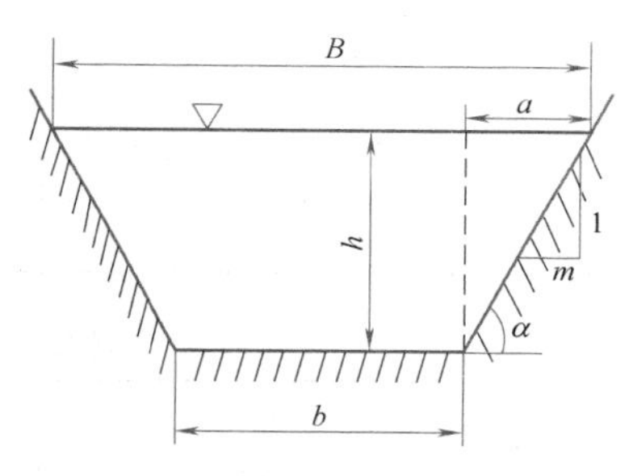

图 6-4 梯形断面几何要素

图 6-4 为梯形断面及几何要素（渠道底宽 b，正常水深 h，边坡系数 m）。其中边坡系数 $m=a/h=\cot\alpha$，见表 6-1，由设计确定。此时有：

$$\chi=\frac{A}{h}-mh+2h\sqrt{1+m^2}$$

$$\frac{\mathrm{d}\chi}{\mathrm{d}h}=-\frac{A}{h^2}-m+2\sqrt{1+m^2}$$

$$\frac{\mathrm{d}^2\chi}{\mathrm{d}h^2}=\frac{2A}{h^3}>0$$

说明湿周存在极小值 $A_{\min}$。令 $\mathrm{d}\chi/\mathrm{d}h=0$，可得 $\chi_{\min}$ 对应的水力最优宽深比为：

$$\beta_{\mathrm{h}}=\left(\frac{b}{h}\right)_{\mathrm{h}}=2(\sqrt{1+m^2}-m) \tag{6-5}$$

将水力最优条件代入水力半径计算式，可得水力最优时水力半径与水深的关系：

$$R_{\mathrm{h}}=\frac{h}{2} \tag{6-6}$$

对于水力最优的矩形断面，$m=0$，则得：

$$\beta_{\mathrm{h}}=\left(\frac{b}{h}\right)_{\mathrm{h}}=0\text{，即 }b=2h \tag{6-7}$$

湿周最小，也就是水流与边界接触面积最小，即摩擦阻力最小。对于小型渠道，水力最优断面和其经济断面比较接近；而大型渠道，两者相差甚远。在实际工程设计及应用中，渠道断面尺寸应根据功能综合考虑确定。

2）渠道的允许流速

为了保证渠道的正常输水能力，设计流速 v 应控制在渠槽不遭受冲刷、水中悬浮泥沙不发生淤积的流速范围内，即：

$$v_{min}<v<v_{max} \quad (6\text{-}8)$$

式中 v_{max}——渠槽免遭冲刷的最大允许流速，即不冲允许流速；

v_{min}——渠槽免遭淤积的最小允许流速，即不淤允许流速。

渠道中的不冲允许流速的大小主要取决于渠槽的边界护面介质和输送流量等因素，见表 6-2 和表 6-3；加固护面可提高渠道的设计流速。

均质黏性土壤渠道（水力半径 $R=1\text{m}$）最大允许不冲流速值 表 6-2

土壤种类	干重力密度(N/m^3)	$v_{不冲}$(m/s)
轻壤土	12740～16660	0.6～0.8
中壤土	12740～16660	0.65～0.85
重壤土	12740～16660	0.70～1.0
黏土	12740～16660	0.75～0.95
极细砂	0.05～0.10	0.35～0.45
细砂和中砂	0.25～0.50	0.45～0.60
粗砂	0.50～2.00	0.60～0.75
细砾石	2.00～5.00	0.75～0.90
中砾石	5.00～10.00	0.90～1.10
粗砾石	10.00～20.00	1.10～1.30
小卵石	20.00～40.00	1.30～1.80
中卵石	40.00～60.00	1.80～2.20

岩石和人工护面渠道最大允许不冲流速值 表 6-3

岩石或护面种类	流量(m^3/s)		
	<1	1～10	>10
	$v_{不冲}$(m/s)	$v_{不冲}$(m/s)	$v_{不冲}$(m/s)
软质水成岩(泥灰岩、页岩、软砾岩)	2.5	3.0	3.5
中等硬质水成岩(多孔石灰岩、层状石灰岩、白云石灰岩等)	3.5	4.25	5.0
硬质水成岩(白云砂岩、砂质石灰岩)	5.0	6.0	7.0
结晶岩、火成岩	8.0	9.0	10.0
单层块石铺砌	2.5	3.5	4.0
双层块石铺砌	3.5	4.5	5.0
混凝土护面(水流中不含砂和卵石)	6.0	8.0	10.0

渠道中的不淤允许流速的大小主要与水质及运行有关。防止悬浮泥沙淤积的最小流速为 0.4m/s，防止水草滋生的最小流速为 0.6m/s。在渠道起端进行预处理（如设沉砂池、预氧化等）可防止淤积与水草的滋生，有利于渠道的运行。

4. 明渠恒定均匀流的水力计算

明渠均匀流的水力计算可以解决验算已有渠道的输水能力、确定渠道底坡及设计渠道断面尺寸三类基本问题。下面以梯形断面为例加以讨论。

1）验算已有渠道的输水能力

已建渠道的几何要素均已知，即：

$$Q=AC\sqrt{Ri}=f(m,\ b,\ h,\ n,\ i) \quad (6\text{-}9)$$

2）确定渠道底坡

已知断面尺寸（m，b，h）、粗糙率 n 和输水量 Q，求渠道底坡 i，即：

$$K=AC\sqrt{R}=f(m, b, h, n)$$

$$i=\frac{Q^2}{K^2} \tag{6-10}$$

3）设计渠道断面尺寸

已知输水量 Q、渠道底坡 i、粗糙率 n 和边坡系数 m，求水深 h 和底宽 b 两个未知数。显然需根据工程实际补充条件与均匀流公式一并求解。

（1）根据渠道航运功能（或开挖作业宽度）确定水深 h，求底宽 b（或确定底宽 b，求水深 h），则 $K=f(b)$。解析法较困难，可给定系列 b 值，计算出对应 K 值，绘制 $K=f(b)$ 曲线；计算 $K_0=Q/\sqrt{i}$，对应 $K=f(b)$ 曲线上的 b 值即为所求值。同理用作图法可求得水深 h 值。

（2）对于小型渠道可按水力最优 β_h 或综合经济给出宽深比 β，利用（1）作图法即可求出相应的水深 h 和底宽 b。

（3）以最大允许流速为设计速度，增加方程 $A=Q/v_{max}$，导出 $h=f(b)$ 或 $b=f(h)$，即可用作图法求出相应的水深 h 和底宽 b。

【例 6-1】 试按允许流速和水力最优条件，分别设计一土质为细砂土的梯形断面渠道的断面尺寸，并考虑渠道是否需要加固。已知设计流量：$Q=3.5m^3/s$，$i=0.005$，$m=1.5$，$n=0.025$，$v_{不冲}=0.5m/s$。

分析：可先根据不冲流速 $v_{不冲}$ 和截面形状计算出渠道的断面尺寸，判断此尺寸是否达到水力最优，若否，则再按水力最优计算断面尺寸及流速，根据流速与 $v_{不冲}$ 的关系判断是否加固。

【解】 （1）由 $v_{不冲}=0.5m/s$，得 $A=\frac{Q}{v_{不冲}}=\frac{3.5}{0.5}=7m^2$。

由 $v_{不冲}=C\sqrt{Ri}=\frac{1}{n}R^{\frac{2}{3}}i^{\frac{1}{2}}$，得 $R^{4/3}=\frac{n^2v_{不冲}^2}{i}=\frac{0.025^2\cdot 0.5^2}{0.005}=0.03125$，即 $R=0.074m$。

又由 $A=(b+mh)h=7m^2$ 及 $R=\frac{A}{b+2h\sqrt{1+m^2}}=0.074m$，联立解得：$h=44.76m$，$b=-66.98m$；或 $h=0.0742m$，$b=94.33m$。显然这两组均无实际意义。

（2）按水力最优。由 $\beta_m=\frac{b}{h}=2(\sqrt{1+m^2}-m)=0.61$，计算得 $b=0.61h$，又 $A=(b+mh)h=2.11h^2$ 及水力最优时 $R=\frac{h}{2}$，有：

$$Q=AC\sqrt{Ri}=AR^{\frac{2}{3}}i^{\frac{1}{2}}/n=3.77h^{\frac{8}{3}}=3.5m^3/s$$

得：$h=0.97m$，$b=0.61h=0.59m$。该组数据合理，为渠道设计断面尺寸。此时 $v=C\sqrt{Ri}=1.75m/s>v_{不冲}$，所以渠道需要加固。

5. 无压圆管均匀流

污废水多经埋地圆管非满流排除。

无压圆管均匀流的特征和计算问题与明渠均匀流完全相同。

明渠水面直接暴露在大气中，为了防止某种原因引起的水面抬高，实际明渠渠高需高出水面一定高度；圆管中的水面是通过与预留出的空间高度中流通空气的接触来实现无压流动，同时为了防止某种原因引起的水面抬高也需预留一定的空间高度，即要有一定的充满度（管道中水深与管径之比）。

1）相关规范对于不同的管径规定了相应的最大充满度。

2）圆管强度比较大，金属管的最大不冲流速为10m/s、非金属管的为5m/s；圆管内表面较光滑，在设计充满度下：$d \leqslant 500$mm 的不淤流速为 0.7m/s，$d > 500$mm 的不淤流速为 0.8m/s。

3）圆管中的流速与流量随水深的增加而增加，但在接近满流前，由于湿周的增加率（即摩擦阻力的增加）大于过流断面的增长率，使得流速与流量在满流前充满度为 $\alpha = 0.81$ 和 $\alpha = 0.95$ 时分别达到最大值，见图 6-5。图中 Q_0、v_0 与 Q、v 分别为满流和非满流时的流量与流速。

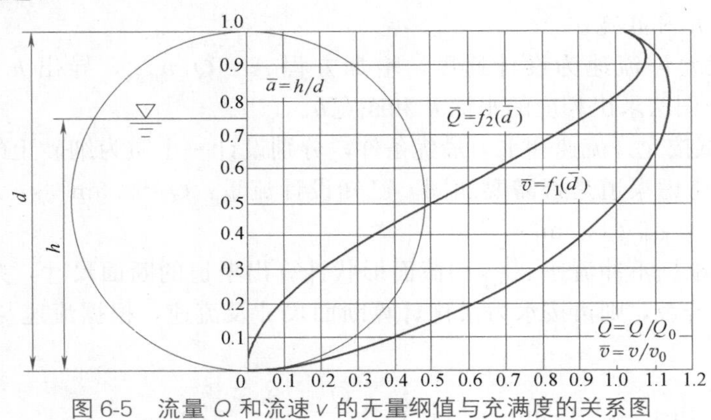

图 6-5 流量 Q 和流速 v 的无量纲值与充满度的关系图

6.1.3 明渠恒定流流态及基本判断

1. 明渠恒定流流态

如图 6-6 所示，为明渠中有块巨石或其他隆起物，水流流经该隆起物时的水面现象会因流速的不同而不同。当水流速度较小时，隆起物前面的水位会逆流向上壅高较远（图 6-6a），此时渠道中的水流为缓流；当水流速度较大时，水面水位仅在隆起物附近壅高（图 6-6b），渠道中的水流为急流。这两种不同的流动现象，既与隆起物（对水流的微小扰动）有关，又与渠道中的水流流态有关。

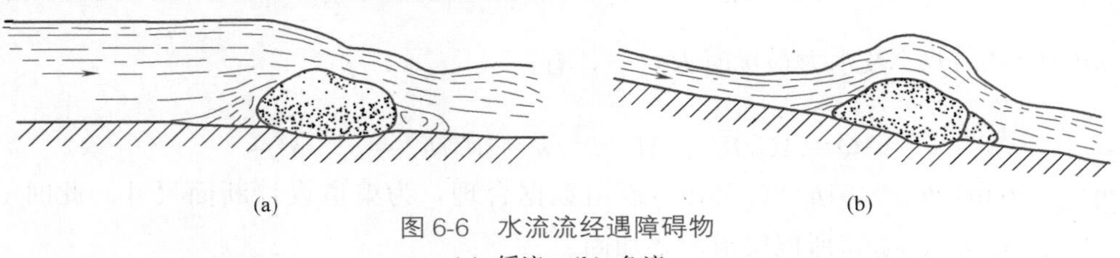

图 6-6 水流流经遇障碍物

（a）缓流；（b）急流

（1）微小扰动波速

由波的能量传播理论可得微小扰动波速：

$$c=\sqrt{g\frac{A}{B}}=\sqrt{g\bar{h}} \tag{6-11}$$

式中　c——微小扰动波速；

A——过流断面面积；

B——水面宽度；

$\bar{h}$——平均水深。

（2）佛汝德数

明渠水流速度 v 与微小扰动波速 c 的比值称为佛汝德数：

$$Fr=\frac{v}{c}=\frac{v}{\sqrt{g\bar{h}}} \tag{6-12}$$

弗汝德数 Fr 反映了惯性力 v 与重力 h 的比值，与第 1 章模型设计中讲到的弗汝德数是一致的。比值不同，主导因素不同，水流流态不同。这里的弗汝德数，惯性力越大，水流越急；惯性力越小，水流越缓。

2. 流态的基本判断

渠道中的水流流态可分为缓流、临界流和急流三种，判断方法有多种（后面会有介绍），但基本判断方法是佛汝德数：

$Fr<1$，$v<c$，流动为缓流；

$Fr=1$，$v=c$，流动为临界流；

$Fr>1$，$v>c$，流动为急流。

6.1.4　断面比能、临界水深及临界坡度

1. 断面比能

如图 6-7 所示，为一明渠水流，如以过流断面渠底最低点的水平面为基准面，则断面上单位重量液体所具有的总能量定义为断面的单位能量或断面比能，用 E_s 表示，即：

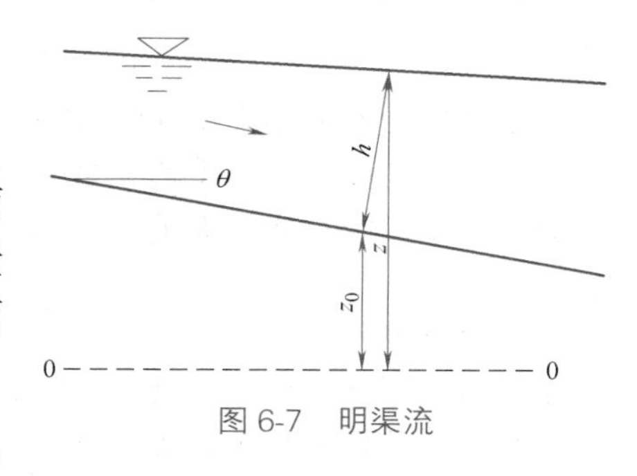

图 6-7　明渠流

$$E_s=h+\frac{\alpha v^2}{2g}=h+\frac{\alpha Q^2}{2gA^2}=f(h) \tag{6-13}$$

当流量 Q、断面形状及尺寸一定时，断面比能 E_s 只是水深 h 的函数，我们称之为断面比能函数，由此函数绘出的曲线称为断面比能曲线，见图 6-8。该曲线以 $E_s=h$ 和 $h=0$ 为渐进线趋于无穷大，且存在最小值。

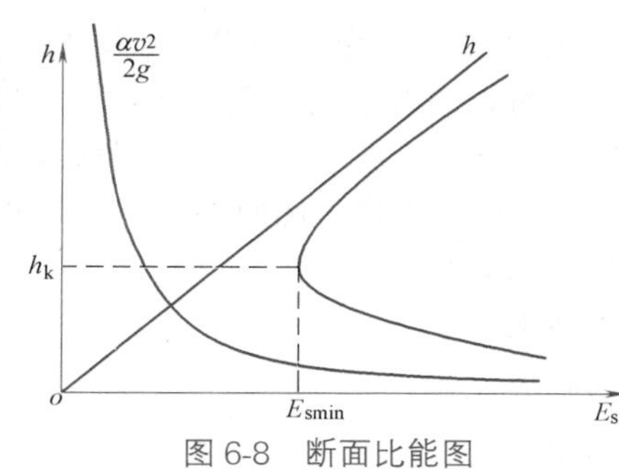

图 6-8　断面比能图

对断面比能函数分别求一阶导数和二阶导数（注意面积 A 是 h 的隐函数）得：

$$\frac{\mathrm{d}E_s}{\mathrm{d}h}=1-\frac{\alpha Q^2}{gA^3}\frac{\mathrm{d}A}{\mathrm{d}h}=1-\frac{\alpha v^2}{gA/B} \tag{6-14}$$

$$\frac{\mathrm{d}^2E_s}{\mathrm{d}h^2}=3\frac{\alpha Q^2}{gA^4}\left(\frac{\mathrm{d}A}{\mathrm{d}h}\right)^2>0$$

其中 $B=\mathrm{d}A/\mathrm{d}h$ 表示相应于水深为 h 时的水面宽度，由 $\frac{\mathrm{d}^2E_s}{\mathrm{d}h^2}>0$ 可知 $E_s=f(h)$ 曲线有最小值，并以此将比能曲线划分为上下两支。如 $\alpha=1$、$\overline{h}=A/B$，则：

$$\frac{\mathrm{d}E_s}{\mathrm{d}h}=1-\frac{\alpha v^2}{gA/B}=1-\frac{v^2}{g\overline{h}}=1-Fr^2$$

$\mathrm{d}E_s/\mathrm{d}h>0$，$Fr<1$，流动为缓流；

$\mathrm{d}E_s/\mathrm{d}h=0$，$Fr=1$，流动为临界流；

$\mathrm{d}E_s/\mathrm{d}h<0$，$Fr>1$，流动为急流。

2. 临界水深

流量 Q、断面形状及尺寸一定时，对应于断面比能最小值 $E_{S\min}$ 时的水深称为临界水深 h_k，如图 6-8 所示。令 $\mathrm{d}E_s/\mathrm{d}h=0$ 得：

$$\frac{\alpha Q^2}{g}=\frac{A_k^3}{B_k} \tag{6-15}$$

对于矩形断面：

$$h_k=\sqrt[3]{\frac{\alpha Q^2}{gb^2}}=\sqrt[3]{\frac{\alpha q^2}{g}} \tag{6-16}$$

式中 A_k——相应于临界水深 h_k 时的过水断面面积；

B_k——相应于临界水深 h_k 时的水面宽度，矩形断面 $B_k=b$；

q——单宽流量，$q=Q/b$。

则有：

$h>h_k$，流动为缓流；

$h=h_k$，流动为临界流；

$h<h_k$，流动为急流。

对于其他断面的临界水深，可由式（6-15）通过作图或迭代法求得。

在流量、断面形状、粗糙系数及尺寸一定时，渠道中的水深随渠道底坡的变化而变化，而临界水深则与底坡无关，无论是平坡、逆坡还是顺坡渠道，临界水深是不变的、唯一的。

3. 临界坡度

流量 Q、断面形状及尺寸一定时，对应于临界水深 h_k 下的水力要素，由均匀流基本公式计算所得的坡度称为临界坡度 i_k。由式（6-4）和式（6-16）得：

$$i_k=\frac{gA_k}{\alpha C_k^2B_kR_k}=\frac{g\chi_k}{\alpha C_k^2B_k} \tag{6-17}$$

临界坡度 i_k 是为了方便明渠流的分析而引入的一个虚拟值，与渠道的实际坡度无关。对于顺坡渠道，当流量、断面形状、粗糙系数及尺寸一定时，两者之间可能存在如下三种关系之一：①$i<i_k$，渠底坡度为缓坡；②$i=i_k$，渠底坡度为临界坡；③$i>i_k$，渠底坡度为陡坡。对于同一渠道，底坡 i 是定值，但临界坡度 i_k 会因流量的变化而不同，所以渠道底坡的这三种定义会随流量的变化而有可能发生变化。同时有：

$i<i_k\rightarrow h_0>h_k$，流动为缓流；

$i=i_k\rightarrow h_0=h_k$，流动为临界流；

$i>i_k\rightarrow h_0<h_k$，流动为急流。

【例 6-2】 有一梯形断面渠道，渠底宽 $b=5\text{m}$，底坡 $i=0.0004$，边坡系数 $m=1.0$，粗糙系数 $n=0.025$，已知通过流量 $Q=20\text{m}^3/\text{s}$。试求：（1）判别均匀流时的流态；（2）求临界底坡 i_k。

【解】（1）判别渠道流态的方法很多，这里用临界水深 h_k 判别

① 求 h_k：$\dfrac{\alpha Q^2}{g}=\dfrac{A_k^3}{B_k}$，$B_k=b+2mh_k=5+2h_k$，$A_k=(b+mh_k)h_k=5h_k+h_k^2$；湿周 $\chi_k=b+2h_k\sqrt{1+m^2}=5+2\sqrt{2}h_k$，又 $\dfrac{\alpha Q^2}{g}=40.8=\dfrac{(5h_k+h_k^2)^3}{5+2h_k}$，试算得 $h_k=1.09\text{m}$。

② 求正常水深 h_0：$Q=\dfrac{A}{n}R^{\frac{2}{3}}i^{\frac{1}{2}}=\dfrac{\sqrt{0.0004}}{0.025}(5+h_0)h_0\left[\dfrac{(5+h_0)h_0}{5+2\sqrt{2}h_0}\right]^{\frac{2}{3}}=20\text{m}^3/\text{s}$，试算得 $h_0=2.5\text{m}$。

③ 判别：$h_0>h_k$ 为缓流。

（2）求临界底坡 i_k

由 $h_k=1.09$，求得：$A_k=5h_k+h_k^2=6.64\text{m}$，$B_k=5+2h_k=7.18\text{m}$，

$$\chi_k=5+2\sqrt{2}h_k=5+2\sqrt{2}\times1.09=8.08\text{m},$$

$$R_k=A_k/\chi_k=0.82\text{m},\ C_k=\frac{1}{n}R_k^{\frac{1}{6}}=38.70。$$

由均匀流基本公式得：$i_k=\dfrac{Q^2}{A_k^2C_k^2R_k}=0.0074>i=0.0004$，为缓流。

6.1.5　水跃与跌水

1. 水跃

水跃是明渠水流从急流状态过渡到缓流状态时水面突然跃起并穿过临界水深的局部水力现象（图 6-9）。它可以在溢洪道下、洪水闸下、跌水下游形成，也可在平坡渠道中的闸下出流时形成。

在水跃发生的流段内，流速大小及其分布不断变化。水跃区域的上部（图 6-9）旋滚区充满着剧烈翻滚的旋涡，并掺入大量气泡，称为表面旋滚区；在底部流速很大，主流接近渠底，受下游缓流的阻遏，在短距离内水深迅速增加，水流扩散，流态从急流转变为缓流，称为底部主流区。表面旋滚区和底部主流区之间存在大量的质量、动量交换，不能截然分开，界面上形成横向流速梯度很大的剪切层。由于水跃存在急剧翻滚的表面旋涡要消耗大量的能量，因此它是水利工程中经常采用的一种消耗水流多余能量的方式。

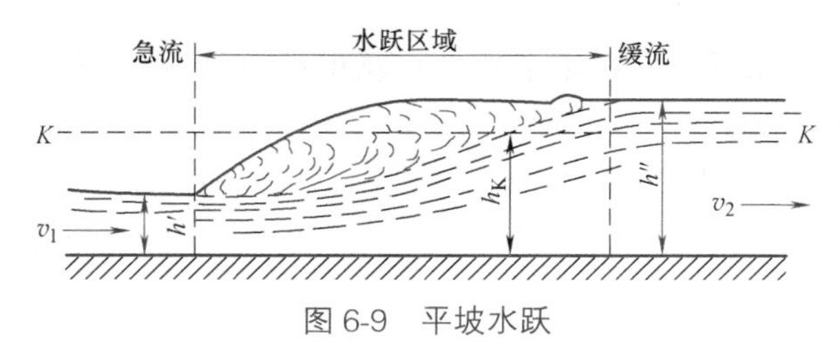

图 6-9　平坡水跃

本节讨论均指矩形平坡渠道中的完整水跃。

1）水跃函数

如图 6-9 所示，列跃前和跃后两断面动量方程，并根据实验，给予一定假设得水跃的

基本方程：

$$\frac{Q^2}{gA_1}+h_{c1}A_1=\frac{Q^2}{gA_2}+h_{c2}A_2 \tag{6-18}$$

令：

$$\theta(h)=\frac{Q^2}{gA}+h_cA \tag{6-19}$$

则有：

$$\theta(h')=\theta(h'') \tag{6-20}$$

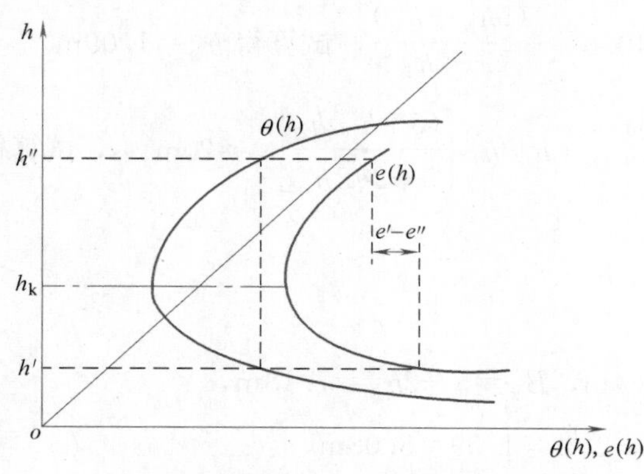

图 6-10　水跃函数及断面比能函数图

式中　h——断面水深；

h_c——断面形心点水深；

A——断面面积；

h'、h''——跃前、跃后水深，称为共轭水深。

式（6-19）称为水跃函数，水跃函数相等的两个水深称为共轭水深。

2）水跃函数图形

水跃函数 $\theta(h)=f(h)$ 的图形如图 6-10 所示，存在 $\theta(h)_{\min}$ 值，并可证明 $\theta(h)_{\min}$ 对应的水深亦为 E_{Smin} 所对应之临界水深 h_k。

3）共轭水深计算

已知跃前或跃后水深，将对应的水力要素代入式（6-18）就可计算另一共轭水深；利用图 6-10 可进行图解法求解。

$$\left.\begin{aligned} h'&=\frac{h''}{2}\left[\sqrt{1+8\left(\frac{h_k}{h''}\right)^3}-1\right] \\ h''&=\frac{h'}{2}\left[\sqrt{1+8\left(\frac{h_k}{h'}\right)^3}-1\right] \end{aligned}\right\} \tag{6-21}$$

4）水跃长度 l

水跃长度决定了发生水跃渠段应加固的范围，包括水跃段长度 l_j 和跃后段长度 l_0，见图 6-11。

$$\left.\begin{aligned} l&=l_j+l_0 \\ l_j&=6.9(h''-h') \\ l_0&=(2.5\sim3.0)l_j \end{aligned}\right\} \tag{6-22}$$

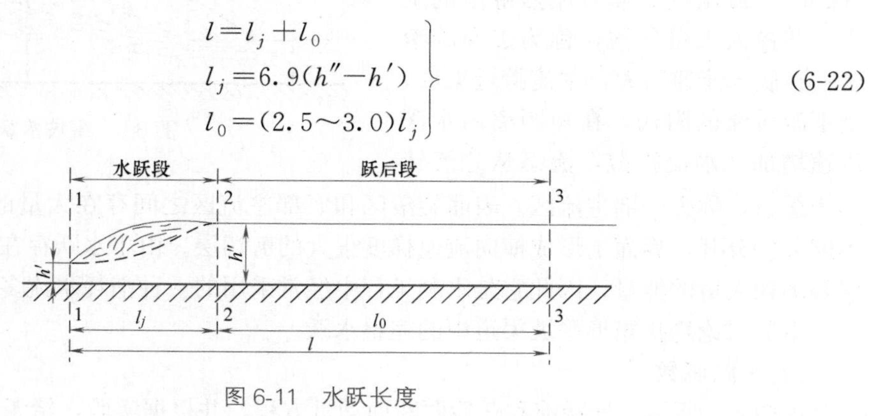

图 6-11　水跃长度

5）水跃的能量损失

水跃是很好的消能措施，其能量损失为：

$$\Delta E=E_{s1}-E_{s2}=\frac{(h''-h')^3}{4h''h'} \tag{6-23}$$

2. 跌水

当明渠水流由缓流过渡到急流的时候，水面会在短距离内急剧降落，这种水流现象称为跌水。跌水发生在明渠底坡突变或有跌坎处（图 6-12），其上、下游流态分别为缓流和急流，在变坡断面处水面穿过临界水深线。

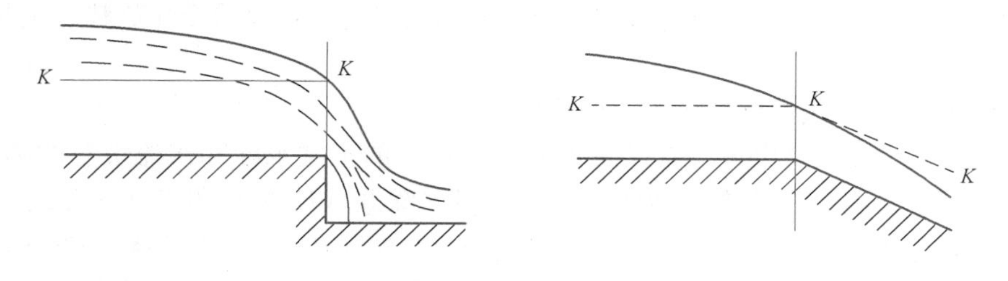

图 6-12　跌水

在实际工程设计中，当地面坡度较陡时，可通过跌水的方式来保障合理的渠道底坡。

急变流的水面变化规律与渐变流有所不同，水面在跌坎断面上游 $(3\sim4)h_k$ 处向下穿过临界水深，但在实际分析中跌坎断面的水深仍然按临界水深考虑。

6.1.6　明渠非均匀渐变流水面曲线分析

当明渠底坡或粗糙系数发生变化，或渠道的横断面形状（或尺寸）变化，以及在明渠中修建各种水工建筑物（闸、桥梁、涵洞等）时，渠道中的流速和水深亦将发生变化，从而在这些发生变化的断面范围内形成非均匀流。

非均匀流的特点是明渠的底坡、水面线、总水头线彼此互不平行。也就是说，水深和断面平均流速沿程变化，流线间互不平行，水力坡度线、测压管水头线和底坡线彼此间不平行。

本节主要讨论流量 Q、断面形状及尺寸一定时，具有同一临界水深下的棱柱形明渠恒定非均匀流段水面线的定性分析。

1. 棱柱形渠道恒定非均匀渐变流的基本微分方程

如图 6-13 所示，为一非均匀流段，1-1 与 2-2 断面相距 ds。

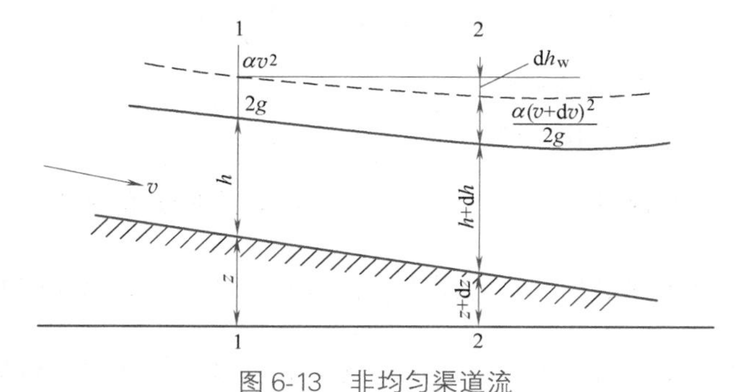

图 6-13　非均匀渠道流

列 1-1 与 2-2 两断面能量方程，结合渐变流近似为均匀流的假设，整理后得：

$$\frac{dh}{ds}=\frac{i-J}{1-Fr^2} \tag{6-24}$$

式中 $\frac{dh}{ds}$——水深沿程变化率；

i——渠道底坡；

J——水面坡度，即水力坡度；

Fr——ds 段内佛汝德数的平均值。

利用微分方程式（6-24）就可以定性分析非均匀渐变流水面的变化趋势、定量计算水面曲线。

2. 渐变流水面曲线变化趋势的定性分析

微分方程式（6-24）中包含有反映水流均匀程度的正常水深和水流缓急的临界水深。因此，为了便于分析，在渠道纵断面上标出临界水深线（K-K）和正常水深线（N-N），将水深方向划分为上、中、下三个区，分别为 a 区、b 区和 c 区。由临界坡概念，可将顺坡明渠分为缓坡、陡坡、临界坡三类，再加上平坡和逆坡，渠道可能出现的底坡类型共有五种。由于平坡和逆坡中不存在正常水深或为无限高，所以没有上部 a 区，另外临界坡中正常水深和临界水深重合，所以没有中间区，这样总计有 12 个小区，其中 3 个 a 区、4 个 b 区和 5 个 c 区，具体如图 6-14 所示。

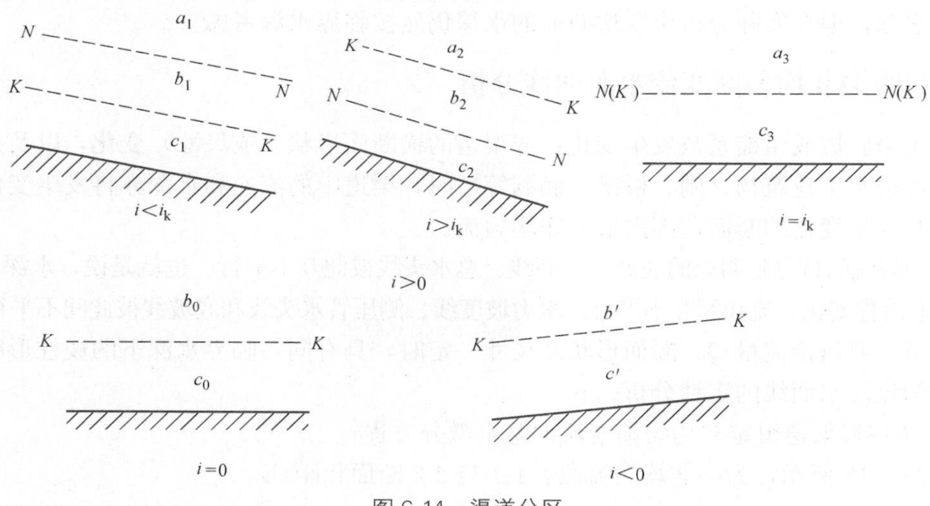

图 6-14 渠道分区

1）水深沿水流方向的变化趋势

分析式（6-24）有如下变化趋势：

（1）$\frac{dh}{ds}>0$，表示水深沿程增大，流速沿程减小，这种水面曲线称为壅水曲线；

（2）$\frac{dh}{ds}<0$，表示水深沿程减小，流速沿程增大，这种水面曲线称为降水曲线；

（3）$\frac{dh}{ds}\rightarrow 0$，表示水深沿程不变，趋近于均匀流，水面与 N-N 线渐进相切；

（4）$\frac{\mathrm{d}h}{\mathrm{d}s}=i$，表示水面线是水平线；

（5）$\frac{\mathrm{d}h}{\mathrm{d}s}\to\infty$，水面曲线很陡，与 K-K 线呈正交趋势，水流不再属于渐变流。

2）a 区、b 区和 c 区内水面曲线的类型

分析式（6-24）有如下曲线类型：

（1）a 区和 c 区中 $\frac{\mathrm{d}h}{\mathrm{d}s}>0$，水深沿程增大，所以水面曲线只有壅水曲线；

（2）b 区中 $\frac{\mathrm{d}h}{\mathrm{d}s}<0$，水深沿程减小，水面曲线为降水曲线，见图 6-15。

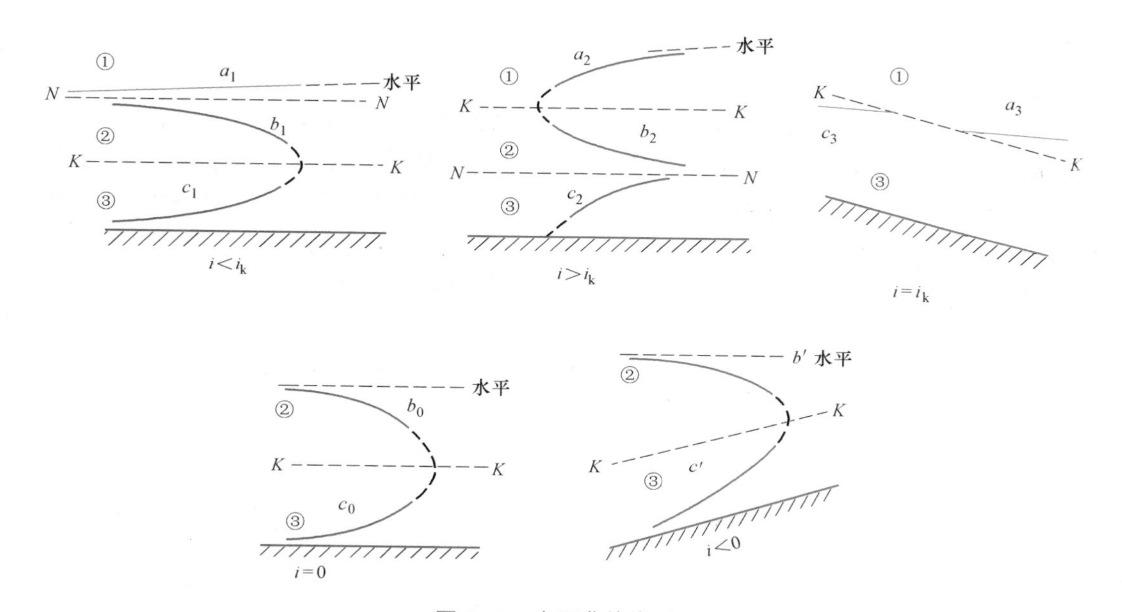

图 6-15　水面曲线类型

3）水面曲线衔接分析的基本步骤

（1）画出控制断面位置线；

（2）判断渠道底坡的类型；

（3）定性画出控制断面上下游渠道的 K-K 线和 N-N 线；

（4）根据控制线上下游 N-N 线的相对高低，确定水面曲线连接的类型；

（5）由水面曲线连接的类型，确定是发生在控制线的上游或下游。

4）水面曲线衔接分析的一般原则

（1）缓流向急流过渡时产生跌水，在控制断面处水面线与 K-K 正交；

（2）急流向缓流过渡时产生水跃，水面与 K-K 正交，要判断水跃发生的位置；

（3）由缓流向缓流（或临界流）、临界流向缓流过渡时，只影响控制线上游，控制线下游为均匀流 N-N 线；

（4）由急流（或临界流）向急流、临界流向急流过渡时，只影响控制线下游，控制线上游为均匀流 N-N 线。

【例 6-3】 试分析图 6-16（a）由底坡改变引起的水面曲线连接情况。

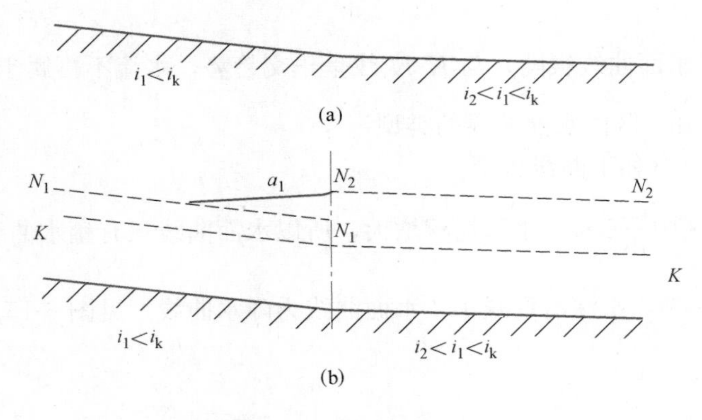

图 6-16 水面曲线分析

【解】 定性画出图 6-16（b）所示 K-K 线；因均为缓坡，又 $i_2<i_1<i_K$，所以 N-N 线在 K-K 之上，且 N_1-N_1 大于 N_2-N_2；因是缓流，根据前述 4）水面曲线衔接分析的一般原则中的（3）知，控制线下游水面保持不变，变化只能在上游的 a 区发生 a_1 型壅水曲线。

【例 6-4】 试分析图 6-17（a）由底坡改变引起的水面曲线连接情况。

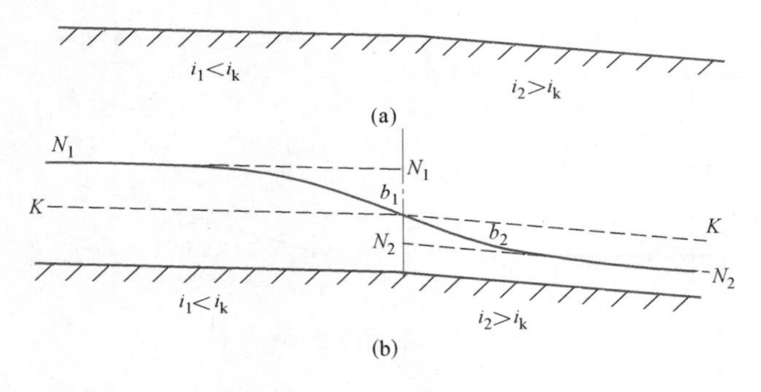

图 6-17 水面曲线分析

【解】 定性画出图 6-17（b）所示 K-K 线；由底坡知 N_1-N_1 线在 K-K 之上，N_2-N_2 在 K-K 之下；根据前述 4）水面曲线衔接分析的一般原则中的（1）知，在控制断面处水面线与 K-K 正交，上下游均在 b 区发生 b_1 和 b_2 型降水曲线。

【例 6-5】 定性分析由急流到缓流（图 6-18a）水跃发生的位置。

【解】 分析的方法有两种，即分别以上下游正常水深 h_1 和 h_2 为跃前和跃后水深计算出对应的跃后与跃前水深，并与实际正常水深相比较进行确定。

下面以上游正常水深 h_1 为跃前水深为例。

设 $h'=h_1$，由式（6-21）计算得跃后水深 h''，然后与下游正常水深 h_2 比较有三种情况：$h''>h_2$、$h''=h_2$、$h''<h_2$。

（1）$h''>h_2$。实际上跃后水深最大为 h_2，所以此种情况时，说明 h_2 为跃后水深，由图 6-10 水跃函数图可知，当 h'' 下降为 h_2 时，对应的跃前水深比 h_1 大，即在控制断面后

的缓流 c 区先发生 c_1 壅水，使水位上升到比 h_1 大，然后发生水跃，称为远驱式水跃，如图 6-18（b）所示。

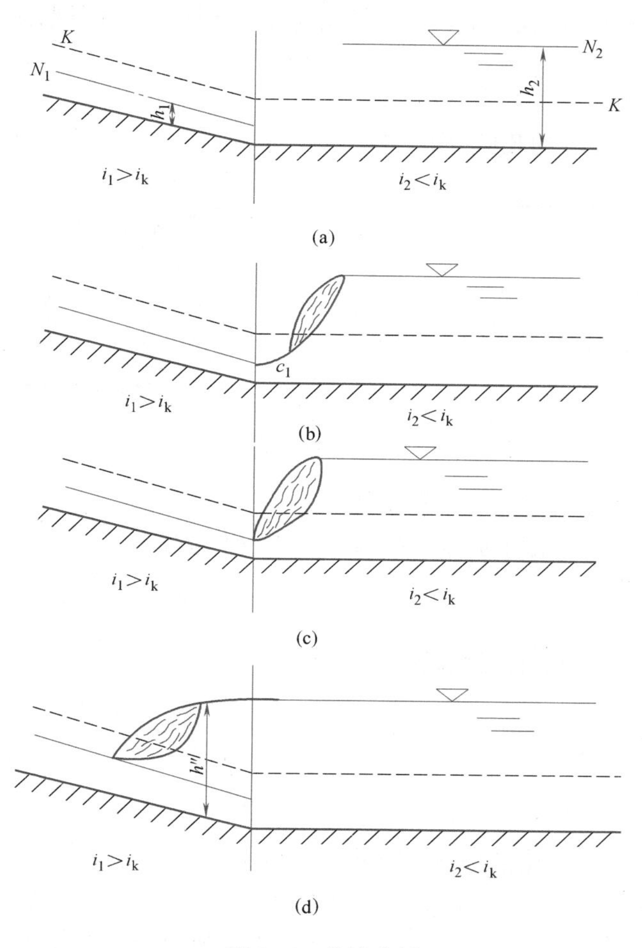

图 6-18 位置分析

（2）$h''=h_2$。此种情况说明水跃刚好在变坡断面处发生，称为临界水跃，如图 6-18（c）所示。

（3）$h''<h_2$。实际上跃前水深最小为 h_1，下游水深 h_2 也不会变小，此时说明水跃发生在上游渠段（即 $h''<h_2$），称为淹没式水跃，如图 6-18（d）所示。

设 $h''=h_2$，同样由式（6-21）计算得跃后水深 h'，然后与上游正常水深 h_1 比较有三种情况：$h''>h_2$、$h''=h_2$、$h''<h_2$。

6.2 堰流的概念

6.2.1 堰的定义及分类

1. 堰的定义

将河道和渠道某过流断面局部区域的底部适当抬高或使过流断面变窄，从而使上游水位壅高的水工构筑物称为堰，流经堰上的水流现象称为堰流。

堰流现象及应用非常广泛，如河道上的溢流坝、桥墩间及涵洞水流、水处理厂的配水堰、溢流堰及计量堰等。

2. 堰流的几何特征量

如图 6-19 所示，为堰的几何特征。

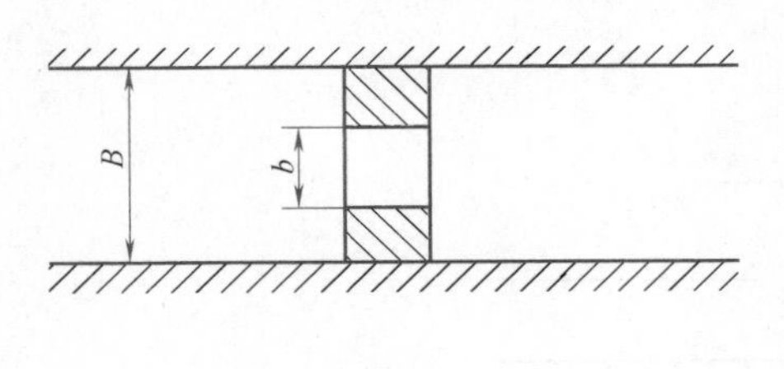

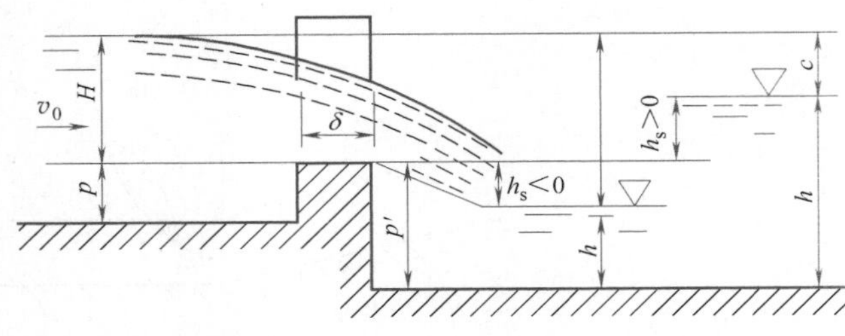

图 6-19　堰流

图中　b——堰宽，即水流漫过堰顶的宽度；

H——堰上水头，即堰上游水位在堰顶上的最大超高；

δ——堰壁厚度；

h——下游水深；

h_s——下游水位高出堰顶的高度；

p——堰上游坎高；

p'——堰下游坎高；

v_0——行近流速。

3. 堰的分类

1）按堰宽与堰上水头比值分类，如图 6-20 所示。

（1）薄壁堰：$\delta/H\leqslant0.67$，常用于流量的量测；

（2）实用堰：$0.67<\delta/H\leqslant2.5$，用于水利枢纽的挡水和泄水建筑物；

（3）宽顶堰：$2.5<\delta/H\leqslant10$，在路桥及渠道中有广泛应用；

当 $\delta/H>10$ 时，沿程水头损失逐渐起主要作用，不再属于堰流的范畴。

2）按堰口形式，可分为三角堰、矩形堰和梯形堰，主要用于量测水量。

3）其他形式的分类。当下游水深足够小，不影响堰流性质（如堰的过流能力）时，称为自由式堰流，否则称为淹没式堰流。

6.2.2　堰流的水力计算

1. 堰流的基本公式

由实验研究知，对于水舌下通风的自由堰 $Q=f(H, B, b, p, g)$，用量纲分析法中的 π 定律法分析（或列堰上游断面与堰顶收缩断面能量方程）并整理得：

$$Q=m_0 b\sqrt{2g}H^{3/2} \tag{6-25}$$

或

$$Q=mb\sqrt{2g}H_0^{3/2} \tag{6-26}$$

式中　m、m_0——堰流系数，$m=f(H, p)$、$m_0=f(H, B, b, p)$；

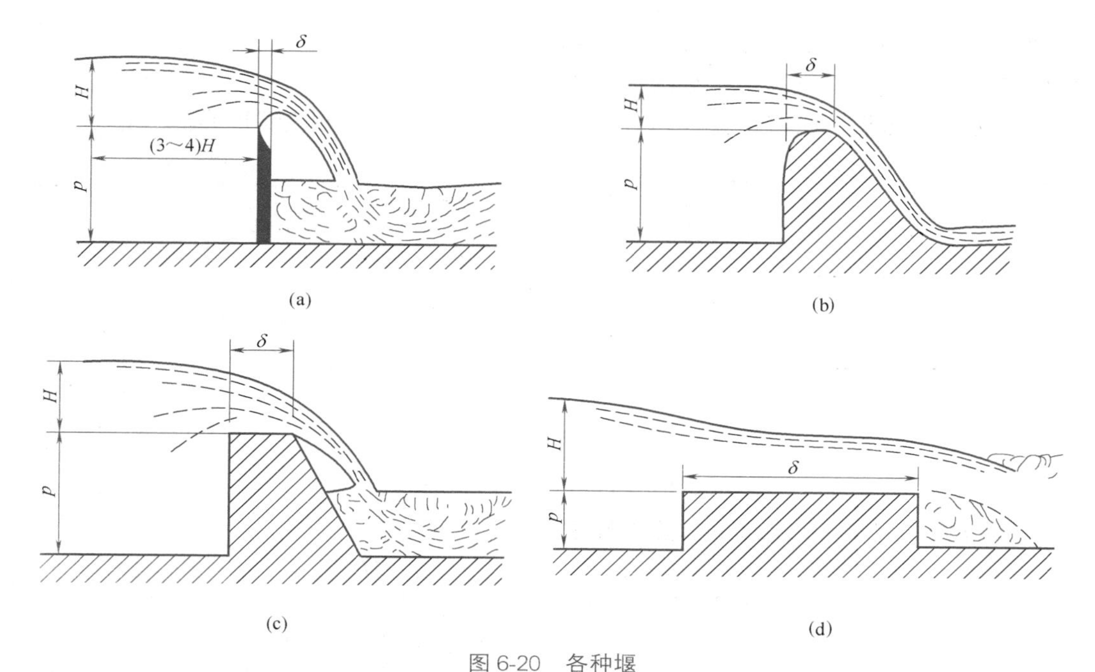

图 6-20　各种堰

（a）薄壁堰；（b）实用堰（曲线形）；（c）实用堰（折线形）；（d）宽顶堰

H、H_0——堰上静水头和动水头，$H_0=H+\alpha v_0^2/2g$。

堰流的通用公式（适用于所有堰）：

$$Q=\sigma\varepsilon m\sqrt{2g}H_0^{3/2} \tag{6-27}$$

式中　σ——淹没系数，$\sigma\leqslant1$，自由堰 $\sigma=1$；

ε——侧收缩系数，$\varepsilon\leqslant1$，无侧收缩 $\varepsilon=1$。

2. 堰流的水力计算

所有堰都可用以上通用公式计算，但不同的堰有不同的堰流系数。

1）薄壁堰

薄壁堰具有水流稳定的特点，因此主要用于测量流量。按照堰口形式及测量流量的大小，薄壁堰分为三角薄壁堰、矩形薄壁堰和梯形薄壁堰。

（1）三角薄壁堰，如图 6-21 所示，主要用于测量较小流量（$Q<0.1\text{m/s}$）。

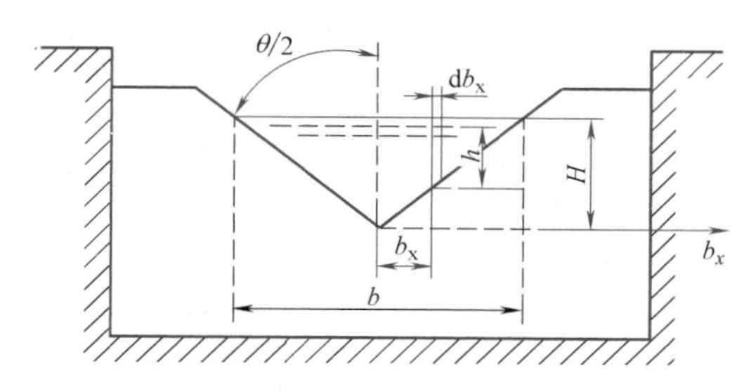

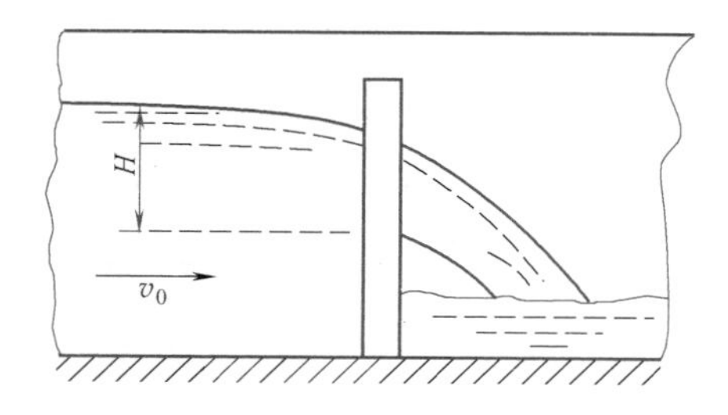

图 6-21　三角堰

$$Q=\frac{4}{5}m_0\tan\frac{\theta}{2}\sqrt{2g}H^{5/2}=m_cH^{5/2} \tag{6-28}$$

当 $\theta=90°$、$H=0.05\sim0.25\text{m}$ 时，$Q=1.4H^{5/2}$ (6-29)

式中 H——堰上游（3～4）H 处的静水头。

（2）矩形薄壁堰，如图 6-22 所示，为水舌下自由通风的无侧收缩矩形薄壁堰。

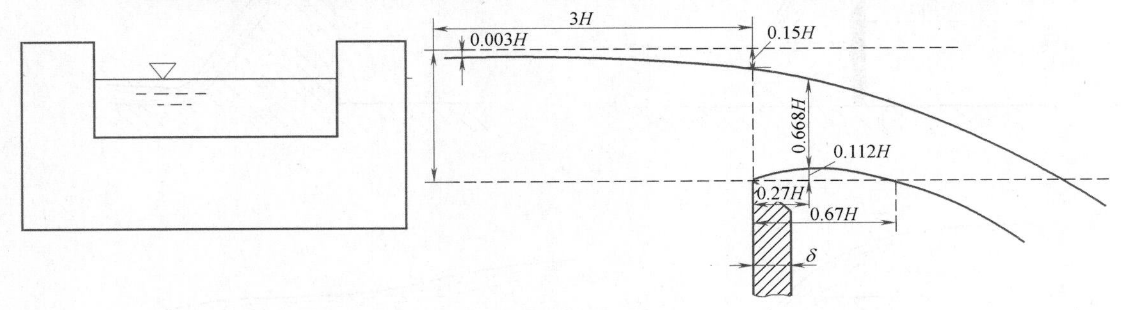

图 6-22 矩形薄壁堰

流量计算采用式（6-25），m_0 常采用巴赞公式：

当 $B=b$ 时，

$$m_0=\left(0.405+\frac{0.0027}{H}\right)\left[1+0.55\left(\frac{H}{H+p}\right)^2\right] \tag{6-30}$$

当 $b<B$ 时，

$$m_0=\left(0.405+\frac{0.0027}{H}-0.03\frac{B-b}{B}\right)\left[1+0.55\left(\frac{H}{H+p}\right)^2\right] \tag{6-31}$$

式中 H、B、b、p 均以米计。式（6-30）适用范围：$H=0.05\sim1.24\text{m}$，$b=0.2\sim2\text{m}$，$p=0.24\sim1.13\text{m}$。

（3）梯形薄壁堰，是矩形堰和三角形堰的流量之和。

2）实用堰

实用堰主要用于河道上蓄水挡水溢流坝、水处理厂的配水堰及溢流堰等，可分为图 6-20 中的（b）曲线形和（c）折线形两类。

实用堰的堰流系数 m_0 与具体曲线类型有关，也与堰上水头有关。初步估算时，非真空曲线形的实用堰可取 $m_0=0.45$、折线形实用堰 $m_0=0.35\sim0.42$。

3）宽顶堰

按照堰下水流是否影响堰顶水流分为自由堰和淹没堰两类。

（1）无侧收缩自由式宽顶堰，如图 6-23 所示。水面在堰入口处和出口处两次降落，堰顶水流为急流。堰流公式采用式（6-26）。

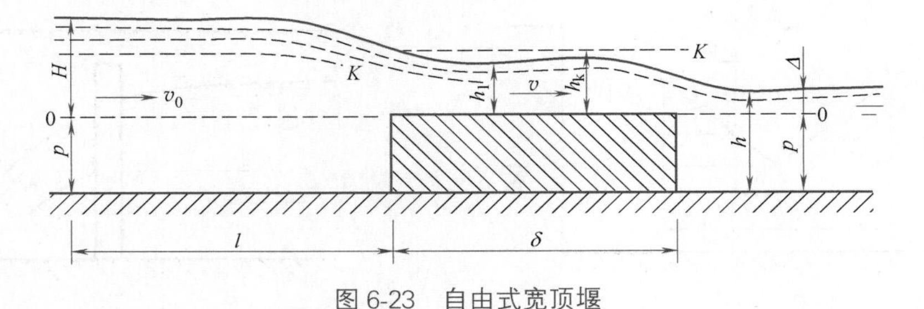

图 6-23 自由式宽顶堰

堰流系数与堰坎进口形式和堰的相对高度 p/H 有关。当 $0\leqslant p/H\leqslant3.0$ 时：

矩形直角进口：

$$m=0.32+0.01\frac{3-p/H}{0.46+0.75p/H} \tag{6-32}$$

矩形圆角进口：
$$m=0.36+0.01\frac{3-p/H}{1.2+1.5p/H} \tag{6-33}$$
当 $p/H>3.0$ 时：矩形直角进口 $m=0.32$，矩形圆角进口 $m=0.36$。

（2）无侧收缩淹没式宽顶堰。发生淹没堰的必要条件是堰下游水面高于堰下坎高，充分条件是 $\Delta=h-p'>0.8H_0$。此时，堰下水位高于堰顶水位，堰上水流为缓流，在堰入口处降落，在出口处壅高，如图 6-24 所示。堰流公式为：
$$Q=\sigma mb\sqrt{2g}H_0^{3/2} \tag{6-34}$$
式中，堰流系数 m 同式（6-31）与式（6-32），淹没系数 σ 与 Δ/H_0 有关。

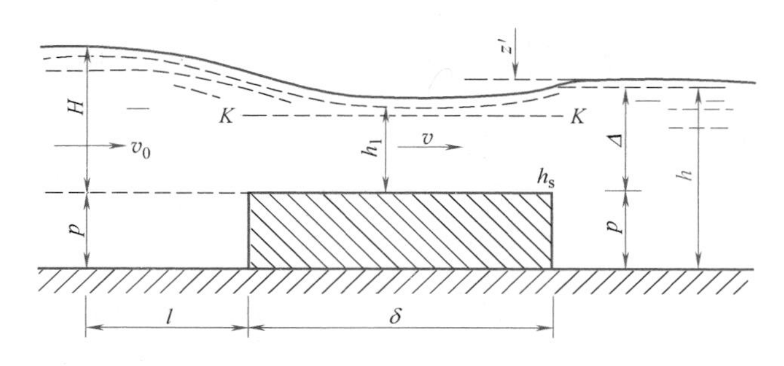

图 6-24 无侧收缩淹没式宽顶堰

（3）侧收缩堰。堰的宽度小于上游渠道的宽度，即 $b<B$，计算式为：
$$Q=\sigma m\varepsilon b\sqrt{2g}H_0^{3/2} \tag{6-35}$$

收缩系数：
$$\varepsilon=1-\frac{\alpha}{\sqrt[3]{0.2+p/H}}\sqrt[4]{\frac{b}{B}}\left(1-\frac{b}{B}\right) \tag{6-36}$$
式中 α——墩形（即堰的头部形状）系数，矩形边缘 $\alpha=0.19$，圆形边缘 $\alpha=0.1$。

【例 6-6】 某矩形断面渠道，为引水灌溉修筑宽顶堰（图 6-23）。已知渠道宽 $B=3\text{m}$，堰宽 $b=2\text{m}$，坎高 $P=P'=1\text{m}$，堰上水头 $H=2\text{m}$，堰顶为直角进口，单孔，边墩为矩形，下游水深 $h=2\text{m}$。试求过堰流量。

【解】 （1）判别出流形式

$\Delta=h-p'=2-1=1>0$，满足淹没溢流必要条件。但 $\Delta=h-p'=1<0.8H_0\approx0.8\times2=1.6$，不满足淹没溢流充分条件，故此堰流为自由式溢流；又 $b<B$，为有侧收缩；即本堰为自由式有侧收缩宽顶堰。

（2）计算流量系数 m

堰顶为直角进口，$P/H=0.5<3$，则由式（6-32）得：
$$m=0.32+0.01\frac{3-p/H}{0.46+0.75p/H}=0.35$$

（3）计算侧收缩系数

单孔采用式（6-36）得：
$$\varepsilon=1-\frac{\alpha}{\sqrt[3]{0.2+p/H}}\sqrt[4]{\frac{b}{B}}\left(1-\frac{b}{B}\right)=0.936$$

(4) 计算流量

$$Q=mb\sqrt{2g}H_0^{3/2}$$

其中：$$H_0=H+\frac{\alpha v_0^2}{2g},v_0=\frac{Q}{b(H+p)}$$

用迭代法求解 Q，第一次取 $H_{0(1)} \approx H$，则：

$$Q_{(1)}=\sigma mb\sqrt{2g}H_{0(1)}^{3/2}=0.35\times0.936\times2\sqrt{2g}2^{3/2}=8.2\text{m}^3/\text{s}$$

$$v_{0(1)}=\frac{Q_{(1)}}{B(H+p)}=\frac{8.2}{9}=0.911\text{m/s}$$

第二次近似，取 $H_{0(2)}=H+\frac{\alpha v_{0(1)}^2}{2g}=2+\frac{0.911^2}{19.6}=2.042\text{m}$，则：

$$Q_{(2)}=\sigma mb\sqrt{2g}H_{0(2)}^{3/2}=2.9\times2.042^{3/2}=8.46\text{m}^3/\text{s}$$

$$v_{0(2)}=\frac{Q_{(2)}}{B(H+p)}=\frac{8.46}{9}=0.94\text{m/s}$$

第三次近似，取 $H_{0(3)}=H+\frac{\alpha v_{0(2)}^2}{2g}=2+\frac{0.94^2}{19.6}=2.045\text{m}$，则：

$$Q_{(3)}=\sigma mb\sqrt{2g}H_{0(2)}^{3/2}=2.9\times2.045^{3/2}=8.48\text{m}^3/\text{s}$$

$\frac{Q_{(3)}-Q_{(2)}}{Q_{(3)}}=\frac{8.48-8.46}{8.48}=0.02$ 满足工程需要，则过堰流量为：$Q=Q_{(3)}=8.48\text{m}^3/\text{s}$。

(5) 校核堰上游流动状态

$$v_0=\frac{Q}{B(H+p)}=\frac{8.48}{9}=0.942\text{m/s}$$

$$Fr=\frac{v_0}{\sqrt{g(H+p)}}=\frac{0.942}{\sqrt{9.8\times3}}=0.174<1$$

故上游来流为缓流，流经障壁形成堰流，上述计算有效。用迭代法求解宽顶堰流量高次方程，是一种基本的方法，但计算繁复，可用计算机编程求解。

6.3 桥涵的概念

1. 概念

桥是架在河沟、溪谷、灌溉渠道上或空中便于通行的建筑物，涵洞是公路或铁路与沟渠相交的地方使水从路下流过的通道，作用与桥相同，但一般孔径较小，形状有管形、箱形及拱形等。

2. 小桥及涵洞的水力问题

桥涵水力计算的主要问题有两类：一是验算已有桥涵的过水能力；二是根据水文条件计算出桥涵流量、确定桥涵前后水位及不冲流速，计算小桥及涵洞的孔径与孔数和其他相关的几何尺寸。

3. 小桥及涵洞的水力计算理论

由于桥涵中的水流多数可看作为宽顶堰流，因此，其水力计算的理论依据就是宽顶堰水力计算方法和桥涵设计相关规范规程。水力计算主要考虑桥涵设计流速不得大于不冲流速，计算桥涵孔径不大于标准跨径（桥涵有二十多种标准孔径），桥涵前计算雍水位不得高于规范雍水位等，具体水力计算可参照式（6-32）～式（6-36）或估算法、经验法等及其他设计参考书。

本章小结

明渠是具有自由液面的输水渠道，渠底有顺坡、平坡和逆坡之分，常见的断面形状有矩形、梯形和圆形（或半圆形），人工明渠一般为棱柱形渠道。

明渠均匀流发生在长直的人工棱柱形顺坡渠道中，水面与底坡平行；流线为非平行直线，水流为非均匀流，如变坡变断面局部渠段水流。

水力最优断面的工程意义：给定流量下，水流与边界接触面积越小，摩擦阻力就越小、耗材就越少。实际只适用于小型渠道，大型渠道由其主要功能决定。

明渠均匀流水力计算有三类问题，在给定条件下均可通过均匀流谢才公式加以解析或图解求解。

断面比能概念的意义在于：（1）引入临界水深、临界坡度；（2）引入明渠水流中可能的三种流态（缓流、临界流和急流）；（3）比能图描述了非均匀渐变流水面沿流程方向的变化趋势。

明渠水流形态的判断有佛汝德数 Fr、临界水深 h_{k}、临界坡度 i_{k} 及断面比能 $\mathrm{d}E_{\mathrm{s}}/\mathrm{d}h$ 法等多种方法。

缓流到急流的水面变化过程体现的是断面比能曲线由上支某个水深（缓流的水深）逆时针方向逐渐变化到临界水深再变小到急流的正常水深的非均匀渐变流过程，也是断面比能由大变小再变大的过程；而由急流到缓流则正好相反，比能曲线由下支某个水深（急流或临界流或壅高的水深）顺时针方向变大到临界水深再到上支的缓流水深，断面比能也是由大变小再变大的过程。

水跃是水流由急流到缓流过渡的局部现象。按照发生的位置，有淹没水跃（发生在急流段）、临界水跃（变坡位置）和远驱式（变坡位置的下游）三种，具体可假设上游急流水深为跃前水深 h'，计算出跃后共轭水深 h'' 与缓流水深比较确定，也可假设下游缓流水深为跃后水深 h''，计算出跃前共轭水深 h'，与上游急流水深比较确定。

明渠非均匀渐变流水面曲线的定性衔接类型加上水跃共有十三种，按照水面曲线衔接分析的基本步骤和一般原则，根据水位所在竖向分区中的位置区域确定水面曲线的形式。

为了控制水位和流量，将局部渠底抬高或变窄的渠道上构筑的水工构筑物称为堰，堰上水流现象为堰流。各种堰有相同的基本方程式，不同的堰具有不同的流量系数。按照堰厚与堰上作用水头比值的不同，堰在工程中的应用也不同。薄壁堰主要用于流量的量测，实用断面堰主要用于控制水位和调蓄水量，而小桥涵洞的水流大多属于宽顶堰堰流。

思考与练习题

6-1 实际工程中的人工渠道水流是否为均匀流？

6-2　水面与渠道底坡平行的水流是否一定是均匀流？

6-3　渠道过流断面一般设计成梯形的两个主要原因是什么？

6-4　为什么无压圆管流中的速度与流量在满流前达到最大？

6-5　层流和紊流与渠道中的缓流、临界流及急流相互之间有无关联？

6-6　缓流、临界流及急流只能发生在相应的缓坡、临界坡及急坡中吗？

6-7　对于给定的渠道，其流态是确定的吗？

6-8　渠道的实际坡度与临界坡度有关联吗？

6-9　在缓坡中会发生水跃吗？

6-10　在非均匀渠段中，水面曲线一定是连续的吗？

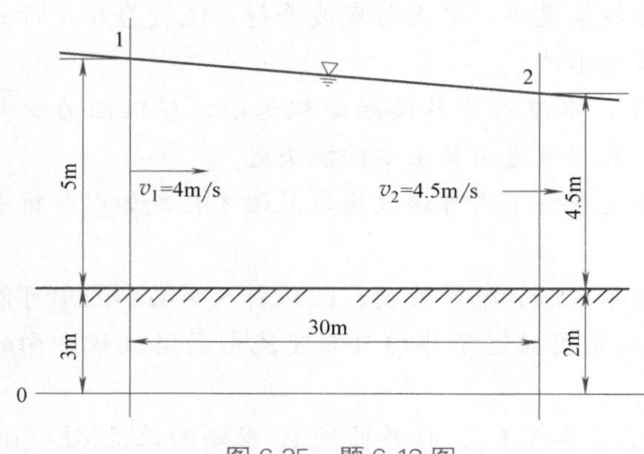

图6-25　题6-13图

6-11　急坡渠道中设有底坎处水流会发生什么现象？

6-12　实际工程中的计量堰、溢流坝及桥涵分别属于什么堰？

6-13　明渠水流如图6-25所示，试求1、2断面间渠道底坡、水面坡度、水力坡度。

6-14　梯形断面土渠，底宽 $b=3\text{m}$，边坡系数 $m=2$，水深 $h=1.2\text{m}$，底坡 $i=0.0002$，渠道受到中等养护，试求通过流量。

6-15　某梯形断面土渠中发生均匀流动，已知：底宽 $b=2\text{m}$，$m=\tan^{-1}\theta=1.5$，水深 $h=1.5\text{m}$，底坡 $i=0.0004$，粗糙系数 $n=0.0225$。试求渠中流速 v 及流量 Q。

6-16　如图6-26所示，试导出梯形断面明渠均匀流的流量公式和正常水深的迭代式。

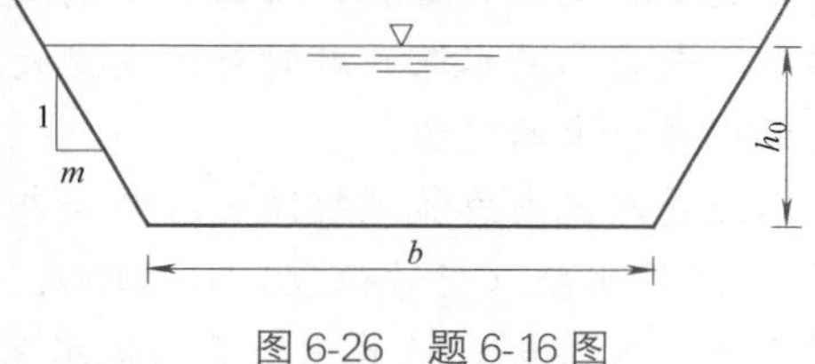

图6-26　题6-16图

6-17　有一梯形断面渠道，已知底宽 $b=4\text{m}$，边坡系数 $m=2.0$，粗糙系数 $n=0.025$，渠道底坡 $i=1/2000$，通过的流量 $Q=8\text{m}^3/\text{s}$，试求渠道中的正常水深 h_0。

6-18　一梯形土渠，按均匀流设计。已知正常水深 $h_0=1.2\text{m}$，底宽 $b=2.4\text{m}$，边坡系数 $m=1.5$，粗糙系数 $n=0.025$，底坡 $i=0.0016$。试求渠道的流速和流量。

6-19　修建混凝土砌面（较粗糙）的矩形渠道，要求通过流量 $Q=9.7\text{m}^3/\text{s}$，底坡 $i=0.001$，试按水力最优断面设计断面尺寸。

6-20　有一梯形渠道，在土层中开挖，边坡系数 $m=1.5$，粗糙系数 $n=0.025$，底坡 $i=0.0005$，设计流量 $Q=1.5\text{m}^3/\text{s}$。按水力最优条件设计渠道断面尺寸。

6-21　有一梯形断面中壤土渠道，已知：渠中通过的流量 $Q=5\text{m}^3/\text{s}$，边坡系数 $m=1.0$，粗糙系数 $n=0.020$，底坡 $i=0.0002$。按水力最优条件设计断面。

6-22　修建梯形断面渠道，要求通过流量 $Q=1.0\text{m}^3/\text{s}$，边坡系数 $m=1.0$，底坡 $i=0.0022$，粗糙系数 $n=0.03$，试按不冲流速（$v_{\max}=0.8\text{m/s}$）设计断面尺寸。

6-23　有一梯形断面中壤土渠道，已知：渠中通过的流量 $Q=5m^3/s$，边坡系数 $m=1.0$，粗糙系数 $n=0.020$，底坡 $i=0.0002$。若宽深比 $\beta=2$，检查渠中流速是否满足不冲条件。

6-24　已知矩形渠道的底坡 $i=1/2000$，通过的流量 $Q=5m^3/s$，粗糙系数 $n=0.02$，试用水力最佳断面设计渠道的宽度和高度（要求超高 0.4m）。

6-25　已知一钢筋混凝土圆形排水管道，污水流量 $Q=0.2m^3/s$，底坡 $i=0.005$，粗糙系数 $n=0.014$，试确定此管道的直径。

6-26　一无压引水隧洞直径 $d=7.5m$，通过的流量 $Q=200m^3/s$，粗糙系数 $n=0.013$，底坡 $i=0.002$，求渠道的正常水深 h_0。

6-27　钢筋混凝土圆形排水管，已知直径 $d=1.0m$，粗糙系数 $n=0.014$，底坡 $i=0.002$，试计算此无压管道的过流量（取充满度 $\alpha=h/d=0.80$）。

6-28　有一按水力最佳断面条件设计的浆砌石的矩形断面长渠道，已知渠道底坡 $i=0.0009$，粗糙系数 $n=0.017$，通过的流量 $Q=8m^3/s$，动能校正系数 $\alpha=1.1$，试分别用水深法、波速法、弗劳德数法、断面比能法和底坡法判别渠中流动是缓流还是急流。

6-29　试判别甲河与乙河的水流状态：(1) 甲河通过的流量 $Q=173m^3/s$，水面宽度 $B=80m$，流速 $v=1.6m/s$；(2) 乙河通过的流量 $Q=1730m^3/s$，水面宽度 $B=90m$，流速 $v=6.86m/s$。

6-30　如图 6-27 所示，证明：当断面比能 E_s 以及渠道断面形状、尺寸（b、m）一定时，最大流量相应的水深是临界水深。

6-31　如图 6-28 所示，在渠道中做一矩形断面的狭窄部位，且此处为陡坡，在进口底坡转折处产生临界水深 h_k，如果测得上游水深为 h_0，就可求得渠中通过的流量，此装置称为文丘里量水槽。今测得 $h_0=2m$，底宽 $b=0.3B=1.2m$，试求渠中通过的流量。

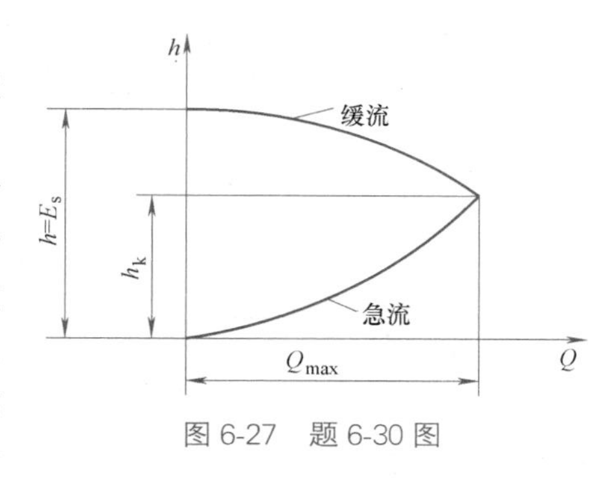

图 6-27　题 6-30 图

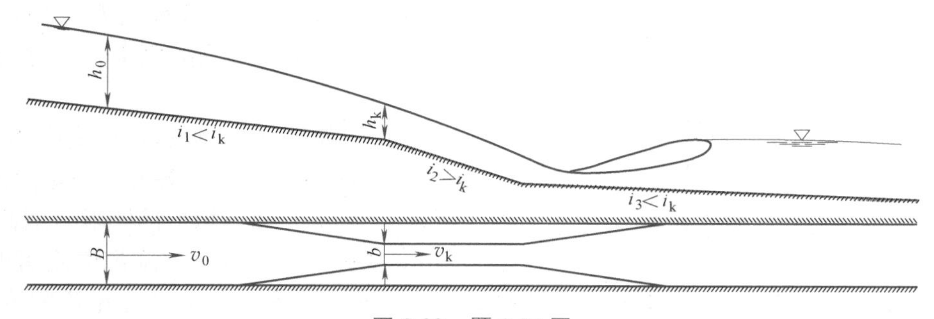

图 6-28　题 6-31 图

6-32　试分析图 6-29 所示两段断面尺寸及粗糙系数相同的长直棱柱体明渠，由于底坡变化所引起的渠道中非均匀流水面的变化形式。已知上游及下游渠道底坡均为缓流，且 $i_2>i_1$。

6-33　试分析图 6-30 所示两段渠道分别为 $i_1<i_k$ 和 $i_2=i_k$ 时水面曲线的衔接。

6-34　某矩形断面渠道中筑有一溢流坝。已知渠宽 $B=18m$，流量 $Q=265m^3/s$，坝下收缩断面处水深 $h_c=1.1m$，当坝下游水深 $h_t=4.7m$ 时，问：

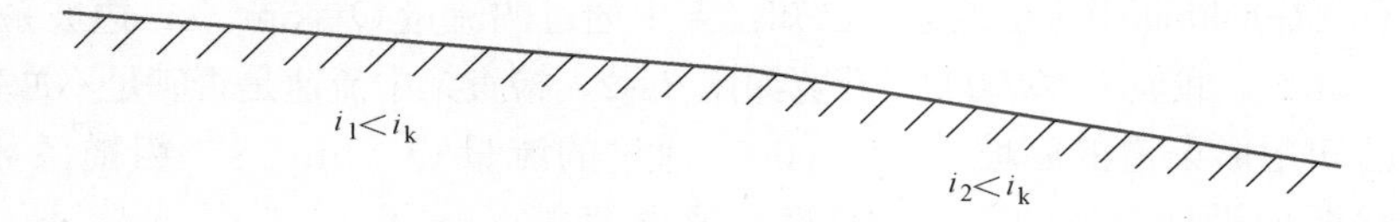

图 6-29　题 6-32 图

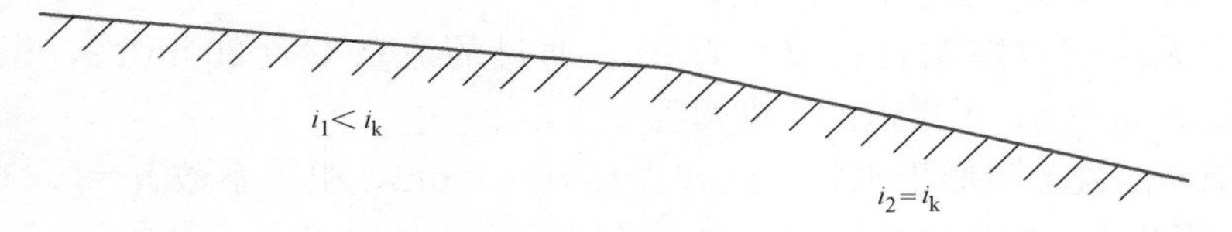

图 6-30　题 6-33 图

(1) 坝下游是否发生水跃？

(2) 如发生水跃，属于何种形式的水跃？

6-35　有一平底的矩形水槽，槽中安装一矩形薄壁堰，堰口与槽同宽，即 $b=B=0.5$m，堰高 $P=0.5$m，堰上水头 $H=0.3$m，下游水深 $h_1=0.35$m。求通过该堰的流量。

6-36　已知矩形薄壁堰建在 $B_0=5.0$m 的矩形水槽中，堰高 $P=0.95$m，堰宽 $b=1.45$m，堰顶水头 $H=0.45$m，下游水深 $h_t=0.45$m。求过堰的流量。

6-37　三角形薄壁堰，夹角 $\theta=90°$，堰宽 $B=1$m，通过流量 $Q=40$L/s，堰上水头 H 为多少？

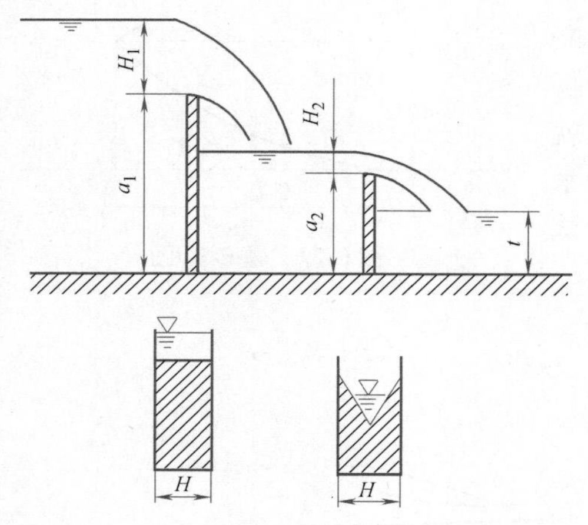

图 6-31　题 6-40 图

6-38　一单孔圆角进口宽顶堰，墩高 $P_1=P_2=2.5$m，堰顶水头 $H=3$m，下游水位超过堰顶 1m，孔宽 $b=5$m，堰前引渠宽度 $B=8$m，取 $\alpha_0=0.1$m。求通过的流量 Q。

6-39　某宽顶堰式水闸，闸门全部开启时，上游水位为 0.6m，闸底面高程为 0.4m，河底高程为 0.00，下游水位为 0.5m，流量系数 $m=0.35$，不计侧收缩影响。求水闸的单宽流量 q。

6-40　如图 6-31 所示，在宽度 $B=b=1$m 的矩形渠道中，前后各装设一矩形薄壁堰（堰高 $a_1=1$m）和三角形薄壁堰（堰高 $a_2=0.5$m，夹角 $\theta=60°$）。水流为恒定流时，测得矩形薄壁堰前水头 $H_1=0.13$m，下游水深 $t=0.4$m。试求：(1) 通过渠道的流量 Q；(2) 三角堰前水头 H_2。

6-41　水库的正常高水位为 72.0m，非常洪水位为 75.6m，溢洪道为无闸控制的宽顶堰进口，下接陡槽和消能池。宽顶堰宽 60m，堰坎高 $P=2$m，坎顶高程 70.6m，坎顶进口修圆。若堰与上游的引水渠同宽，问上述两种水位时，通过的流量各为多少？

第 6 章课后
习题详解

第7章　渗流、渗渠和井

本章要点及学习目标

本章要点：主要介绍渗流的基本概念、基本定律，地下水渗流运动规律及在实际工程中的应用。

学习目标：通过本章的学习，学生应理解和掌握渗流模型、达西渗流定律；理解地下水渗流速度的分布特征、地下水渐变流浸润曲线的类型；掌握渗渠水量的计算；掌握井、基坑及井群涌水量的计算，初步了解渗透破坏和渗流控制原理；了解扬压力概念。

7.1　渗流的基本概念

7.1.1　渗流概念及应用

流体在多孔介质中的流动称为渗流。流体从多孔介质中透过的现象称为渗透。

多孔介质（图7-1）广泛存在于自然界、工程材料和人体与动植物体内，因而渗流大致可划分为地下渗流、工程渗流和生物渗流三个方面。地下渗流是指土壤、岩石和地表堆积物中流体的渗流，它包含地下流体资源开发、地球物理渗流以及地下工程中渗流几个部分。

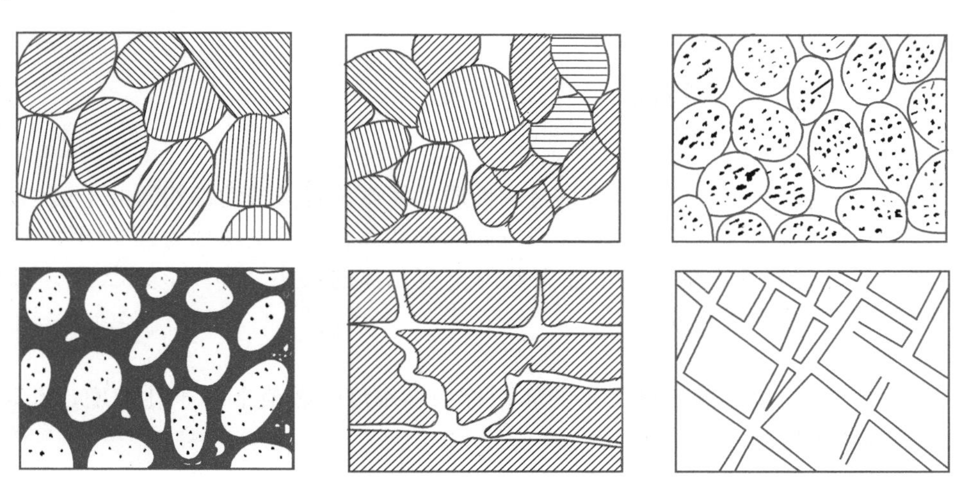

图7-1　多孔介质的形式

渗流理论在水利、土建、给水排水、环境保护、地质、石油、化工等许多领域都有广泛的应用。如土壤及透水地基上水工建筑物的渗漏及稳定、灌溉抽水、基坑排水（图 7-2）、水井、集水廊道、水库及河渠边岸的侧渗计算等。

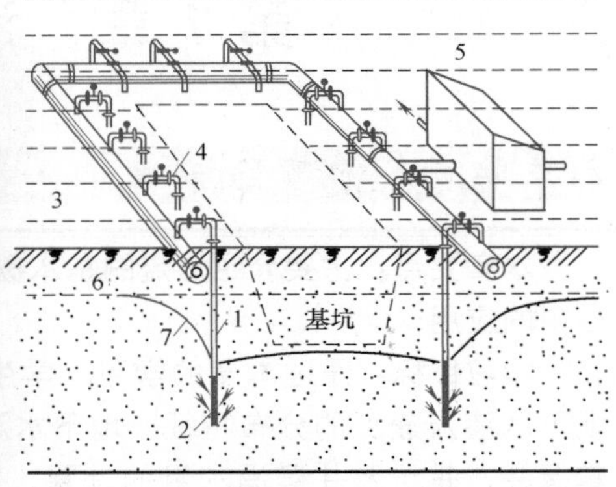

图 7-2　轻型井点降水法全貌图

1—井点管；2—滤管；3—集水总管；4—弯联管；5—水泵房；6—原地下水位线；7—降低后的地下水位线

本章主要讨论水在地下土壤孔隙中的渗流流动理论以及在土木工程施工中围堰、基坑排水渗流区域内的水头或地下水位的分布、渗流量的确定以及渗透破坏和渗流控制的基本理论。

7.1.2　地下水的类型

地下土壤孔隙中的地下水分别以气态、固态和液态三种形式存在。气态水以水蒸气的形式存在于孔隙中的空气中，太少，不予考虑；固态水属于结冰体，不流动；液态水又可分为附着水、薄膜水、毛细水和重力水，前三种量很少，都可以忽略不计。岩土中含水量很大时，绝大部分将在重力作用下运动的水称为重力水，地下水运动主要指重力水的渗流。

地表以下第一个稳定隔水层以上具有自由水面的地下水为无压潜水，充满两个隔水层之间的含水层中的地下水称为承压水。

7.1.3　地下土壤的水力特性

1. 透水性或渗透性

透水性或渗透性是指土壤允许水透过的性质。任意位置渗透性都相同的土壤称为均质土壤，否则为非均质土壤。任意位置任意方向渗透性都相同的土壤称为各向同性土壤（如沙土），否则为各向异性土壤。透水性主要与土壤孔隙的大小、多少、形状及分布有关，透水性的定量指标是渗透系数。

2. 容水度

单位土壤体积中能容纳的最大水的体积称为容水度，数值上等于孔隙度，孔隙度越大，土壤容水性能越好。

3. 持水度

持水度是指在重力作用下仍能保持的水体积与土壤总体积之比，主要指土壤中的非重力水。

4. 给水度

给水度是指存在于土壤中的水，在重力作用下能释放出来的水体积与土的总体积之比。数值上等于容水度与持水度之差，也即产生渗流的重力水。

7.2　渗流基本定律

7.2.1　渗流模型

地下土壤孔隙的几何因素及分布非常复杂，而且土壤介质将水分隔为非连续体，要详细分析水在孔隙中的流动状况极其困难。为此，从工程应用的宏观性出发，引入渗流模型，以简化渗流分析过程。

1. 渗流模型

忽略全部土壤颗粒的体积（或存在），认为地下水的流动是连续地充满整个渗流空间（包括土粒骨架所占据的空间在内，均由水所充满，似乎无土粒存在一样）的连续流动称为渗流模型。图 7-3（a）为实际的渗流，图 7-3（b）为模型化的渗流。

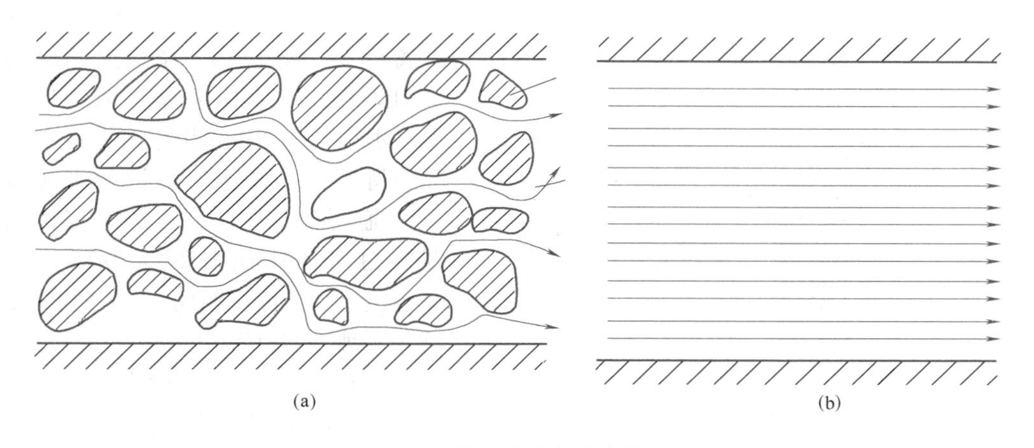

图 7-3　实际渗流与渗流模型

2. 建立渗流模型的原则

（1）渗流模型的边界条件与实际渗流相同；

（2）通过渗流模型某一断面的流量与实际渗流通过该断面的真实流量相等；

（3）渗流模型在某一断面上渗流压力与实际渗流在该断面的真实压力相等；

（4）渗流模型与实际渗流的阻力相等，即能量损失相等。

3. 渗流模型中的实际流速与渗流流速

若渗流模型中某一过水断面面积（包括渗流区域中的土壤颗粒截面积与孔隙面积）为 ΔA，孔隙面积为 $\Delta A'$，通过的实际流量为 ΔQ，土壤的孔隙率 $m=\Delta A'/\Delta A$，则渗流的实际流速为：

$$v'=\frac{\Delta Q}{\Delta A'} \tag{7-1}$$

渗流模型断面平均速度为：

$$v=\frac{\Delta Q}{\Delta A}=mv' \tag{7-2}$$

由于 $\Delta A'<\Delta A$，有 $m<1$，故 $v<v'$，即渗流模型流速小于实际渗流流速。

4. 流速水头

渗流通道的孔隙尺寸微小且数量众多，形状阻力很大，渗流速度非常小，因而惯性力和动能可以忽略不计，或测压管水头就是总水头，测压管水头线就是总水头线，测压管水头差就是所在断面间的渗流运动的水头损失。

7.2.2 达西渗流定律

地下水在土体孔隙中渗透时，由于渗透阻力的作用，沿程必然伴随着能量的损失。为了揭示水在土体中的渗透规律，法国工程师达西（H. darcy）经过大量的试验研究，1856年总结得出了渗透能量损失与渗流速度之间的相互关系。

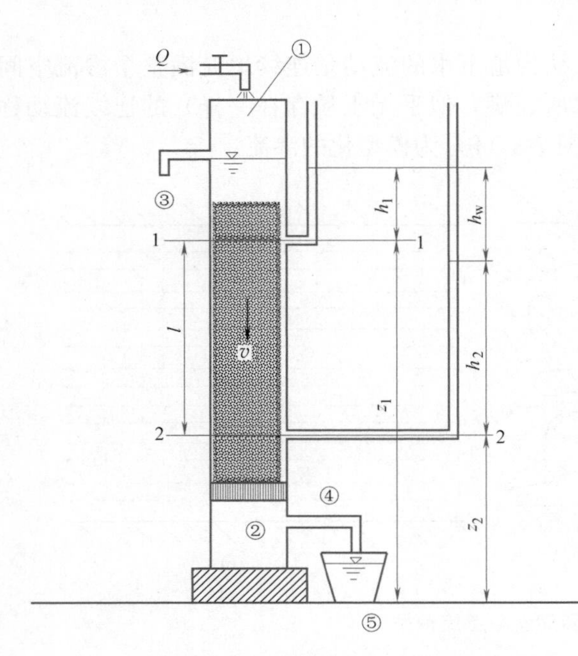

图 7-4 达西渗流实验装置

1. 达西渗流实验

达西渗流实验装置如图 7-4 所示。装置中的①是横截面积为 A 的直立圆筒，其上端开口，在圆筒侧壁装有两支相距为 l 的测压管。筒底以上一定距离处装一滤板②，滤板上填放颗粒均匀的砂土。水由上端注入圆筒，多余的水从溢水管③溢出，使筒内的水位维持恒定。渗透过砂层的水从短水管④流入量杯⑤中，设 Δt 时间内流入量杯的水体体积为 ΔV，则渗流量为 $Q=\Delta V/\Delta t$。读取断面 1—1 和 2—2 处测压管水头差值 h_w，该水头差值 h_w 就是两断面之间的水头损失。

2. 达西渗流定律

达西分析了大量实验资料，发现土中渗透的渗流量 Q 与圆筒断面积 A 及水头损失 h_w 成正比，与断面间距 l 成反比，即达西渗流定律：

$$Q=kA\frac{h_w}{l}=kAJ \tag{7-3}$$

对于均质各向同性介质：

$$v=u=kJ \tag{7-4}$$

式中 k——土壤的渗透系数，具有流速量纲；

J——水力坡度，$J=h_w/l$；

v、u——断面平均渗流流速和任一空间点的渗流流速。

3. 达西定律适用范围

达西渗流定律式（7-4）表明，渗流的沿程水头损失与渗流流速的一次方成正比，即水头损失与断面平均速度呈线性关系，因此也称为渗流线性定律，符合这一规律的渗流叫线性渗流。又由于渗流速度很小，渗流可以看作是一种水流流线互相平行的层流流动，所以也叫层流渗流。随着渗流流速的增大，沿程水头损失与渗流流速为非线性关系，称为非线性渗流，渗透并不一定符合达西定律。

达西定律适用的范围为：土体骨架不变形，流态为不可压缩牛顿流体的恒定均匀层流渗流（即 $Re \leqslant 1$）。

4. 渗流系数

渗流系数 k 是土壤性质和液体性质综合影响的一个系数，表示土壤渗透能力的大小，是渗流计算中的重要参数，通常由室内或在施工现场进行测定。

（1）经验公式法。根据土壤粒径形状、结构、孔隙率和影响水运动黏度的温度等参数所组成的经验公式来估算渗流系数 k。

（2）实验室测定法。实验装置如图 7-4 所示，此法施测简易，但不易取得未经扰动的土样。

（3）现场方法。在现场利用钻井或原有井做抽水或灌水试验进行测定，精度高、费用高，适用于重要的大型工程。

7.3 地下无压水的渐变渗流

地下水中的潜水和无压层间水均存在自由水面，称为浸润面。类似于明渠流，地下无压水渗流也可分为均匀渗流和非均匀渗流。均匀渗流其浸润面与底部不透水层平行，$J=i=J_{\mathrm{p}}=$常数，渗流量可利用达西渗流公式（7-3）或式（7-4）计算。而对于非均匀渐变渗流，$J=J_{\mathrm{p}}\neq i$，且不为常数。

7.3.1 渐变渗流的基本公式

对于无压渐变渗流，沿渗流方向渗流断面在变化，因此不同渗流断面上的渗流流速不同，水力坡度也不同。裘皮幼进行了同一渗流断面上各点流速相等且相互平行的假设，此时该断面符合达西定律：

$$v=u=kJ=k\frac{-\mathrm{d}H}{\mathrm{d}s} \tag{7-5}$$

式中　J——渐变流计算渗流断面上的水力坡度，$J=-\mathrm{d}H/\mathrm{d}s$。

$\mathrm{d}H$——微元渗流长度上的水头差或水面差。

式（7-5）称为裘皮幼公式。当各渐变渗流断面上的水力坡度 J 都相等时，裘皮幼公式即为达西公式。

7.3.2 渐变渗流的基本微分方程

图 7-5 所示渐变渗流中有 $H=z+h$，则 $\mathrm{d}H=\mathrm{d}z+\mathrm{d}h$，故在微分流段 $\mathrm{d}s$ 内：

$$J=-\frac{\mathrm{d}H}{\mathrm{d}s}=-\frac{\mathrm{d}z}{\mathrm{d}s}-\frac{\mathrm{d}h}{\mathrm{d}s}=i-\frac{\mathrm{d}h}{\mathrm{d}s}$$

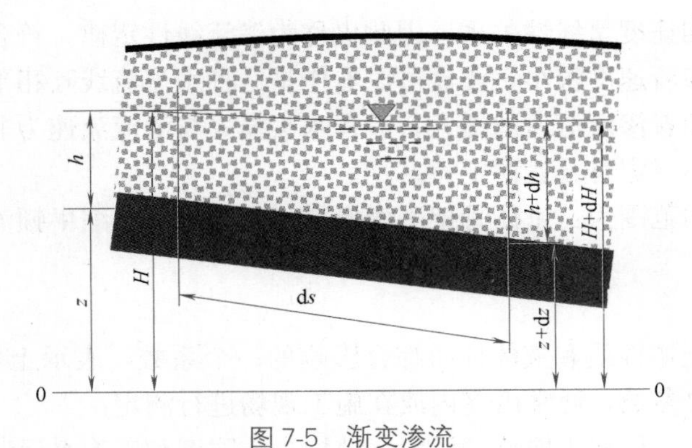

图 7-5 渐变渗流

由式（7-5）有断面平均流速： $v=k\left(i-\dfrac{dh}{ds}\right)$

渗流量： $$Q=kA\left(i-\frac{dh}{ds}\right) \tag{7-6}$$

式（7-6）为无压渐变渗流基本微分方程。

7.3.3 渐变渗流浸润曲线分析

由于渗流流速被忽略不计，渗流断面比能就等于渗流断面水深（$E_s=h$），即断面比能最小值对应的水深为零，所以渗流中的临界水深为零。据此分析，渐变渗流浸润曲线只有三种，分别如图 7-6～图 7-8 所示。

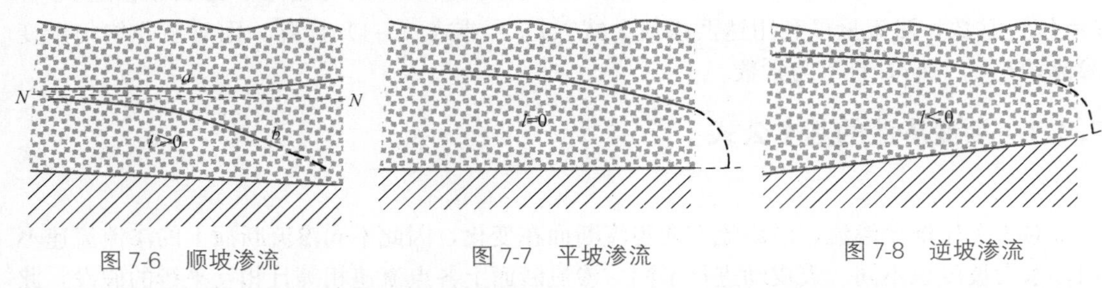

图 7-6 顺坡渗流 图 7-7 平坡渗流 图 7-8 逆坡渗流

在顺坡渗流中，渗流浸润曲线与上游水深渐进相切，沿渗流方向或壅高至与水平线渐进或下降至与不透水层正交。在平坡和逆坡渗流中，渗流浸润曲线上游以水平线为渐进线，沿渗流方向下降至与不透水层正交。下降曲线末端虚线已不属渐变渗流性质，取决于具体边界条件。

7.4 渗渠、井和井群

地下水的采集与土木及水利工程施工过程中的基坑排水均属渗流的范畴，井和渗渠是应用最广的集水排水构筑物。

7.4.1 渗渠

渗渠也叫集水廊道，是集取地下水源（取水工程）或者降低地下水位（基坑明沟与集水井排水）的一种集水构筑物。

图 7-9、图 7-10 所示分别为水平不透水层完整式渗渠（指渗渠底位于不透水层上）和非完整式渗渠（指渗渠底高于不透水层），渗渠轴线垂直于纸面，单位长度上的渗流量均相等。当渗渠抽水量等于渗水量时，渗渠内水深保持不变，渗流为无压恒定渐变渗流，渗渠两侧的浸润曲线由天然水面降到廊道内水面。

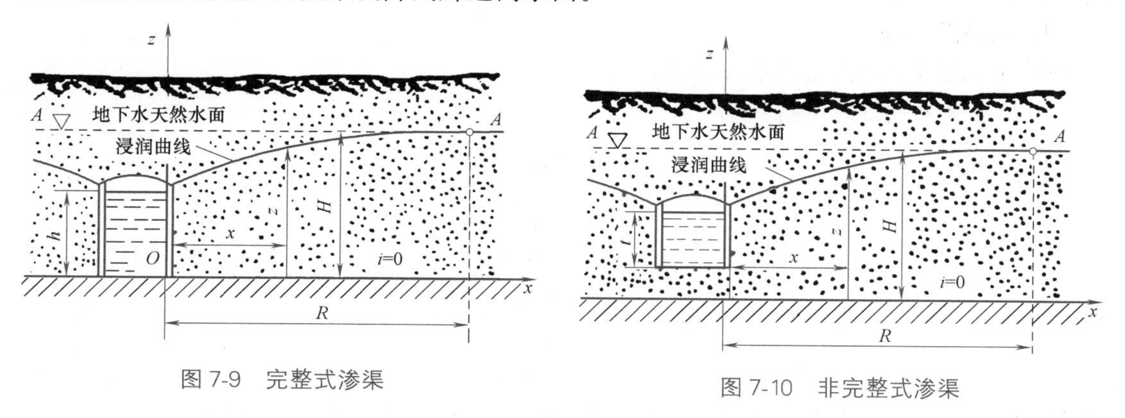

图 7-9　完整式渗渠

图 7-10　非完整式渗渠

由式（7-6）无压渐变渗流基本微分方程整理可得：

完整式渗渠浸润曲线：
$$z^2-h^2=\frac{2Q}{kL}x \tag{7-7}$$

完整式渗渠：
$$Q=\frac{kL(H^2-h^2)}{R} \tag{7-8}$$

非完整式渗渠：
$$Q=\frac{kL(H^2-h^2)}{R}\cdot\sqrt{\frac{t+0.5r_0}{h}}\cdot\sqrt[4]{\frac{2h-1}{h}} \tag{7-9}$$

式中　L——渗渠长度；

H——含水层厚度；

h——渗渠内水位距含水层底板高度；

R——影响带宽，带宽之外保持天然水位面，与土壤性质有关，经试验或经验确定；

t——渗渠内水深；

r_0——渗渠水面半宽。

对于基坑排水一般为单侧渗流，则渗流排水量为上述计算值的二分之一。

【例 7-1】 某水电站供水工程位于电站施工区内，水源采用黄河岸边地下水和河床潜流水，渗渠设计出水量 $Q=1620\text{m}^3/\text{h}$。拟建渗渠处渗透系数 $k=55\text{m/d}$，影响半径 $R=80\text{m}$。渗渠直径 $D=1200\text{mm}$，材质为 Q235 钢，壁厚 12mm，河水位距含水层底板的高度为 4m，渗渠中心至河流水边线的距离为 8m，渗渠管内充满度 0.5，计算渗渠长度。

【解】 由充满度为 0.5 可知，$h=0.5\times1200\times10^{-3}=0.6\text{m}$；又 $Q=1620\ \text{m}^3/\text{h}=38880\text{m}^3/\text{d}$，及 $k=55\text{m/d}$、$z=4\text{m}$、$x=8\text{m}$。将以上数据代入式（7-7），则由 $z^2-h^2=\frac{2Q}{kL}x$ 有 $L=\frac{2Q}{k\ (z^2-h^2)}x=\frac{2\times38880\times8}{(4^2-0.6^2)\times55}=723.2\text{m}$，取 $L=724\text{m}$。

7.4.2 井

井是集取地下水源（取水工程）或者降低地下水位（如基坑的井点排水）的一种集水构筑物。井底直达不透水层的井称为完整井；井底距离不透水层有一定高度且井底亦渗流的井称为非完整井。

1. 完整潜水井

开凿在潜水中的完整潜水井如图 7-11 所示。

由裘皮幼公式整理可得：

浸润曲线：
$$z^2-h^2=\frac{0.732Q}{\pi k}\lg\frac{R}{r} \tag{7-10}$$

流量：
$$Q=1.366\frac{k(H^2-h^2)}{\lg(R/r_0)} \tag{7-11}$$

或
$$Q=1.366\frac{kS(2H-S)}{\lg(R/r_0)} \tag{7-12}$$

$$R=3000S\sqrt{k} \tag{7-13}$$

式中 R——通过实验或实测求得，初步估算时可用式（7-13）计算（m）；

S——水位降深（m），$S=H-h$；

k——土壤渗透系数（m/s）；

r_0——井的半径（m）。

对于非完整潜水井，由于井底为非渐变渗流，故用完整井流量乘以大于 1 的系数来计算，可参见有关资料。

2. 完整承压井

用于汲取承压含水层中的完整承压井（或自流井），如图 7-12 所示。

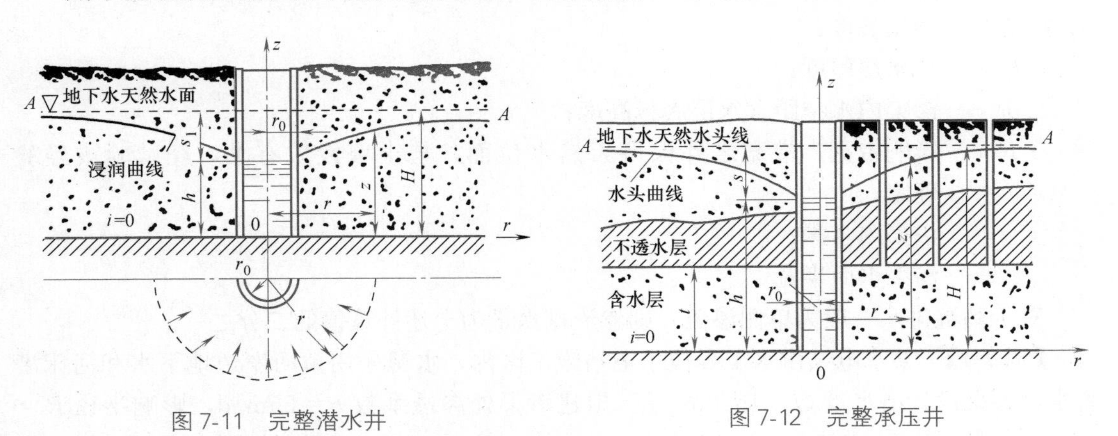

图 7-11 完整潜水井

图 7-12 完整承压井

由裘皮幼公式整理可得：

浸润曲线：
$$z-h=\frac{0.37Q}{kt}\lg\frac{R}{r} \tag{7-14}$$

流量：
$$Q=2.732\frac{kt(H-h)}{\lg(R/r_0)} \tag{7-15}$$

或
$$Q=2.732\frac{ktS}{\lg(R/r_0)} \tag{7-16}$$

式中 H——承压水的自由液面距底部不透水层底板的高度；

S——水位降深，$S=H-h$；

t——承压含水层厚度。

7.4.3 井群

在一定范围内同时工作，又相互影响的多个井的组合称为井群。地下水取水及土建施工、基坑开挖等需降低水位时常采用井群，如图 7-13 所示。

完整潜水井群浸润曲线：

$$z^2=H^2-\frac{0.732Q_0}{k}\left[\lg R-\frac{1}{n}\lg(r_1r_2\cdots r_n)\right] \tag{7-17}$$

完整承压井群浸润曲线：

$$z=H-\frac{0.732Q_0}{kt}\left[\lg R-\frac{1}{n}\lg(r_1r_2\cdots r_n)\right] \tag{7-18}$$

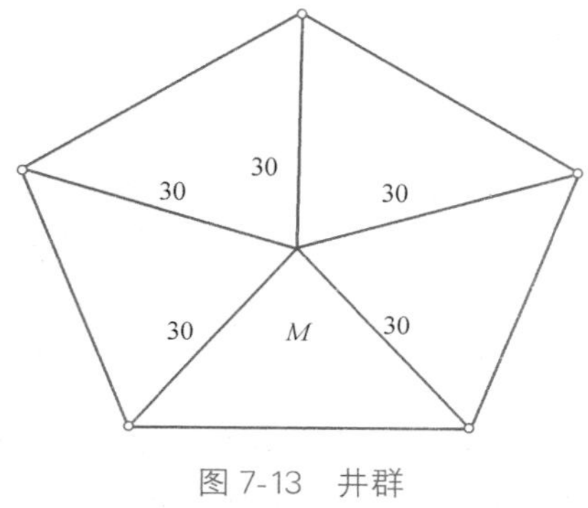

图 7-13 井群

式中 Q_0——井群总抽水量；

R——井群影响半径，$R=3000S\sqrt{k}$；

z——计算点 M 处的自由水头；

r_1，r_2，…，r_n——各井到计算点 M 处的距离；

n——井群中井的数量。

【例 7-2】 某基坑为潜水完整井降水，含水层厚度 $H=20$m，渗透系数 $k=4$m/d，平均单井出水量 $q=500\text{m}^3/\text{d}$，井群影响半径 $R=130$m，计算基坑中心点水位降深（图 7-13）。

【解】 由式（7-17）得：

$$\begin{aligned}z^2&=H^2-\frac{0.732Q_0}{k}\left[\lg R-\frac{1}{n}\lg(r_1r_2,\cdots,r_n)\right]\\&=20^2-\frac{0.732\times500\times5}{4}\left[\lg130-\frac{1}{5}\lg(30^5)\right]=108.65\text{m}^2\end{aligned}$$

$$z=10.42\text{m}$$

$$S=H-z=20-10.42=9.58\text{m}$$

即基坑中心点水位降深为 9.58m。

7.5 渗透破坏和渗流控制

7.5.1 渗透破坏

水在土孔隙中渗流，会对土骨架产生渗透力，引起土体内部应力状态的改变，使土体结构的原有稳定条件发生变化，出现流土、管涌、接触冲刷、接触流失等土的渗透变形，造成支护结构失稳，从而影响建筑物及其他地基的稳定性，称为渗流破坏。

渗流破坏使土体流失或局部土体产生位移，导致土体变形及失稳或出现导致结构物失稳的岸边滑动以及挡土墙等构筑物整体失稳等严重后果。据统计显示，在城市地下工程事故中渗流破坏达到62%，如图7-14所示。

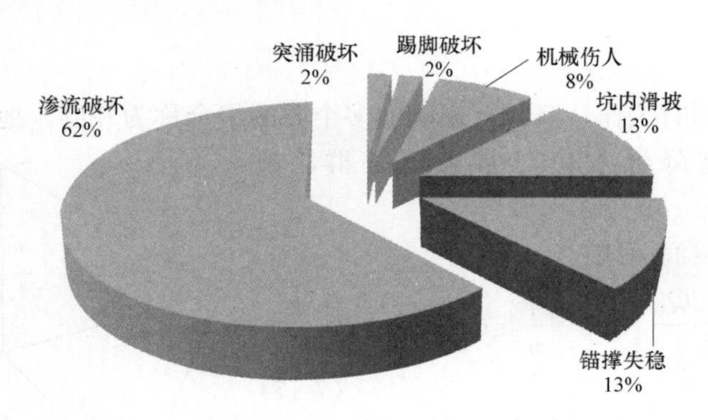

图7-14 施工事故原因统计

1）流土。在渗流出口处，由于向上的渗透作用，表层局部土体颗粒同时发生悬浮移动的现象，一般发生在渗流出口无任何保护的情况下。流土延续的结果是发生管涌或溃塌。

2）管涌。在渗流作用下，一定级配的无黏性土中的细小颗粒，在较大颗粒所形成的孔隙中发生移动，最终在土中形成与地表贯通的管道流。随着细小颗粒被渗流带出，土的孔隙变大，渗流阻力减小，渗流流速和流量增大，更大更多的土壤颗粒被带出，土中与地表贯通的管道越来越大了，最终将导致垮塌事故。

3）接触冲刷。当渗流沿着两种渗透系数不同的土层接触面，或建筑物与地基的接触面流动时，沿接触面带走细颗粒的现象称为接触冲刷。

4）接触流失。在层次分明、渗透系数相差悬殊的两土层中，当渗流垂直于层面将渗透系数小的一层中的细颗粒带到渗透系数大的一层中。

流土和管涌是发生在同一土体中的两种基本渗流破坏形式，接触冲刷和接触流失则发生在成层土中。

7.5.2 渗流控制

渗流破坏的主要原因是渗流流量和渗流能量。据此，渗流控制的基本方法有防渗、排水减压和设反滤层。

1）防渗。利用不易透水的材料（如黏性土、混凝土、沥青混凝土、黏土与水泥的混合物等）构成防渗体，增加渗流阻力，消减渗流能量，降低渗流量。

2）排水减压。通过排水，降低渗流水位，从而减小渗透压和渗流量。

3）设反滤层。利用砂、浆、天然优良级配的砂砾石或土工织物做成具有过水滤土功能的滤层，铺设在渗流出逸面上，保护土壤，防止流土发生。

地下水位较高并影响工程时，设计时要充分考虑其影响，施工过程中保证降、排水设施正常运转，保证施工行为的规范，以满足施工要求。

7.5.3 扬压力

如图 7-15 所示，水工建筑物挡水后，地基上下游产生水头差 ΔH，使水在地基的孔隙中向下游渗透，渗透浸润曲线 AB 由上游水位渐次下降至下游水位，则地基所受浮力为图中阴影部分 $ABCD$ 压力体的重量，该浮力由渗透引起的渗透压力（图中 ABE）和由下游水深引起的浮托力（图中 $BCDE$）两部分所组成。在水工建筑物荷载设计计算中，通常将渗透压力和浮托力之和称为扬压力。显然，扬压力分布与上下游水位、渗透性、防渗和排水措施有关。

1）扬压力的危害：扬压力是一个铅直向上的力，将减少建筑物有效重量，从而减小作用在地基上的有效压力，降低抗滑能力，消减建筑物的稳定性，因而它是一种不利荷载。

2）减小扬压力的措施：常在水工建筑物地基内设置阻渗和排水设施以减小扬压力。

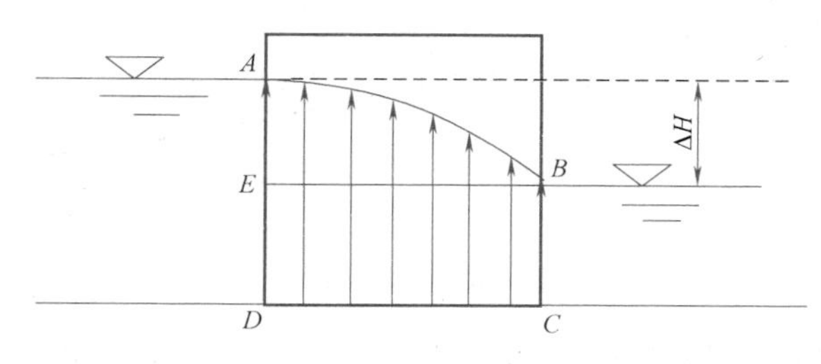

图 7-15 扬压力分布图

本章小结

了解地下水存在的形式和地下土壤的水力特性，理解渗流、渗透概念及工程应用与意义。

理解渗流模型，掌握达西定律及适用条件。了解渗流系数的测定方法，掌握达西实验方法。

了解渐变渗流的微分方程与渐变渗流浸润曲线的类型，理解地下无压水渐变渗流的基本方程——裘皮幼公式与达西定律的异同。

掌握渗渠、井和井群的概念、分类及流量与水位降深的计算。

初步理解渗流破坏的形式、原因及对建筑物或构筑物的影响，了解防止渗流破坏的基本控制方法。

了解扬压力概念。

思考与练习题

7-1 形成渗流的是地下水中的哪一类？

7-2 各个方向的渗流特性与渗流介质有无关系？

7-3 渗流计算中，渗流过流断面面积仅指空隙面积吗？

7-4 完整井（渗渠）和非完整井（渗渠）与不透水层的深度有无关系？

7-5 可采用什么方法降低基坑中的地下水位?

7-6 用井或渗渠抽水是否会影响到无限远的地下水位?

7-7 井群中井间的距离越近是否总水量越大?

7-8 渗透会引起那些破坏性?有哪些防控措施?

7-9 如图 7-16 所示,一渠道与一河道相互平行,长 $l=300\text{m}$,不透水层的底坡 $i=0.025$,透水层的渗透系数 $k=2\times10^{-3}\text{cm/s}$。当渠中水深 $h_1=2\text{m}$、河中水深 $h_2=4\text{m}$ 时,求渠道向河道渗流的单宽渗流量(顺坡渠道的 a 型壅水曲线方程为 $il=h_2-h_1+h_0\ln\dfrac{h_2-h_0}{h_1-h_0}$,符号意义见图 7-16,其中 h_0 为均匀渗流时的正常水深)。

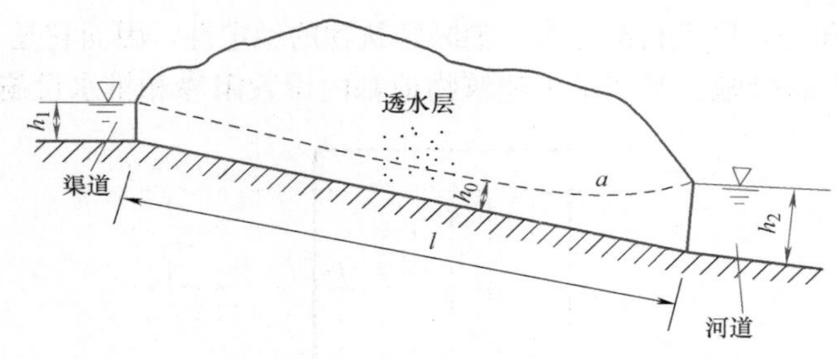

图 7-16 题 7-9 图

7-10 一普通完整井如图 7-17 所示。井半径 $r_0=10\text{cm}$,含水层厚度 $H=8\text{m}$,渗透系数 $k=0.003\text{cm/s}$。抽水时井中水深保持为 $h_0=2\text{m}$,影响半径 $R=200\text{m}$,求出水量 Q 和距离井中心 $r=100\text{m}$ 处的地下水深度 h。

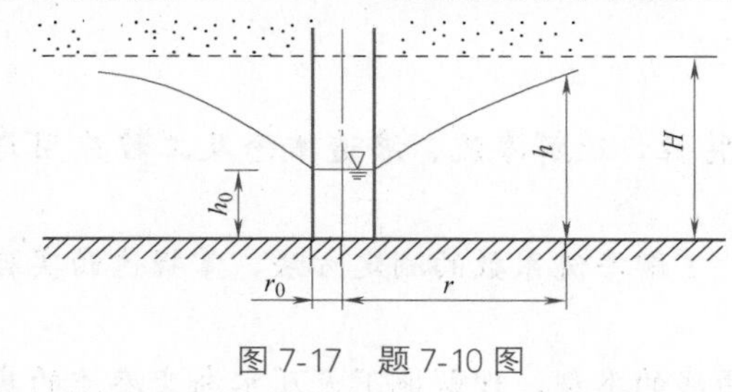

图 7-17 题 7-10 图

7-11 有一普通完整井,其半径为 0.1m,含水层厚度 $H=8\text{m}$,土的渗透系数为 0.001m/s,抽水时井中水深为 3m。试估算井的流量。

7-12 对自流井进行抽水试验,以确定土壤的渗透系数 k 值。在距井轴 $r_1=10\text{m}$ 和 $r_2=20\text{m}$ 处分别钻一个观测孔,当自流井抽水后,实测两个观测孔中水面的稳定降深 $s_1=2.0\text{m}$ 和 $s_2=0.8\text{m}$。设承压含水层厚度 $t=6\text{m}$,稳定的抽水量 $Q=24\text{L/s}$,求土壤的渗透系数 k 值。

7-13 如图 7-18 所示,一完全自流井的半径 $r_0=0.1\text{m}$,含水层厚度 $t=5\text{m}$,在离井中心 $r_1=10\text{m}$ 处钻一观测孔。在未抽水前,测得地下水的天然总水头 $H=12\text{m}$。现抽水流量 $Q=30\text{m}^3/\text{h}$,井中水位降深 $S_0=2\text{m}$,观测孔中水位降深 $S_1=1\text{m}$,试求含水层的渗透系数 k 及影响半径。

7-14 某正方形基坑边长为 10m,在每个角布置一口降水井,如图 7-19 所示,井群符合潜水完整井稳定流条件,含水层厚度为 10m,渗透系数为 6m/d,单井涌水量为 $150\text{m}^3/\text{d}$,潜水井影响半径为 90m,计算基坑中心处地下水位降深。

7-15 为了降低基坑中的地下水位,在基坑周围设置了 8 个普通完整井,其布置如图 7-20 所示。已知潜水层的厚度 $H=10\text{m}$,井群的影响半径 $R=500\text{m}$,渗透系数 $k=0.001\text{m/s}$,总抽水量 $Q_0=0.02\text{m}^3/\text{s}$。试求井群中心 O 点地下水水位降深。

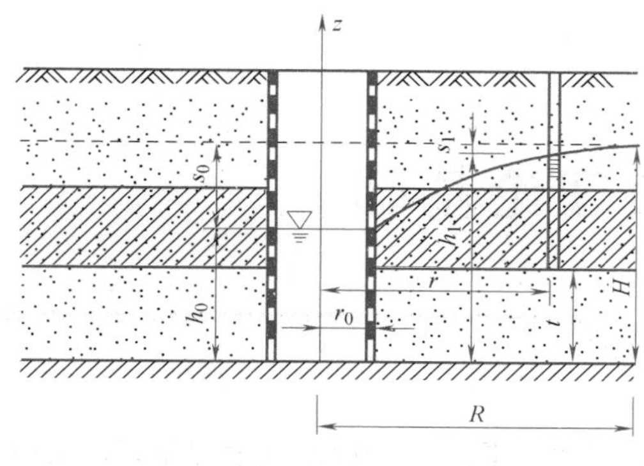

图 7-18　题 7-13 图

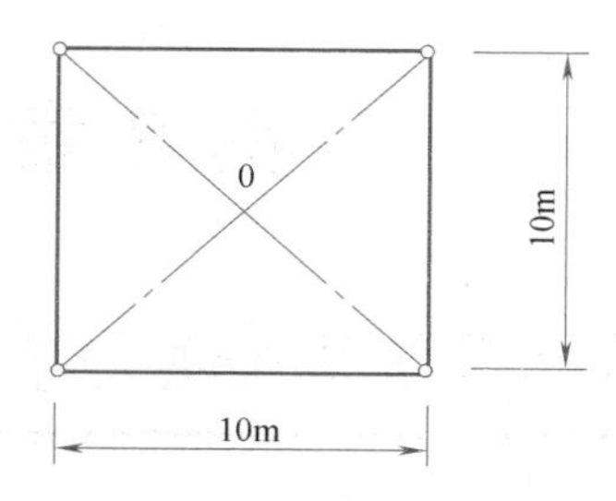

图 7-19　题 7-14 图

7-16　如图 7-21 所示为无压完全井井群，用以降低基坑中的地下水位。已知 $a=50\text{m}$，$b=20\text{m}$，各井的抽水量相等，其总的抽水流量 $Q_0=6\text{L/s}$，各井的半径均为 $r_0=0.2\text{m}$，含水层厚度 $H=10\text{m}$，土壤为粗砂，其渗流系数 $k=0.01\text{cm/s}$，影响半径 $R=800\text{m}$，求 B 点和 G 点的地下水位降低值 S_B 和 S_G。

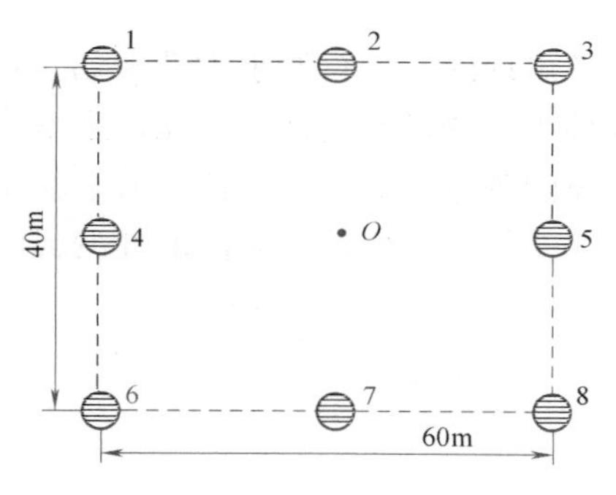

图 7-20　题 7-15 图

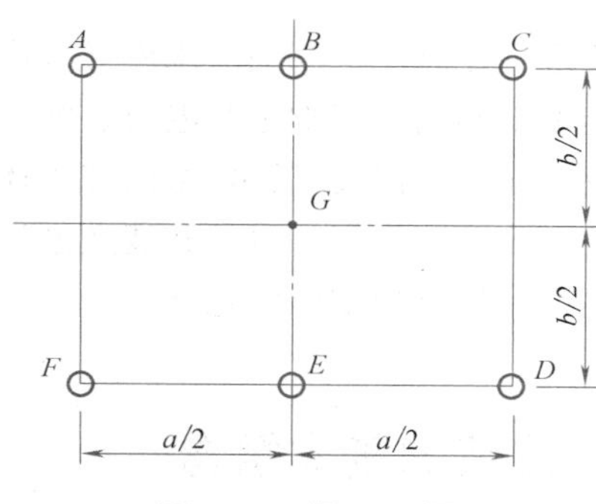

图 7-21　题 7-16 图

第 7 章课后习题详解

第 8 章　波浪理论基础

本章要点及学习目标

本章要点：主要介绍波浪的基本概念，描述波浪的基本方程以及波浪对港口、海岸及近海工程的影响等。

学习目标：通过本章的学习，学生应理解波浪的形成因素及基本分类；了解表征波浪的各项特征量，了解描述波浪运动的基本方程，了解海岸、近海建筑物及桩柱波浪荷载的组成类型。

波浪是在海洋、湖泊、水库等宽广的水面上经常出现的一种自然水力学现象，对人类的影响多属不利，特别是对港口、海岸及近海等各种工程的影响更甚。因此，土木建筑工程专业有必要掌握或了解用来研究水体波浪运动规律的理论，对于正确计算海上建筑物的稳定性，合理地规划、设计和建造港口与海岸工程建筑物，合理估算港湾的冲淤或海岸的变迁等都具有十分重要的意义。

8.1　波浪的基本概念

8.1.1　波浪运动

波浪现象的一个共同特征就是水体的自由表面呈周期性的起伏，水质点在它的平衡位置附近作有规律的往复振荡运动，并由此引起机械能的传播。这种运动是由于平衡水面在受外力干扰而变成不平衡状态后，在表面张力和重力等恢复力作用下，使不平衡状态又趋向平衡而造成的。

8.1.2　波浪的分类

水体中的波浪可以按照干扰力、恢复力、质点运动方向等多种因素分类。

1. 按照干扰力分类

1）风浪、涌浪及近岸波。在风力的直接作用下形成的波浪，称为风浪；风浪传播到风区以外的水域中所表现的波浪称为涌浪；风浪或涌浪传播到水岸附近，受地形的作用改变波动性质的波浪称为近岸波。

2）内波。发生在水体的内部，由两种密度不同的水体相对作用而引起的波浪现象。

3）潮波。在太阳、月球及其他天体引起的潮引力作用下，水体产生的波浪。

4）海啸。由水底火山、地震或风暴等引起的巨浪。

5）气压波。气压突变产生的波浪。

6）船行波。船行作用产生的波浪。

7）余波。水面波动逐渐衰弱所引起的波。

2. 按照恢复力分类

1）表面张力波。水波中，对水面质点提供的恢复力在波长很小时，表面张力的作用是主要的，这种波叫做表面张力波。

2）重力波。对于波长很长很长的波，表面张力的作用可以忽略，波动主要是重力作用的结果，这种波叫做重力波。

3. 按照质点运动方向分类

1）驻波。两个振幅、波长、周期皆相同的正弦波相向行进干涉而成的合成波称为驻波。经常见到的驻波是一列前进波与它在某一界面（水岸陡壁或直立式水工建筑物前面）的反射波叠加而形成的波。驻波通过时，每一个质点皆作简谐运动，各质点振荡的幅度不相等，振幅为零的点称为节点或波节，振幅最大的点位于两节点之间，称为腹点或波腹。驻波的显著特征是节点静止不动，波形没有传播，能量没有定向传播，故名驻波。

2）行波。节点随着波动行进的波称为行波。行波是一种波形向前传播和有能量传播的波。

8.1.3 波浪的要素及特征量

对于如图 8-1 所示的规则波浪的剖面，可以定义下列要素和特征量。

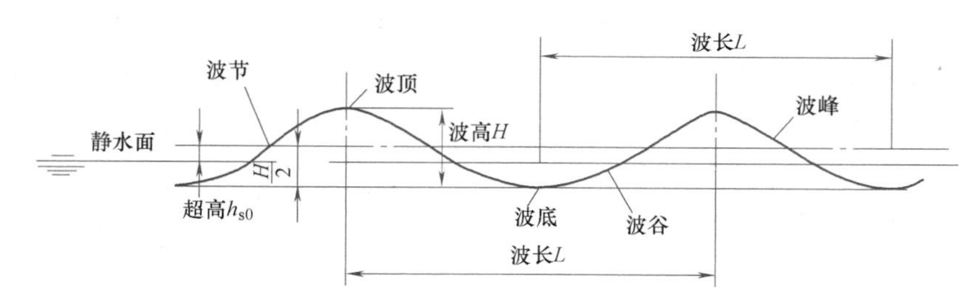

图 8-1 波浪剖面示意图

1）波峰、波顶。波浪在静水面以上的部分为波峰；波峰的最高点为波顶。

2）波谷、波底。波浪在静水面以下的部分为波谷；波谷的最低点为波底。

3）波高。波顶与波底之间的垂直距离为波高（H）。

4）振幅。波高的一半为振幅（a）。

5）波长。两个相邻波顶（或波底）之间的水平距离为波长（L）。

6）水深。平均水面与海底的距离（d）。

7）周期。波面起伏一次的时间为周期（T）。

8）波浪中线。波高的平分线为波浪中线。

9）节点或波节。波浪中线和波浪线的交点。

10）超高。波浪一般具有波峰较陡、波谷较平缓的特点，波浪中线常在静水面之上，波浪中线超出静水面的高度称为超高（h_{s0}）。

11）波速。波浪外形向前传播的速度，即 $c=L/T$。

12）波陡。波高与波长的比值 H/L。

波高、波长、波陡、波速和波浪周期是确定波浪形态的主要尺度，总称为波浪要素。

8.2 波浪的基本方程

8.2.1 波浪运动方程

1. 波浪中的液体特性

人们发现，海洋中的波浪可以传播到很远的地方去；在实验中也可以发现，一个孤立的波峰可以在水槽中经过长距离传播却变形很小。这说明液体阻力（即黏滞性）在波浪传播过程中的影响是比较小的，因而在研究大多数波浪问题时，可将液体视为理想液体。

2. 波浪运动方程

水面出现简单的波动通常有两个明显的特征。首先是波面的周期性，在某一时刻，每经过一定的距离呈现一个波峰或波谷；而对于同一个位置上，每经过一定的时间出现一个波峰或波谷。其次是波面不停滞地沿着某一方向传播出去。观测表明，液体内部的质点运动也具有周期性和定向传播现象，但随水深的增加而迅速地减少，因此通常将波浪处理成只发生在液体表面的波动，称为微幅波。

具有上述特性的微幅一维波动，可以用余弦（或正弦）曲线来表示。如图 8-2 所示的微幅波的波面方程式可以表示为：

$$\eta=a\cos(kx-\sigma t) \tag{8-1}$$

式中 η——波面高度；

a——波浪振幅；

k——波数，$k=2\pi/L$；

σ——波浪的圆频率，$\sigma=2\pi/T$。

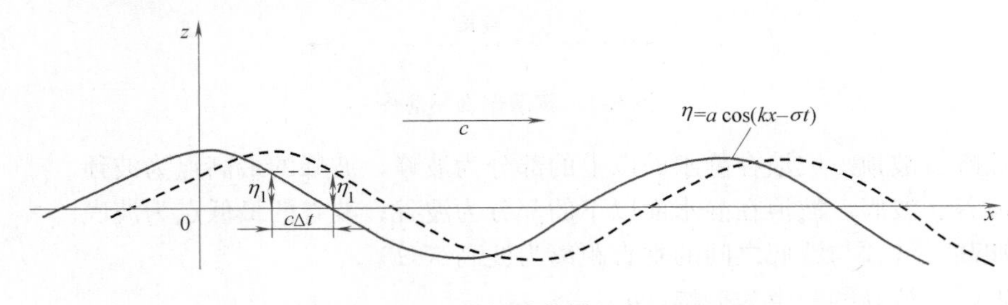

图 8-2 微幅波传播示意图

3. 波形的传播速度

波形的传播速度 c、波数及圆频率间有如下的关系：

$$c=L/T=\sigma/k \tag{8-2}$$

8.2.2 波浪基本方程

1. 基本假设

1）波浪为均质不可压缩平面二维流体运动，则有连续性方程：

$$\frac{\partial u_x}{\partial x}+\frac{\partial u_z}{\partial z}=0 \tag{8-3}$$

2）波浪为忽略黏性的理想液体，则为无旋流有势流动，具有速度势函数：

$$u_x=\frac{\partial \phi}{\partial x},\ u_z=\frac{\partial \phi}{\partial z} \tag{8-4}$$

3）忽略表面张力。自由表面质点只受大气压的作用，垂直方向质点的相对位置不变。

4）水体底部不可渗透。海底垂线方向速度为零、透水性为零。

2. 控制方程

将式（8-4）代入式（8-3）得：

$$\frac{\partial^2 \phi}{\partial x^2}+\frac{\partial^2 \phi}{\partial z^2}=0,\ -h\leqslant z\leqslant \eta,\ -\infty\leqslant x\leqslant +\infty$$

或

$$\nabla^2 \phi=0 \tag{8-5}$$

式（8-5）为平面二维运动得到的拉普拉斯方程，即为波浪的基本方程。

为了求解该方程，需给定诸如自由表面条件、水体底部条件、侧边界条件和其他附加条件。

8.3 波能与波的作用力

在海中、海岸和近海建筑物（如跨海大桥、采油平台、防波堤、港池、码头及护岸等）的设计以及近岸泥沙运动的研究中，经常需要从波能和波浪对建筑物作用力的分析来得到波浪对建筑物的荷载，并据此给出各类建筑物的防浪标准。

8.3.1 波能

波能是指海洋表面波浪所具有的动能和势能。波能是海洋能源中能量最不稳定的一种能源。波能是由风把能量传递给海洋而产生的，实质上是源于太阳辐射能。

在一个波长的范围内单位宽度波动水体的势能 E_{p} 和动能 E_{k} 相等，总能量为：

$$E=E_{\mathrm{p}}+E_{\mathrm{k}}=\frac{1}{8}\rho g H^2 L \tag{8-6}$$

波浪的能量巨大，其破坏力也大得惊人。扑岸巨浪可将几十吨的巨石抛到十几米高处，可把万吨轮船举上海岸，也可把护岸的两三千吨重的钢筋混凝土构件翻转。

8.3.2 波的作用力

波浪对建筑物的荷载是一个非常复杂的课题。它不仅和波浪类型及波浪特性有关，也和建筑物的形式及其力学特性有关，还和当地的地形环境，如水深、海底坡度及等深线的分布状况有关。

在一般情况下，当波高超过 0.5m 时，应开始考虑波浪作用力。对于不同形式的建筑物，波浪力的计算方法是不同的。根据建筑物的水平轴线长度 l 与波浪波长 L 之比，将建筑物分为直墙或斜坡（$l/L>1$）、桩柱（$l/L\leqslant 0.2$）和墩柱（$0.2<l/L\leqslant 1$）三种类型。

1. 作用在直立墙上的波浪力

作用在直立墙上的波浪压力称为波浪力。

在直立式海洋工程建筑物前，入射的波浪受到直墙的限制不能向前传播，与来自直墙反射回来的波动叠加，形成波形不具有传播性质、水面仅随时间作周期性升降的立波。根据实际观测和实验，反射波不仅发生于直墙前，而且也发生在和水平面呈45°或大于45°的倾斜岸坡上。如果岸坡倾斜度小于45°，则原始行进波将被破坏。

如果入射波和反射波均可作为微幅波对待，则叠加波浪将形成微幅立波。因此，作用在直立墙上的波浪力的计算就是求解微幅立波，也就是求微幅立波的波高或波顶高度。虽然迄今为止，还没有得出一个适用于任何情况并与实际完全符合的解析解，但各国规范中均有相应的计算公式，用于设计与防护。

2. 作用在孤立结构物上的波浪力

四周为水体所包围的海上结构物称为孤立式结构物。港口工程建筑物中的灯塔、桩基码头中的桩群和海洋工程中的桩基平台等都属于孤立式结构物。

处于海洋中的结构物，对海洋水流运动起着阻滞作用，例如，行进中的波浪遇到建筑物时，产生反射和绕射效应，从而改变了波浪原有的运动状态；潮流流经孤立式建筑物时，被迫绕行而产生所谓的绕流现象。如此，波浪或潮流对孤立式建筑物除了波压力外还会产生一个绕流作用力。

对于恒定绕流，绕流力即绕流阻力（拖曳力），一般由黏性引起的摩擦拖曳力和由边界层分离所产生压差拖曳力两部分组成。绕流阻力（拖曳力）的产生和变化与边界层在柱体表面的形成、发展和分离密切相关。

对于非恒定绕流，绕流力还包括惯性力。惯性力由两部分组成：一部分为被柱体置换的那部分水体加速引起的惯性力，另一部分为柱体周围的流体质点受其扰动引起速度的变化所产生的附加惯性力。

关于波浪力的计算详见有关书籍和规范，这里不做赘述。

本章小结

波浪是由周期性的波峰和波谷所组成，产生波浪的因素有多种；企图保持水面平衡的力一般主要为重力和表面张力两种，本章所介绍的为重力波。

在研究波浪运动时，一般按照无黏性的理想流体来考虑，但在研究波浪力时就需考虑黏性摩擦力。

规则波浪可以定义波浪参数或特征量来加以描述。微幅波的波面可以用余弦（或正弦）曲线来表示。

波浪的基本方程是建立在无旋二维平面流等一系列假设下的拉普拉斯方程。波动水体的波能是由相等的势能和动能组成，是产生波浪力的内在因素。波浪力主要有浪高产生的波浪压力、绕流阻力及惯性力等，对于不同的构筑物或建筑物波浪力类型和计算都是不同的。

思考与练习题

8-1　有限水面上的涟漪是不是波浪范畴？

8-2　海啸是波浪吗？是由什么作用力引起的？

8-3　水岸陡壁前及港湾里水面的振荡属于驻波还是行波？

8-4　描述波浪特征的有哪些主要参数？

8-5　波浪基本方程建立的基本假设有哪些？最后是什么形式的方程？

8-6　对于不同的波浪作用体，波浪力都包括浪高产生的压力吗？

主要参考文献

［1］ 刘鹤年．流体力学（第 3 版）［M］．北京：中国建筑工业出版社，2016.

［2］ 伍悦滨．工程流体力学［M］．北京：中国建筑工业出版社，2014.

［3］ 肖明葵．水力学（第 3 版）［M］．重庆：重庆大学出版社，2012.

［4］ 方达宪，张红亚．流体力学［M］．武汉：武汉大学出版社，2013.

［5］ 胡敏良，吴雪茹．流体力学（第 4 版）［M］．武汉：武汉理工大学出版社，2014.

［6］ 张培信．建筑结构与风荷载［M］．上海：上海科学技术出版社，2013.

［7］ 中华人民共和国国家标准．建筑结构荷载规范 GB 50009—2012［S］．北京：中国建筑工业出版社，2012.

［8］ 王家楣，张志宏，马乾初．流体力学（第三版）［M］．大连：大连海事大学出版社，2010.

［9］ 邹志利．海岸动力学（第四版）［M］．北京：人民交通出版社，2009.

［10］ 顾建农，张志红．流体力学学习指导［M］．北京：科学出版社，2015.